Technisches Denken und Schaffen

Eine leichtverständliche Einführung in die Technik

Von

Dipl.-Ing. Georg v. Hanffstengel

a. o. Professor an der Technischen Hochschule zu Berlin

Vierte, neubearbeitete Auflage

Mit 175 Textabbildungen

Berlin

Verlag von Julius Springer

1927

Softcover reprint of the hardcover 4th edition 1922

ISBN 978-3-642-47186-5 ISBN 978-3-642-47514-6 (eBook)
DOI 10.1007/978-3-642-47514-6

Druck von Oscar Brandstetter in Leipzig.

Einleitung und Vorwort zur ersten Auflage.

Bei der Bedeutung, welche die Technik für das Leben eines jeden modernen Menschen hat — beruht doch auf ihr die zivilisatorische Höhe unserer Zeit, die Volksernährung, die Art der Lebenshaltung, der Verkehr, ja sogar die Verbreitung geistiger Bildung mit Hilfe von Buchdruck und bildlicher Darstellung —, zeigt sich in allen Kreisen der Wunsch, das Wesen technischer Vorgänge, das Kräftespiel in den Konstruktionen, die Baustoffe und die Verfahren zu ihrer Verarbeitung kennen zu lernen und Verständnis für das Denken der Ingenieure zu gewinnen. Das ist um so erfreulicher, als der Geist der modernen Technik wichtige Erziehungs- und Bildungselemente birgt, die für die Allgemeinheit nicht ungenutzt bleiben sollten.

Diesen Geist zu erfassen und die Grundlagen der Technik zu begreifen, ist nicht so schwer, wie es heute noch manchem nicht technisch Gebildeten erscheint, der vor irgendeinem technischen Meisterwerk, einer riesigen Kraftmaschine oder einem Brückenbau, staunend stillsteht — und sich dann verzweifelt abwendet, weil ihm diese ganze Welt unendlich fern zu liegen scheint und die Verknüpfungspunkte mit seinem übrigen Denken fehlen.

Auf den Künstler, dessen Leistungen im allgemeinen als typische Ausdrucksform des geistigen Lebens eines Kulturzeitalters angesehen werden dürfen, übt die Technik besondere Anziehung aus. Hervorragende Maler und Zeichner haben sich bemüht, das darzustellen, was ihnen an der Technik besonders merkwürdig und interessant erschien. Aber ihre Motive enthalten meistens die Vorgänge, bei denen die größte Kraftvergeudung auftritt — auf das äußerste angestrengte schwitzende Menschen oder rauchende Schornsteine fehlen auf wenigen Bildern —, und nur selten kommt die Ruhe und Präzision zum Ausdruck, mit der eine moderne Maschinenanlage ihre großen Leistungen vollbringt. Die Künstler sind also trotz redlichen Bemühens mit ihrer Vorstellung zum großen Teil noch bei einer dem Handwerk nahe verwandten Übergangsstufe zur modernen Technik stehen geblieben [1]), und ebenso geht es dem großen Kreise der Gebildeten, die gelegentlich versuchen, technischen Vorgängen Interesse abzugewinnen.

Welches sind denn eigentlich die Unterschiede zwischen Technik und Handwerk?

Der Hauptunterschied liegt darin: In der Zeit des Handwerks kämpft der Mensch mit der Natur; er zwingt ihr soviel ab, wie es ihm nach dem geringen Grade seiner Erkenntnis und mit seinen geringen Mitteln möglich ist. Die Technik dagegen hat durch die Hilfe der Wissenschaft die Naturkräfte erforscht und sie infolgedessen nicht nur zu meistern und in ihren Dienst zu zwingen gelernt — hierzu finden sich ja die Ansätze bereits beim Handwerk —, sondern weiter dahin gestrebt, sie voll auszunützen, alles aus ihnen herauszuholen, was darin steckt. Und auf diesem Wege hat sie Erfolg erzielt, indem sie der Eigenart jeder Gabe der Natur, eines jeden Stoffes und jeder Triebkraft, gerecht wurde und ihr nach Möglichkeit freien Lauf ließ, statt ihr Gewalt anzutun.

Als Folge der Anwendung wissenschaftlicher Verfahren ergibt sich noch ein anderes unterscheidendes Merkmal. Das Handwerk haftet an seinem Träger; es kann innerhalb kurzer Zeiträume, ja sogar mit einem einzelnen Menschen, erblühen und wieder vergehen. Die moderne Technik ruht auf einer breiteren Grundlage. Sie konnte nur entstehen durch das Zusammenwirken vieler, die ihre Gedanken durch schriftliche Festlegung austauschen mußten. Daher ist die Technik dagegen gesichert, daß ihre wichtigen Grundlagen einmal durch Zufall verloren gehen, und es ist kein Verfall zu erwarten, solange nicht ein ganzes zivilisatorisches Zeitalter zu Ende geht.

In ihrer praktischen Betätigung verfolgt die Technik, wie das Handwerk, zunächst wirtschaftliche Ziele, sie dient der Herstellung materieller Güter und wirkt erst mittelbar in kulturförderndem Sinne. Der leitende Gedanke aber, der ihr das Gepräge aufdrückt: Größte Ausnutzung unter und durch Anpassung an die Natur des Materials, auf Grund wissenschaftlicher Forschung — steht bei der Technik nicht vereinzelt da, sondern sie befindet sich hier im Einklang mit allen von modernem Geist getragenen Bestrebungen, auch solchen, die materiellen Zwecken durchaus fernstehen. In unserem ganzen

[1]) Dipl.-Ing. Feilcke sagt in einem beachtenswerten Vortrag über „Die Gedankenwelt des Ingenieurs", erschienen in den Mitteilungen des Pommerschen Bezirksvereins des Vereines deutscher Ingenieure 1920 Nr. 2: „Sehr wohl können wir — — — den engeren Begriff der „Technischen Schönheit" bilden, wenn wir darunter harmonische Anordnung, zweckvolle Formgebung und den klaren Ausdruck des Gewollten verstehen. Die Fähigkeit, eine solche Schönheit zu erkennen, ist dann freilich an eine tiefere technische Bildung geknüpft."

privaten und öffentlichen Leben, angefangen bei der Erziehung des Kindes in Haus und Schule, geht das Streben dahin, nichts von den vorhandenen Kräften zu unterdrücken, sondern sie in eine Bahn zu leiten, auf der sie dem Gemeinwohl dienen können. Nur ist dieser Gedanke auf anderen Arbeitsgebieten nirgends so scharf ausgeprägt, und er hat sonst auch nicht zu ähnlichen Erfolgen geführt, weil dort überall die wissenschaftlichen Grundlagen nicht angenähert so weit entwickelt sind. Die Technik macht im vollsten Umfange von den Lehren der Mathematik, Physik und Chemie Gebrauch; darüber hinaus hat sie mit selbstgeschaffenen Forschungsverfahren die von der Natur gebotenen Rohstoffe und ihre Brauchbarkeit für wirtschaftliche Aufgaben untersucht und durch Verbindung alles für ihre Zwecke Verwendbaren eine neue „Wissenschaft der Anwendung“ ins Leben gerufen, die völlig auf dem Boden des Experimentes steht. Für phantastische Spekulation, die auf anderen Gebieten schon oft auf falsche Bahnen geleitet und dadurch den Fortschritt gehemmt hat, ist in dieser Wissenschaft kein Raum, denn der Erfolg fällt mit unerbittlicher Schärfe sein Urteil über jede Arbeit, die von ihrem Urheber nicht im Bewußtsein seiner Verantwortlicheit und auf Grund umfassender Erfahrungen durchgeführt ist. Anderseits gibt es wenige Berufe, in denen die Freude am Schaffen, das Gefühl der Genugtuung über den erzielten Erfolg, so ausgeprägt vorhanden ist, wie bei der verantwortlichen technischen Arbeit. In dem Glücksgefühl freier schöpferischer Tätigkeit stehen der Künstler und der Ingenieur einander nahe. Es ist für den Techniker ein Erlebnis, wie es ähnlich wohl kaum ein anderer Beruf bietet, wenn eine nach seinen Ideen konstruierte Maschine sich zum erstenmal bewegt und den Vorschriften ihres Erbauers folgend — jetzt aber als selbständiges Wesen — präzise und sicher ihre Arbeit vollbringt.

Damit sind die Hauptrichtungspunkte gegeben, die in dem weiten und für den Laien zunächst schwer übersehbaren Gebiete der Gedankenwelt des Technikers die Wege zeigen:

> Als Grundlage einerseits die handwerklichen Erfahrungen und Methoden, anderseits die Forschungsergebnisse und Denkmethoden der Mathematik und Physik, ausgebaut durch das, was die selbstgeschaffene Wissenschaft der Anwendung zutage gefördert hat; auf diesen Grundlagen fußend Streben nach möglichst vollkommener Ausnutzung der Naturkräfte unter Anpassung an ihre Eigenart, zunächst für wirtschaftliche, dann für zivilisatorische und kulturelle Zwecke; bei jeder Arbeit das Gefühl strenger Verantwortlichkeit und das Bewußtsein, daß Leichtfertigkeit sich rasch und unerbittlich rächt; endlich die Belohnung durch die Freude an der freien schöpferischen Tätigkeit.

Für die Behandlung des Stoffes in dem vorliegenden Buch ergab sich von selbst eine Einteilung, die im großen und ganzen diesen Gesichtspunkten folgt. Ich habe mich grundsätzlich nicht auf allgemeine Betrachtungen beschränkt, sondern, wo irgend angängig, bestimmte Angaben und Beispiele mit Maßen und Zahlen gebracht, um dem Gemälde klare Umrisse zu geben. Wir Techniker wissen am besten, was eine Zahl für die Anschauung wert ist, und wie auch die schwierigsten Dinge oft leicht werden, wenn man ihnen eine durch Maße fest begrenzte Gestalt gibt. Ich hoffe, daß es mir auf diese Weise gelungen ist, dem Laien eine leicht faßliche, anschauliche Darstellung technischer Arbeit zu geben und gleichzeitig dem Anfänger in der Technik klare und bestimmte Richtungspunkte für seine Arbeit zu zeigen. Daß dies nur durch Verfolgung der großen Grundprobleme, unter Vernachlässigung der oft sehr verwickelten Nebeneinflüsse geschehen kann, ist selbstverständlich.

Ich möchte mit meinem Buche sowohl dem Neuling in der Technik den sonst recht schweren Anfang erleichtern — schwer deshalb, weil er auf den technischen Lehranstalten zunächst nur einzelnes aus der Technik zu sehen oder zu hören bekommt und die Beziehung zum Ganzen nicht begreift — als auch dem weiten Kreise derer, die zur Technik in irgendeiner Beziehung stehen oder dafür Interesse haben, ein Mittel geben, um sich ein besseres Verständnis anzueignen, als durch das Lesen „populärer" technischer Aufsätze und das gezwungene Bestaunen industrieller Leistungen auf Ausstellungen möglich ist; alles dies ist unfruchtbar, wenn das Verständnis für die Gedankengänge fehlt, denen die Leistungen entsprossen sind. Daß der moderne Mensch schon äußerlich auf Schritt und Tritt mit der Technik in Berührung kommt, habe ich bereits erwähnt. Außerdem aber haben viele Berufe als solche unmittelbare Beziehung zur Technik. Der Richter und der Rechtsanwalt müssen sich oft genug in technische Probleme vertiefen — wer als Sachverständiger in solchen Prozessen tätig ist, weiß, welche Denkarbeit hier häufig geleistet werden muß und geleistet wird, um die Beziehungen zwischen juristischer und technischer Gedankenwelt herzustellen —; viele Verwaltungsbeamte stehen täglich technischen Aufgaben gegenüber; der Lehrer der Physik und Mathematik kann schwerlich einen vollwertigen Unterricht erteilen, wenn er die wichtigsten Anwendungen seiner Wissenschaften nicht kennt, und für den Botaniker und Physiologen ergeben sich aus der Technik unendlich viele Analogien, die ihm das Verständnis für Vorgänge in seinem Sonderfache näherbringen. Daß die kaufmännischen Vorsteher und Beamten gewerblicher Betriebe technisches Verständnis eigentlich nicht entbehren können, wenn sie ihre Stellung richtig ausfüllen wollen, brauche ich kaum zu erwähnen. Ich hoffe, daß mein Buch auch manchem für technische Fragen interessierten Schüler, manchem jungen Mann, der vor der Berufswahl steht, von Nutzen sein wird, und würde mich besonders freuen, wenn die Frauen unserer Ingenieure es benutzen würden, um ein tieferes Verständnis für die Arbeit ihrer Männer zu gewinnen. Eine Erweiterung seines Gesichtskreises darf jeder erwarten, der den Versuch macht, in die Technik einzudringen.

Vielleicht wird auch mancher Ingenieur meinem Versuch, die großen Leitgedanken technischer Arbeit herauszuschälen und zu würdigen, mit Vergnügen und nicht ohne Nutzen folgen. Den an technischen Unterrichtsanstalten tätigen Lehrern mag die Art der Darstellung die eine oder andere Anregung geben.

Zum Schluß noch einige Worte über den Titel des Buches. Die Anregung zu dem Versuch, einem größeren Kreise Verständnis für das „technische Denken" zu vermitteln[1]), verdanke ich Lamprechts „Einführung in das historische Denken"; wenn auch hier wie dort keine besondere Form des Denkens, keine besonderen Denkvorgänge vorliegen, so scheint es doch gerechtfertigt, von „technischem Denken" zu sprechen, weil es eine ganz besondere und in vielen Beziehungen eigenartige Gedankenwelt ist, in welcher der Techniker lebt. Es wäre zu wünschen, daß auch andere Gebiete in ähnlicher Weise behandelt würden, um es der Allgemeinheit zu ermöglichen, sich in die Gedanken anderer Berufs- und Arbeitskreise hineinzufinden und eine gegenseitige Befruchtung zu erleichtern.

---

[1]) Die vorliegende Arbeit ist zu Anfang des Krieges entstanden; sie lag im April 1915 bereits fertig vor, und ihr Druck ist nur wegen der Kriegsverhältnisse verzögert worden. Inzwischen hat der Ausdruck „technisches Denken" eine gewisse Volkstümlichkeit erhalten. Vergl. insbesondere: Kloß, Der Allgemeinwert technischen Denkens.

Charlottenburg, im September 1919.

Georg v. Hanffstengel.

Aus dem Vorwort zur zweiten Auflage.

Die über Erwarten freundliche Aufnahme, die das Buch gefunden hat, macht schon nach kurzer Zeit die Herausgabe einer neuen Auflage notwendig, in der eine Reihe kleinerer Änderungen vorgenommen sind. Für die eingehenden und sachlich wertvollen Besprechungen in Zeitschriften, sowie auch für die brieflich gegebenen Anregungen zur Verbesserung und Ausgestaltung des Buches möchte ich an dieser Stelle besonders danken. Allen Vorschlägen konnte wegen der Kürze der Zeit, die für die Neuherausgabe zur Verfügung stand, leider noch nicht Folge gegeben werden. Für weitere Kritiken und Anregungen werde ich immer dankbar sein.

Warme Zustimmung hat mein Bestreben, das Wesen technischer Vorgänge und technischer Arbeit einem größeren Kreise nahezubringen, u. a. in Lehrerkreisen gefunden. Die Notwendigkeit, auf der Schule Verständnis für technische Gedankengänge zu wecken, wird nachdrücklich betont, die Darstellung u. a. wegen der leichten Verständlichkeit als geeignet für Schulzwecke anerkannt und die Anschaffung für die Büchereien höherer Schulen sowie die Verwendung als Prämienbuch empfohlen. Bei Schülern, denen die Technik als späterer Beruf vorschwebt, und angehenden Technikern, Praktikanten und Studierenden, scheint erreicht zu sein, was ich anstrebte, daß nämlich das Buch ihnen eine vertrautere Stellung zu ihrem künftigen Beruf vermittelt, so daß sie sich mit mehr Liebe und auch mit mehr Gewinn ihrer Ausbildung widmen. Von ganz besonderer Bedeutung ist dies für solche jungen Leute, die nicht aus einer der Technik und Industrie nahestehenden Familie stammen, da sie sich erfahrungsgemäß oft außerordentlich schwer in die neue Welt mit ihrer überwältigenden Menge fremdartiger Begriffe und Erscheinungen hineinfinden. Auch für die bereits im Beruf stehenden Techniker, denen eine zusammenhängende Ausbildung fehlt oder denen im Drange des täglichen Schaffens manches von dem, was sie gelernt haben, verloren gegangen ist, sowie für Architekten, Bauingenieure, Bergleute, Chemiker, die sich über die Grundlagen des Maschinenbaues unterrichten wollen, wird das Buch wegen der zusammenfassenden Darstellungen gerade aus diesem Gebiete als geeignetes Mittel zur Einführung oder zur Auffrischung der Kenntnisse bezeichnet. Ferner wird es kaufmännischen Beamten technisch-industrieller Betriebe und solchen Fachleuten empfohlen, die technische Gegenstände und Vorgänge Nichtfachleuten verständlich machen müssen.

Erfreulicherweise scheint es dem Büchlein auch gelungen zu sein, in den der Technik bisher ferner stehenden Kreisen Interesse zu erwecken. Von juristischer Seite wird die Hoffnung ausgesprochen, daß derartige technische Schulung in dem juristischen Universitätsunterricht Eingang finden möge, weil dies der einzige Weg sei, von dem aus die Juristen zu einer methodischen Beobachtung der Tatsachen und Lebensvorgänge erzogen werden könnten. Die im Vorwort zur ersten Auflage ausgesprochene Erwartung, daß auch Frauen sich mit dem Buche beschäftigen würden, ist vielfach angezweifelt, durch die Erfahrung indessen zu meiner Freude bestätigt worden.

Charlottenburg, im Mai 1920.

Georg v. Hanffstengel.

Vorwort zur vierten Auflage.

Die Jahre, die wir gegenwärtig durchleben, sind eine Zeit neuen gewaltigen technischen Fortschritts. Wenn wir noch vor zehn Jahren geglaubt hatten, mit der Ausnutzung der Energie, vor allem der Wärme, an die Grenze des Möglichen gekommen zu sein, so sehen wir heute, daß einerseits durch rein technische Verbesserungen, anderseits durch großzügig zusammenfassende Organisation der Energieversorgung noch gewaltige Ersparnisse gemacht und die Naturkräfte weit mehr und in viel bequemerer Form als bisher in den Dienst jedes einzelnen Menschen gestellt werden können. Das Beispiel der Amerikaner hat uns aber auch die Augen darüber geöffnet, wie wenig planmäßig unsere Gütererzeugung an den meisten Stellen vor sich geht, ja, wie auf fast allen Gebieten menschlicher Tätigkeit eine durchgreifende „Rationalisierung" eintreten muß, damit wir mehr leisten und billiger arbeiten und die Früchte unserer fleißigen Arbeit wirklich genießen.

Dieser Gedanke wird allmählich Gemeingut weiterer Kreise. Sachlich klares Denken im Sinne des Technikers — kritisch gegen das Hergebrachte, aber nicht verneinend, sondern schöpferisch gerichtet — scheint überhaupt unser Volk immer mehr zu durchdringen. In der Einleitung zur ersten Auflage wies ich darauf hin, daß die Leistungen des Künstlers im allgemeinen als typische Ausdrucksformen des geistigen Lebens eines Kulturzeitalters angesehen werden dürfen. Ich glaube, daß die Leistungen auf demjenigen Gebiete künstlerischer

Gestaltung, das der Technik am engsten zugehört, der Baukunst, dieses Aufleben wahrhaft technischen Geistes klar erkennen lassen. Die heutige Baukunst hat die Zeit mißverstandener Formensprache endlich hinter sich und sieht ihre Aufgabe wieder in der großzügigen Raumgestaltung, die unter unverschleierter Verwendung der neuen Hilfsmittel der Technik bestimmte vorgesetzte Zwecke erfüllen soll.

Diesen Gesichtspunkten Rechnung tragend, habe ich eine Reihe neuer Abschnitte in das Buch eingefügt, abgesehen von Änderungen und Ergänzungen in den übrigen Teilen. Erwähnt seien besonders die Abschnitte über: Neue Wege der Energiewirtschaft, Fließarbeit, Schaffung ästhetisch schöner Formen, Rationalisierung durch Vereinheitlichung, Mensch und Rationalisierung.

Ich kann feststellen, daß der ernstliche Wunsch, zu einem Verständnis technischer Leistungen und technischer Arbeitsweise zu kommen, in allen den Kreisen wächst, die ich mit meinem Buch ursprünglich zu erreichen hoffte, namentlich an den allgemeinbildenden Schulen und den Universitäten, und ich hoffe, daß die neue Auflage dazu beitragen wird, diese Entwicklung zu fördern. Als Leiter der Technisch-Wissenschaftlichen Lehrmittelzentrale[1]) habe ich mich gleichfalls bemüht, durch Schaffung leicht verständlicher technischer Darstellungen in diesem Sinne zu arbeiten.

Charlottenburg, im Februar 1927.
Ahornallee 50.

Georg v. Hanffstengel.

[1]) Die Technisch-Wissenschaftliche Lehrmittelzentrale (TWL), Berlin, Dorotheenstr. 35, ist eine an den „Verband technisch-wissenschaftlicher Vereine E. V." angeschlossene gemeinnützige Organisation, welche die Sammlung und planmäßige Durcharbeitung alles einer bildlichen Darstellung zugänglichen technischen Stoffes zur Aufgabe hat und zunächst vor allem Glaslichtbilder für Unterrichts- und Vortragszwecke herstellt. Die Abbildungen dieser Auflage, die in der Unterschrift mit TWL-Nummern bezeichnet sind, sind von der TWL als Diapositive zu erhalten.

Inhaltsverzeichnis.

Erster Abschnitt.

Grundlagen.

Zweiter Abschnitt.

Die Ausnutzung der Energie.

Dritter Abschnitt.

Die Ausnutzung des Materials und die Entwicklung der Form.

Vierter Abschnitt.

Technische Arbeit. Rationalisierung.

Erster Abschnitt.

Grundlagen.

1. Einfache technische Anwendungen der Hebelgesetze.

Wie auf jedem Gebiete des Denkens, so arbeitet auch in der Technik der Fachmann mit einer Reihe abstrakter Begriffe, die im gewöhnlichen Sprachgebrauch entweder gar nicht vorkommen oder hier eine andere, meistens konkrete Bedeutung haben.

Eines der nächstliegenden Beispiele ist der Hebel. Im gewöhnlichen Leben versteht man darunter eine Stange, die an einer Stelle, und zwar nahe an einem Ende, auf einer festen Unterlage ruht (Abb. 1). Auf der einen Seite drückt ein Mann und bringt dadurch am anderen Ende eine Kraftwirkung hervor, die viel größer ist als die Kraft, die er unmittelbar ausüben kann. Er ist infolgedessen imstande, mit dem Hebel z. B. einen sehr schweren Stein anzuheben.

Abb. 1. Hebel.

Will der Techniker sich bei einem Vorgang, wie in Abb. 1 dargestellt, über die Kräftewirkungen klar werden, so muß er in der Darstellung alles zu beseitigen suchen, was für deren Bestimmung unwesentlich ist. Für die konkreten Einzelelemente werden Begriffe eingeführt, und an die Stelle der bildlich-anschaulichen Darstellung tritt eine schematische Skizze nach Abb. 2. Hierbei sind eine Reihe von Abstraktionen vorgenommen.

Zunächst ist der Hebel als eine einfache Linie dargestellt. Es kommt ja für die Berechnung der Kräfte gar nicht darauf an, ob die Stange aus Holz oder aus Eisen besteht, und ob sie dick oder dünn, rund oder eckig ist. Ebensowenig ist die Art der Unterlage von Einfluß; deshalb ist nur die Stelle, wo der Hebel aufliegt, in der Skizze genau festgelegt, und zwar durch ein Dreieck mit nach oben gerichteter Spitze, das etwa der Schneide bei einem Wagebalken entsprechen kann. Ob die Kraft am langen Arm des Hebels von einem Mann ausgeübt wird, oder durch ein angehängtes Gewicht, wie in Abb. 2 gezeichnet, ist ebenfalls gleichgültig; in Abb. 3, die eine noch etwas schematischere, noch weniger körperliche Darstellung bildet, ist daher nur ein Pfeil gezeichnet, der die Richtung angibt, in der der Mann seine Kraft äußert. Ebenso ist das Gewicht des

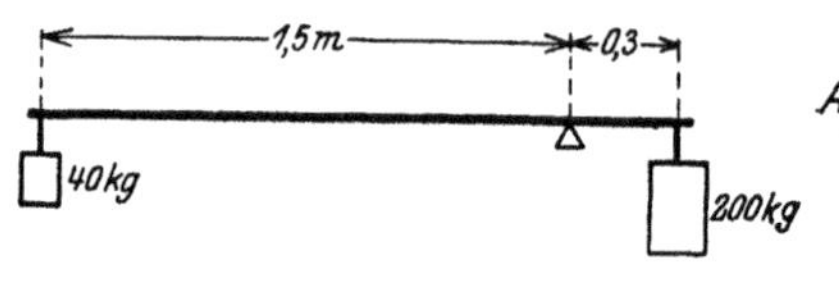

Abb. 2. Schematische Darstellung eines Hebels.

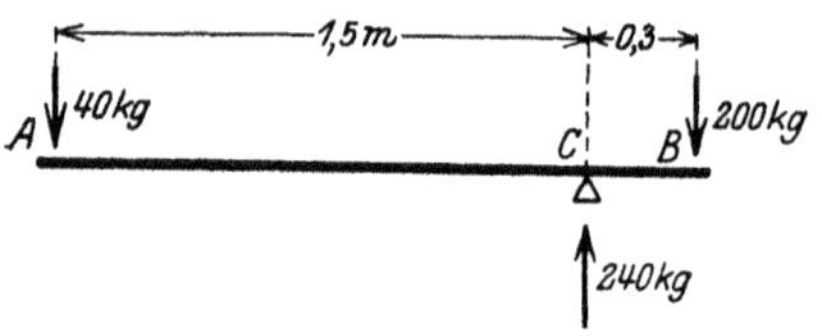

Abb. 3. Darstellung eines Hebels, noch weiter schematisiert.

Steines am anderen Ende des Hebels nur durch einen Pfeil mit daneben geschriebener Zahl bezeichnet. Den Hebel denken wir uns zunächst einmal so leicht, daß sein Gewicht keine Rolle spielt.

Nehmen wir nun einmal an, der Stein wöge 200 kg (Kilogramm) und der lange Hebelarm wäre nach den Maßen, die in den Abbildungen eingeschrieben sind, 5 mal so lang als der kurze, so brauchte der Mann nur $^1/_5$ der Last von 200 kg aufzuwenden, um den Stein zu heben, d. h. er müßte mit einer Kraft drücken, die dieselbe Wirkung hat, wie ein am langen Hebelarm angehängtes Gewicht von 40 kg.

Sind diese beiden senkrecht nach unten gerichteten Kräfte — 200 kg und 40 kg — nun die einzigen, die auf den Hebel wirken? Offenbar nicht. Denn stellen wir uns vor, daß sich bei C in Abb. 3 nicht ein festes Auflager befände, sondern daß, wie in Abb. 4 dargestellt, an dieser Stelle ein Mann stände, über dessen Schulter der Hebel gelegt ist, so sagt uns das natürliche Gefühl, daß dieser Mann sich ganz gehörig nach oben stemmen muß, um den Hebel zu halten. Tatsächlich ist die Kraft, die hier von dem Auflager nach oben gegen den Hebe ausgeübt wird, ebenso groß wie die gesamte Belastung des Hebels, also $200 + 40 = 240$ kg. In Wirklichkeit könnte ein einziger Mann diese Last gar nicht tragen, sondern wenn man einem Mann 40 kg zumuten würde, so wären 6 Mann notwendig, um das Auflager zu ersetzen.

Abb. 4. Veranschaulichung der Auflagerkraft beim Hebel.

In der schematischen Darstellung, Abb. 3, ist diese Kraft von 240 kg durch einen nach oben gerichteten Pfeil dargestellt. Sie wird als Auflagerreaktion bezeichnet, indessen tut der Name wenig zur Sache. Hauptsache ist das Gesetz, daß die nach unten und die nach oben gerichteten Kräfte, die auf einen Hebel oder einen anderen Körper wirken, sich gegenseitig aufheben müssen. Es ist unmöglich, daß an einem Hebel, der sich im Gleichgewicht befindet, nur Kräfte angreifen, die in einer Richtung wirken, es sind stets Gegenkräfte in gleicher Größe da.

So einfach und selbstverständlich diese Lehre erscheint, so wichtig ist sie doch als eines der Grundelemente der technischen Vorstellungswelt.

Niemals darf vergessen werden, daß bei der Zurückführung der Aufgabe auf ihre einfachsten Elemente, bei der Loslösung vom Körperlichen, das Gewicht des Hebels selbst nicht berücksichtigt worden ist. Um die Rechnung durchsichtig zu machen, war es notwendig, die Vorstellung eines körper- und gewichtslosen Hebels

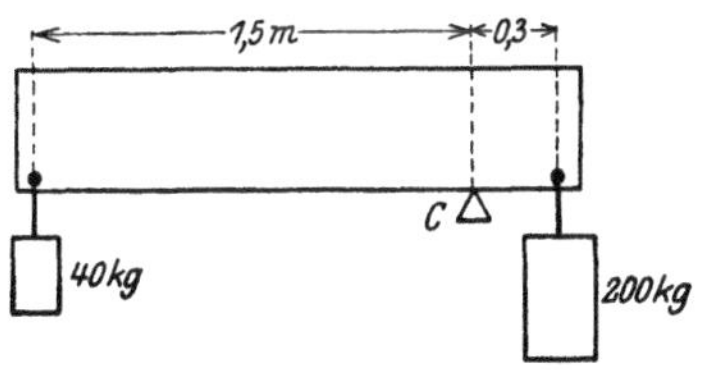

Abb. 5. Hebel, aus einem aufrecht stehenden Brett gebildet.

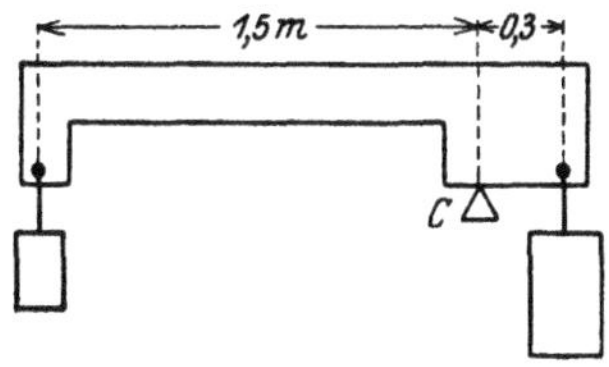

Abb. 6. Hebel nach Abb. 5, jedoch anders geformt.

zu bilden. Bei der endgültigen Berechnung darf aber natürlich das Eigengewicht der Körper, mit denen man zu tun hat, nie vergessen werden. Es darf nur dann aus der Rechnung herausbleiben, wenn es sehr klein ist im Verhältnis zu den anderen Kräften, die an dem Hebel wirken.

Einen Schritt weiter muß man mit der Abstraktion gehen, wenn es sich nicht um eine einfache gerade Stange, sondern um einen komplizierter geformten Körper handelt. Man stelle sich vor, daß aus einem Brett nach Abb. 5, bei dem die Hebelarmlängen dieselben sind wie oben, ein Stück herausgeschnitten wird, wie in Abb. 6 dargestellt. Würden sich dann in den Kräftewirkungen Änderungen ergeben? Offenbar nicht, vorausgesetzt, daß das Eigengewicht des Brettes wieder als nebensächlich betrachtet wird. Also auch dieser eigentümlich geformte Körper läßt sich schematisch als eine einfache gerade Stange darstellen, genau wie der Hebel in Abb. 2 und 3. Für das Gleichgewicht des Ganzen ist es völlig gleichgültig, wie die Teile geformt sind, durch die die Kraft von 40 kg nach dem Drehpunkt C hin übertragen wird.

Dieser Grundsatz läßt sich ohne weiteres auch auf einen Drehkran anwenden, wie in Abb. 7 dargestellt. An dem Kran sind Räder angebracht, mit denen er sich auf dem festen Unterbau dreht. Die Last, die der Drehkran heben soll — 3000 kg — hängt an dem äußersten Ende des Kranauslegers, und zwar an einem Seil, das über eine Rolle geht und von da zu der Trommel des Kranes läuft. Soll die Last gehoben werden, so wird die Trommel gedreht, so wie es der Pfeil in Abb. 7 angibt, und dadurch das Seil auf die Trommel aufgewickelt. Hätte der Kran kein Gegengewicht, so würde er durch diese Last von 3000 kg zum Kippen gebracht werden und von dem Gerüst herunterstürzen, und zwar müßte er um das Rad C kippen, während die hinteren Räder in die Höhe gehen. Bestimmt werden soll nun die Größe, die das Gegengewicht haben muß, um das Kippen zu verhindern, wobei angenommen ist, daß die Last, wie in der Zeichnung eingeschrieben, 10 m und das Gegengewicht 5 m von dem Rade C, also von dem festen Kipp- oder Drehpunkt, entfernt ist.

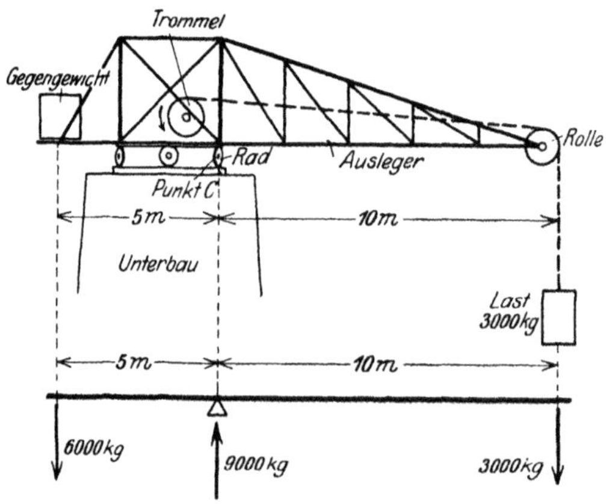

Abb. 7 und 8. Umformung eines Drehkranes in einen Hebel zum Zwecke der Gleichgewichtsberechnung.

Für diese Berechnung sind offenbar Seil, Rolle und Trommel ganz gleichgültig. Ebenso ist es einerlei, wie das Krangerüst aussieht. Wir haben einfach einen Hebel vor uns, an dem die äußere Kraft 3000 kg in einem Abstand von 10 m von dem Drehpunkt wirkt; da das Gegengewicht nur 5 m vom Drehpunkt entfernt ist, so muß es doppelt so groß sein wie die Last, also 6000 kg wiegen. Die einfache schematische Skizze, Abb. 8, gibt alles, was für die Gleichgewichtsberechnung erforderlich ist. Das vordere Rad C erhält von unten, von der Unterlage her, einen Gegendruck von 9000 kg.

Statt zu sagen: Die eine Kraft muß bei dem halben Hebelarm doppelt so groß sein, können wir uns auch so ausdrücken: Die Drehwirkungen der beiden Kräfte müssen gleich sein. Die Kraft 3000 kg hat den Hebelarm 10 m und damit eine Drehwirkung oder ein „Drehmoment“ $3000 \times 10 = 30000$ mkg (Meterkilogramm), und das Drehmoment des Gegengewichtes ist 6000×5, also gleichfalls 30000 mkg. (Daß etwa der Kran, wenn die Last abgenommen wird, unter der Wirkung des Gegengewichtes umgekehrt — links herum — kippt, ist praktisch nicht zu befürchten, weil dann das ganz links gelegene Rad zum Drehpunkt wird, das Gegengewicht also nur einen kleinen Hebelarm hat, so daß das Gegengewicht des Auslegers, das nach der anderen Seite zu drehen sucht, das Kippen unbedingt verhindert.)

Damit ist natürlich nur ein einziges Stück an dem Kran berechnet, und zwar wieder, was nicht vergessen werden darf, zunächst ohne Berücksichtigung des Eigengewichtes. Es wäre weiter festzustellen, was für „innere Kräfte“ in dem Ausleger und dem übrigen Krangerüst auftreten, und wie die Antriebkraft vom Elektromotor nach der Trommel hin übertragen werden muß, aber das sind Rechnungen für sich, die auf diese erste Feststellung keine Wirkung haben. Über alle diese Einzelheiten geht der Techniker zunächst bei der Gleichgewichtsberechnung hinweg, indem er in seinem Gehirn den komplizierten Kran zu dem einfachen geraden, gewichtslosen Stab der Abb. 8 umformt, an dem drei Kräfte wirken.

Kehren wir noch einmal zu dem hochkant gestellten Brett nach Abb. 5 zurück, und hängen wir die Gewichte, statt ungefähr in derselben Höhe mit dem Auflagerpunkt, so auf, daß der Punkt *D* bedeutend höher liegt, Abb. 9. Würde dadurch eine Änderung des Gleichgewichts eintreten? Offenbar nicht. Das Gefühl sagt uns schon, daß, wenn jetzt das Seil, an dem das Gewicht hängt, an der alten Stelle, bei *A*, festgeklemmt oder festgesteckt würde, die Wirkung genau dieselbe sein müßte. Für die Berechnung des Gleichgewichts am Hebel sind also nicht etwa die schrägen Entfernungen von *D* nach *C* und von *B* nach *C* maßgebend, sondern als Hebelarme gelten die in Abb. 9 mit Maßen (1,5 und 0,3 m) bezeichneten Strecken, d. h. die Entfernungen der Kräfte vom Auflagerpunkt, senkrecht zur Richtung der Kräfte gemessen.

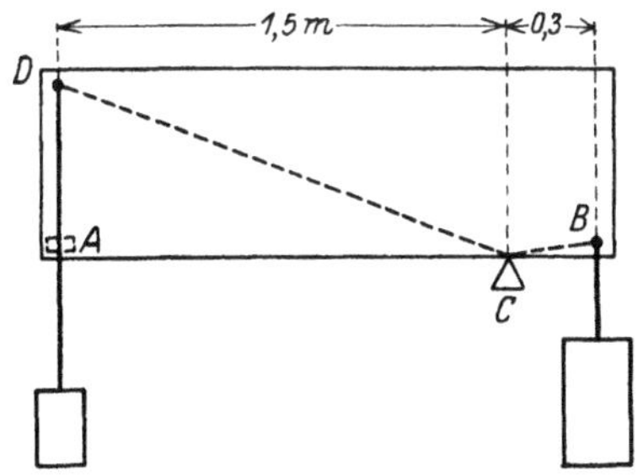

Abb. 9. Hebel nach Abb. 5 bei anderem Angriff der Kräfte.

Hieraus geht hervor, daß auch bei einem Drehkran in der Form der Abb. 10 und 11, wie er gewöhnlich ausgeführt wird, mit steil aufwärts gerichtetem Ausleger, das Gegengewicht ebenso zu berechnen ist, wie bei dem Drehkran nach Abb. 7. In schematischer Darstellung läßt sich für die Berechnung des Gleichgewichts an Stelle von Abb. 12 ohne weiteres Abb. 13 setzen.

Erproben läßt sich die Richtigkeit dieser Lehre von den Hebelarmen durch einen einfachen Versuch an einer Scheibe, die mit

Lochreihen zum Befestigen von Gewichten versehen ist. Abb. 14, die die Anordnung bei der Scheibe des „Pantechno“[1]) wiedergibt, macht dies ohne weiteres verständlich.

Allerdings wird man hierbei auf eine eigentümliche Erscheinung stoßen. Es macht nämlich einige Mühe, die Scheibe wirklich ins Gleichgewicht zu bringen, und wenn man das Gleichgewicht gefunden hat, so wird die Scheibe bei dem geringsten Stoße wieder aus dem

Abb. 10. Drehkran nach üblicher Bauart (vgl. Abb. 11).
(Ausführung der Duisburger Maschinenfabrik Jaeger G. m. b. H., Duisburg.)

Gleichgewicht kommen und völlig herumschlagen. Das ist leicht zu erklären. Dreht sich nämlich die Scheibe beispielsweise etwas nach links in die Stellung, bei der in Abb. 14 die Gewichte gestrichelt gezeichnet sind, so ändert sich der Hebelarm der Kraft 10 von 6,3 in 7,9 cm und derjenige der Kraft 30 von 2,1 in 1,5 cm.

Vorher wurde links herum eine Drehwirkung oder ein „Drehmoment“ $10 \times 6{,}3 = 63$ und rechts herum $30 \times 2{,}1$, also auch 63,

[1]) Von Ingenieur Döhle auf Anregung des Verfassers entworfener, sehr vielseitiger Lehrapparat für Mechanik, der besonders den Zweck verfolgt, den Schüler zum selbständigen Denken und Arbeiten zu erziehen. Der Apparat wird von der Technisch-Wissenschaftlichen Lehrmittel-Zentrale, Berlin NW 7, Dorotheenstr. 35, hergestellt. Vgl. des Verfassers „Hundert Versuche aus der Mechanik“, Berlin 1926: Julius Springer.

ausgeübt. Dadurch kam das Gleichgewicht zustande. Mit den neuen Hebelarmen wirkt nach links das Moment $10 \times 7{,}9 = 79$, nach rechts $30 \times 1{,}5 = 45$. Das links herum drehende Moment ist viel größer geworden und dreht deshalb die Scheibe immer weiter nach links.

Dies dürfen wir auch bei dem Kran in Abb. 10 nicht vergessen. Fängt der Kran erst einmal an zu kippen, so schlägt er auch ganz herum. Das Gegengewicht muß also in Wirklichkeit etwas größer sein als 6000 kg, damit der Kran nicht durch einen Zufall ins Kippen kommt. Es kann ja vorkommen, daß der Kran einmal etwas schief zieht, um ein weiter entfernt liegendes Stück heranzuholen. Dann vergrößert sich nach Abb. 15 der Hebelarm von 10 m auf 12 m und der Kran fällt um, wenn das Gegengewicht nicht reichliche Größe hat. Tatsächlich kommt es hier und da vor, daß ein Kran, der nicht mit der nötigen Sicherheit berechnet ist oder mit dem unvorsichtig umgegangen wird, umstürzt.

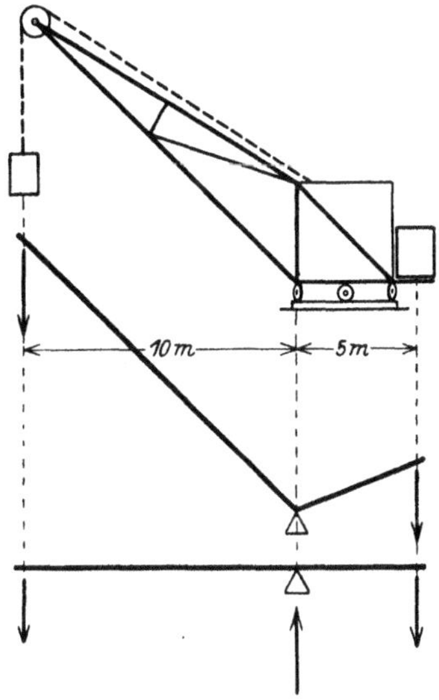

Abb. 11 bis 13. Drehkran nach Abb. 10 in immer weiter schematisierter Darstellung zum Zwecke der Gleichgewichtsberechnung.

Werden die Gewichte an der Scheibe in einer und derselben Linie aufgehängt, Abb. 16, so kann man die Scheibe beliebig einstellen, ohne daß das Gleichgewicht sich ändert. Denn jetzt werden

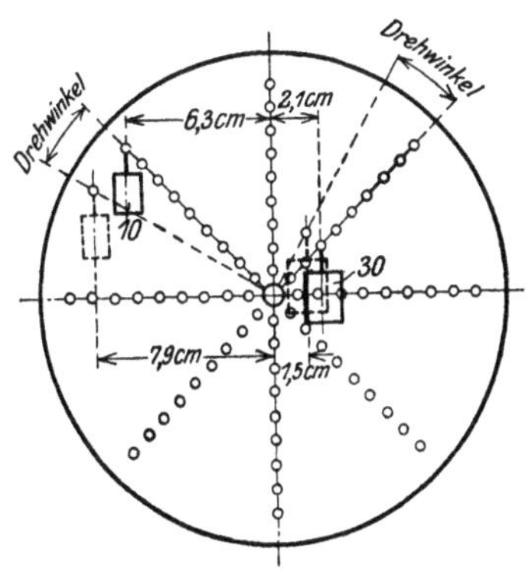

Abb. 14. Ausprobieren der Gleichgewichtsverhältnisse des Drehkrans an der Scheibe des „Pantechno".

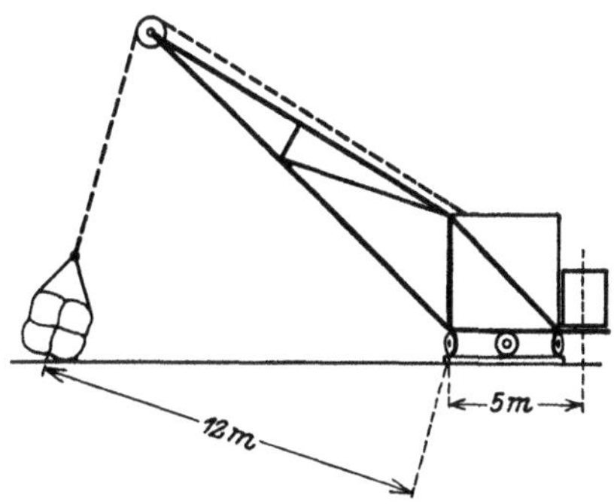

Abb. 15. Drehkran nach Abb. 10, schief ziehend, mit vergrößertem Hebelarm.

bei einer Drehung der Scheibe beide Hebelarme im gleichen Verhältnis verkürzt; beide Gewichte kommen näher an den Mittelpunkt heran und die Wirkung bleibt dieselbe, weil das Drehmoment der einen Kraft das der anderen aufhebt. Bei Aufhängung nach Abb. 17

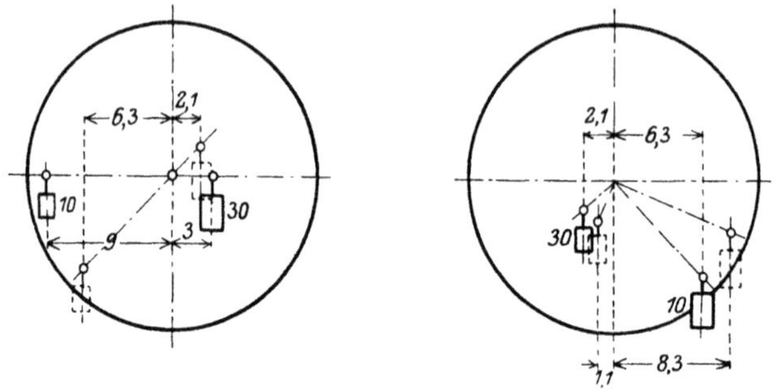

Abb. 16. Abb. 17.

Abb. 16 und 17. Indifferentes und stabiles Gleichgewicht.

dagegen herrscht „stabiles" Gleichgewicht; wenn man hier die Scheibe links herum dreht, so vergrößert sich der Hebelarm der Kraft 10 von 6,3 auf 8,3, während der Hebelarm der Last 30 von 2,1 auf 1,1 abnimmt, aber der so entstandene Unterschied des Drehmoments sucht die Scheibe nicht im selben Sinne weiter zu drehen, sondern ist bestrebt, sie im umgekehrten Sinne wieder in die Gleichgewichtslage zurückzuführen.

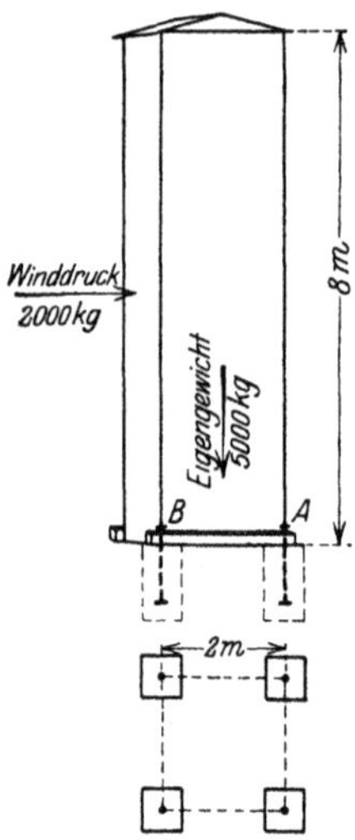

Abb. 18. Gleichgewicht bei einem vom Winddruck erfaßten Turm.

Ebenso wie oben, bei dem einfachen Hebel, der Druck, den der Mann ausübte, in Kilogramm gemessen wurde, so läßt sich z. B. auch der Druck, den der Wind gegen ein Bauwerk ausübt, nach Kilogramm berechnen. Für freistehende Gebäude nimmt man gewöhnlich an, daß die stärksten Winde auf jedes Quadratmeter Fläche mit 125 kg drücken können. Beispielsweise würde bei einem quadratischen Holzturm von 8 m Höhe und 2 m $\times$ 2 m Grundrißfläche, Abb. 18, der Wind, wenn er gerade voll von der Seite kommt, auf eine Fläche von $8 \times 2 = 16$ qm treffen, also eine Kraft von $16 \times 125 = 2000$ kg ausüben. Dieser Druck verteilt sich gleichmäßig auf die ganze Fläche und hat infolgedessen dieselbe Wirkung, als ob er in der Mitte der Fläche angriffe. Der Turm würde, wenn er fiele, um den Punkt A kippen. Er bildet also, wie in Abb. 19 schematisch dargestellt, einen

Hebel, an dessen langem Arm eine Kraft von 2000 kg mit einem Hebelarm von 4 m wirkt, entsprechend einem Drehmoment von $2000 \times 4 = 8000$ mkg. Dem wirkt das Gewicht des Turmes entgegen, das 5000 kg beträgt, und von dem wir uns wieder vorstellen können, daß es in der Mitte des Turmes angreift, so daß es mit Bezug auf den Drehpunkt A einen Hebelarm von 1 m hat und ein Moment von $5000 \times 1 = 5000$ mkg hervorbringt. Dem vom Winddruck ausgeübten Kippmoment kann dieses Moment nicht das Gleichgewicht halten, sondern es bleibt ein Rest von $8000 - 5000 = 3000$ mkg, oder mit anderen Worten, der Wind ist imstande, den Turm umzuwerfen, wenn dieser nicht noch auf andere Weise festgehalten wird. Das geschieht dadurch, daß die Mauerblöcke, die das Fundament bilden, durch kräftige Ankerschrauben mit dem Turm verbunden

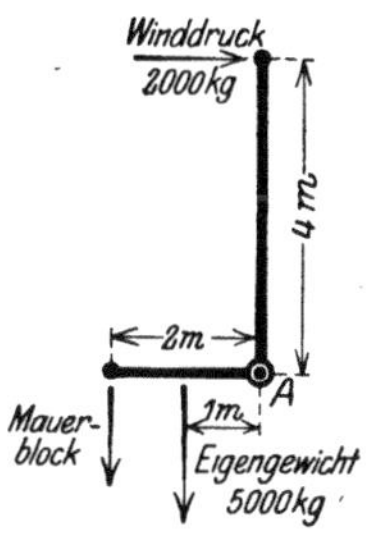

Abb. 19. Umformung des Turmes nach Abb. 18 in einen Hebel zwecks Berechnung des notwendigen Gewichts des Mauerblocks.

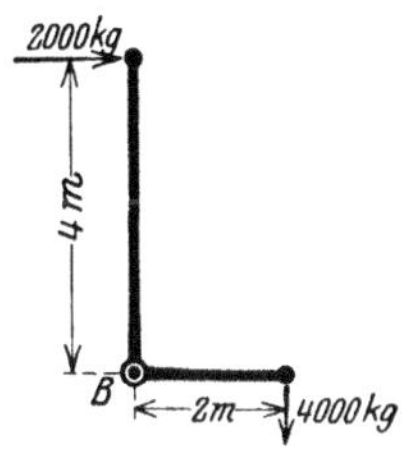

Abb. 20. Umformung des Turmes nach Abb. 18 in einen Hebel zum Zwecke der Berechnung der Fundamentbelastung.

werden, so daß sie mit hochgehoben werden müßten, wenn der Turm kippen sollte. Wie groß müssen nun diese Fundamentblöcke sein?

Da das Gewicht der Blöcke in 2 m Abstand von dem Drehpunkt A lotrecht nach unten wirkt, so muß es, um dem übrig gebliebenen Drehmoment von 3000 mkg das Gleichgewicht halten zu können, $\frac{3000}{2} = 1500$ kg betragen ($1500 \text{ kg} \times 2 \text{ m} = 3000$ mkg). Vorhanden sind zwei Blöcke, die beim Kippen des Turmes mit hochgehoben würden, und jeder von ihnen muß daher die Hälfte, nämlich 750 kg, wiegen. Da bekannt ist, wieviel 1 cbm Mauerwerk wiegt — etwa 1600 kg —, so läßt sich hiernach ohne weiteres bestimmen, wie groß die Blöcke sein müssen, um auch beim stärksten Winde das Umkippen zu verhindern. Bei 120 cm Höhe und 63 cm Seitenlänge jedes Blockes ergibt sich der Inhalt eines Blockes zu $1{,}2 \times 0{,}63 \times 0{,}63 = 0{,}47$ cbm und sein Gewicht zu $0{,}47 \times 1600 = 750$ kg, wie verlangt wird.

Sind nun die so berechneten Fundamente auch groß genug, um

das Gewicht des Bauwerkes zu tragen? Man rechnet gewöhnlich, daß bei gutem Baugrund auf 1 qcm der Auflagefläche des Fundamentes 2,5 kg Druck kommen dürfen. Die beiden Fundamentblöcke, die auf der dem Winde abgewendeten Seite liegen, haben zusammen die Hälfte der Turmlast — 2500 kg — und ihr eigenes Gewicht — 2×750 kg — zu tragen. Dazu kommt aber noch der Druck, den der Wind ausübt. Um diesen Druck zu ermitteln, müssen wir uns jetzt, wie in Abb. 20 veranschaulicht, den Turm als einen Hebel vorstellen, der, statt bei A, im Punkte B fest gelagert ist — hier halten ihn ja die Fundamentschrauben —, und der auf das Fundament bei A einen Druck ausübt. Nach den in Abb. 20 eingeschriebenen Zahlenverhältnissen beträgt dieser Druck 4000 kg. Im ganzen kommen also zusammen von dem Gewicht des Turmes, dem Gewicht der Blöcke und dem Winddruck $2500 + 1500 + 4000 = 8000$ kg oder 4000 kg für einen einzelnen Block. Die Auflagefläche beträgt $63 \times 63 = 3970$ qcm, auf 1 qcm kommt also $\frac{4000}{3970} =$ ungefähr 1 kg. Somit würde das Fundament auf gutem Baugrund eine sehr reichliche Tragfläche haben.

Fassen wir nun einmal zusammen, was sich aus diesen einfachen Rechnungen für die Denkweise der Technik ergibt. Das Beispiel des Turmes läßt Art und Wesen der Umformung, die der Ingenieur bei der Untersuchung körperlicher Gebilde vorzunehmen hat, besonders klar erkennen. Der Turm ist zweimal als Hebel aufgefaßt worden, und zwar das eine Mal als Hebel mit dem Punkt A, das zweite Mal als Hebel mit dem Punkt B als festem Drehpunkt. Da wir also aus dem Turm zwei verschiedene Hebel gemacht haben, wäre es unrichtig, zu sagen: Der Turm „ist“ ein Hebel. Der Turm „ist“ zunächst nichts weiter als ein Turm, und wie er aufgefaßt und berechnet werden soll, liegt durchaus in der Willkür des Ingenieurs, der ein geeignetes Verfahren sucht, um das Bauwerk, das er vor sich hat, unter Abstreifung der körperlichen Formen auf irgendein möglichst einfaches, elementares Schema zurückzuführen. Je einfacher und übersichtlicher sich dieses Schema gestaltet, um so sicherer ist darauf zu rechnen, daß nicht infolge verkehrter Vorstellungen Fehler gemacht werden.

Um zunächst einmal diese richtige, klare Auffassung der Aufgabe zu gewinnen, dazu hilft die mathematische Schulung wenig; vielmehr gehört dazu eine starke Vorstellungskraft, ein Umformungsvermögen, das in erster Linie den tüchtigen Theoretiker ausmacht und das nur durch praktische Übung gewonnen oder gestärkt werden kann. Es ist die Hauptaufgabe aller Lehrmodelle, das Vorstellungsvermögen zu bilden, denn das Modell stellt eine Zwischenstufe zwischen der Wirklichkeit und der reinen Abstraktion dar, wie sie die schematische Skizze bietet. Das Körperliche, Wirkliche ist beim Modell noch nicht verschwunden, und doch ist alles, was für den augenblicklichen Zweck unwesentlich ist, so weit beseitigt, daß die Grundelemente, die für die Rechnung in Frage kommen, klar hervortreten.

Für den Ingenieur müssen die Grundbegriffe und elementaren Denkverfahren zum Handwerkzeug werden, das er sicher beherrscht; es ist oft überraschend, auf wie verhältnismäßig wenige einfache

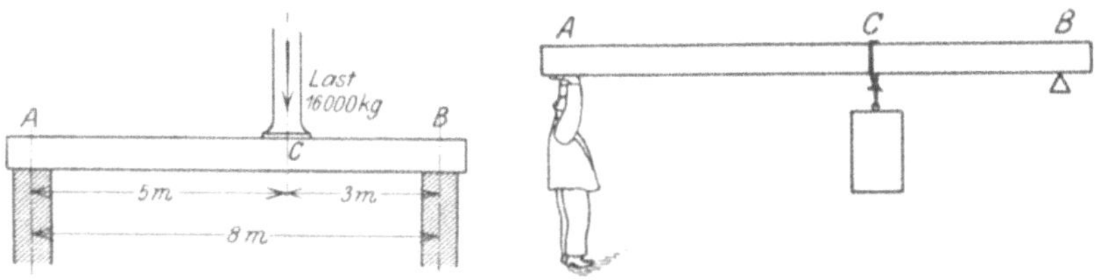

Abb. 21 und 22. Skizzen zur Berechnung eines Deckenträgers in einem Fabrikgebäude.

Elemente sich die Aufgaben der so unendlich vielseitigen Technik zurückführen lassen.

Für die Willkürlichkeit bei technischen Berechnungen noch ein weiteres einfaches Beispiel! Ein Balken oder, richtiger gesagt, Deckenträger in einem Fabrikgebäude, Abb. 21, ruht auf zwei Mauern, die 8 m voneinander entfernt sind, und ist in einer Entfernung von 3 m vom rechten Auflager durch eine Säule belastet, die 16 000 kg zu tragen hat. Festzustellen ist, welchen Druck die rechte und welchen Druck die linke Mauer bekommt.

Der Übergang zum Hebel ergibt sich sofort, wenn in unserer Vorstellung entsprechend Abb. 22 an die Stelle der einen Mauer ein Mann gestellt wird, der den Träger hochzuhalten hat. Dieser Mann übt eine nach oben gerichtete Kraft aus und wirkt damit dem Drehmoment entgegen, das die Last von 16 000 kg hervorbringt, indem sie den Hebel um das andere Auflager B nach unten zu drehen sucht. Das Drehmoment der Last ist $16\,000 \times 3 = 48\,000$ mkg; da der gedachte Mann am Hebelarm 8 m anfaßt, so würde er $\frac{48\,000}{8} =$ 6000 kg tragen müssen. Mit anderen Worten: die linke Mauer bekommt einen Auflagerdruck von 6000 kg; die andere erhält dann natürlich den Rest, also $16\,000 - 6000 = 10\,000$ kg.

Wird nun der Balken als Hebel einmal rein schematisch dargestellt, so ergibt sich Abb. 23. In den Punkten *A*, *B* und *C* wirken auf den Hebel eine nach unten und zwei nach oben gerichtete Kräfte. Statt *B* als festen Drehpunkt anzunehmen, kann

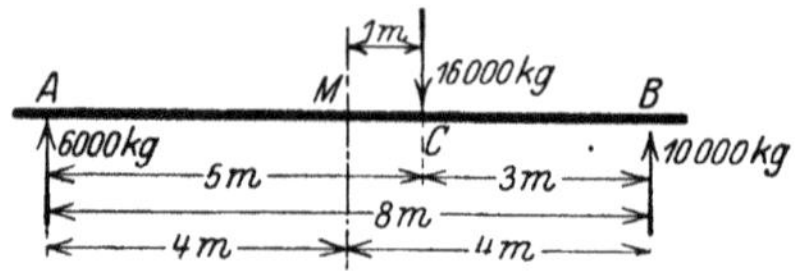

Abb. 23. Schematische Skizze zur Berechnung des Deckenträgers nach Abb. 21.

man sich nun ebenso gut vorstellen, daß der Hebel sich um *A* dreht. Die Kraft 6000 kg geht durch diesen Punkt hindurch und hat keinen Hebelarm und daher keine Drehwirkung. Sie scheidet also für die Berechnung zunächst völlig aus. Die Kraft 16 000 kg dreht den Hebel rechts herum, nach unten, mit einem Moment 16 000 × 5 = 80 000 mkg, und die Kraft 10 000 kg entgegengesetzt, links herum, nach oben mit dem Moment 10 000 × 8 = 80 000 mkg. Die Drehwirkungen heben sich also auf: es herrscht demnach Gleichgewicht, die Rechnung stimmt auch bei dieser Annahme. Nichts steht aber im Wege, den Hebel jetzt einmal als im Punkt *C* festgehalten anzusehen. Dann fällt die Kraft 16 000 kg aus der Drehmomentenrechnung heraus, und es ergeben sich als Momente 6000 × 5 rechts und 10 000 × 3 links herum, also wieder gleiche Zahlen. Ja, man kann sogar irgendeinen anderen Punkt wählen, z. B. die Mitte *M* des Trägers. Hier üben alle drei Kräfte Drehwirkungen aus, und zwar nach den eingeschriebenen Zahlen

Kraft *A*: 6 000 × 4 = 24 000 mkg rechts herum } zusammen
Kraft *C*: 16 000 × 1 = 16 000 mkg rechts herum } 40 000 mkg
Kraft *B*: 10 000 × 4 = 40 000 mkg links herum.

Also auch bei dieser ganz willkürlichen Annahme des Drehpunktes bestätigt sich die Richtigkeit der Rechnung. Stets ist natürlich bei derartigen Rechnungen im Auge zu behalten, daß die senkrecht nach oben wirkenden Kräfte gleich den senkrecht nach unten wirkenden sein müssen, also hier: 6000 + 10000 = 16000 kg.

2. Berechnung eines Brückenträgers auf Grund des Hebelgesetzes.

Die Umformung körperlicher Bauteile in gedanklich vorgestellte, ganz nach Bedarf an geeigneten Punkten aufgelagerte Hebel kann auch für die Berechnung einer Eisenbahnbrücke benutzt werden, die z. B. durch einen in bestimmter Weise zusammengesetzten Zug belastet ist. Bei den Annahmen der Abb. 24 würden eine

Lokomotive mit Tender und außerdem ein zweiachsiger Güterwagen auf der Brücke Platz finden. Die Gesamtauflagerdrücke bei A und B werden bestimmt, indem man sich die Brücke als einen an beiden Enden aufgelagerten Balken vorstellt und nun für jede einzelne Last ermittelt, welche Drücke sie auf das rechte und auf das linke Auflager ausübt. Dabei ist genau so vorzugehen, wie bei dem Balken in Abb. 21 bis 23. Die einzelnen Auflagerdrücke, die auf diese Weise festgestellt sind, werden dann zusammengezählt. Von den Behörden sind Bestimmungen darüber herausgegeben, wie groß und in welcher Entfernung voneinander die Raddrücke angenommen werden müssen.

In Abb. 24 würde z. B. die erste Last von 17 t (17 000 kg) größtenteils auf den Auflagerpunkt B wirken, weil sie ihm am nächsten liegt, und hier einen Auflagerdruck von 15,4 t hervorrufen, während A nur 1,6 t erhält. In gleicher Weise können die Drücke,

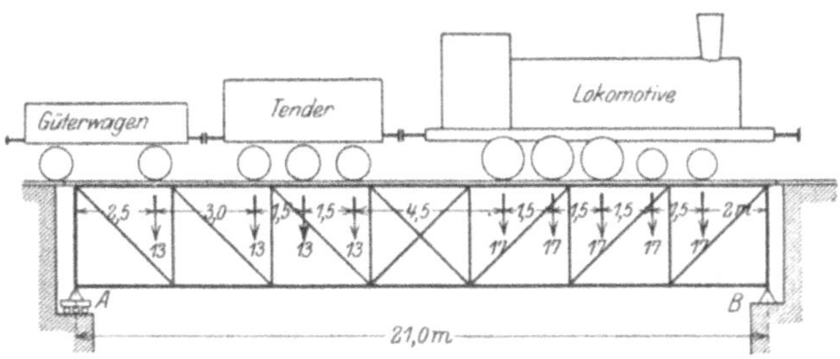

Abb. 24. Eisenbahnbrücke mit Belastung (Lasten in Tonnen zu je 1000 kg).

die von den anderen Belastungen herrühren, ermittelt werden. Im ganzen kommen 58 t auf A und 79 t auf B.

Abb. 25, S. 14, zeigt eine große Brücke, die grundsätzlich als ein an beiden Enden gelagerter Balken aufzufassen ist und damit unmittelbar der Berechnung als Hebel zugänglich wird. Daß die Brücke nach oben gekrümmt ist, spielt für die Bestimmung der äußeren Kräfte ebensowenig eine Rolle, wie die eigentümliche Form des ausgeschnittenen Brettes bei dem Hebel in Abb. 6.

Sind die äußeren Kräfte ermittelt, die auf eine solche Brücke wirken, so gilt es, festzustellen, was für Kräfte oder Spannungen in den Stäben, aus denen die Brücke besteht, auftreten, und diese Stäbe so stark zu machen, daß sie nicht zerreißen oder zerknicken.

Nehmen wir einmal einen recht einfachen Fall an, daß nämlich der in Abb. 26, S. 14, schematisch skizzierte Brückenträger nicht durch einen Eisenbahnzug belastet ist, sondern drei einzelne Lasten von je 30 000 kg (30 t) zu tragen hat. Aus der Symmetrie des Ganzen geht hervor, daß der Gegendruck an jedem Auflager gleich der Hälfte der Gesamtbelastung, also 45 t, sein muß. Es kommt nun beispielsweise darauf an, festzustellen, was für eine Spannung durch die Belastung in dem Stab z, also von links aus gerechnet dem dritten Stab des „Untergurtes", entsteht. Hier benutzen wir einen Kunstgriff, der allerdings wieder einige Ansprüche

Abb. 25. Straßenbrücke mit nach oben gekrümmtem Obergurt (Ausführung der Gutehoffnungshütte, Oberhausen).

an unser Vorstellungsvermögen stellt. Wir denken uns nämlich einmal entlang der Linie MN einen Schnitt durch den Brückenträger geführt und dadurch die beiden Teile der Brücke vollständig voneinander getrennt. Was würde geschehen? Selbstverständlich müßten die beiden Brückenteile herunterstürzen, weil der eine Teil

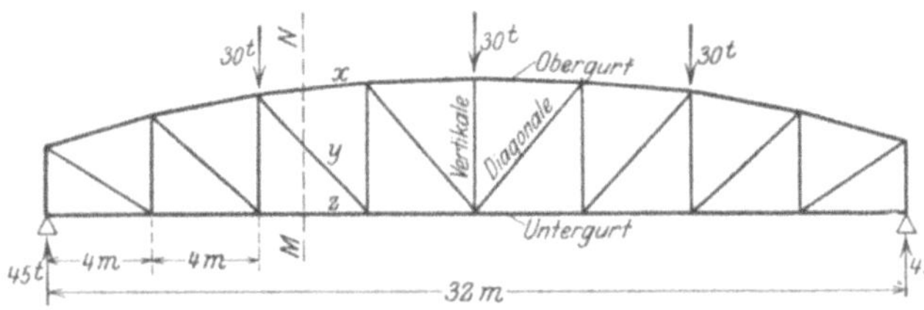

Abb. 26. Schematische Darstellung einer Brücke mit nach oben gekrümmtem Obergurt.

den andern nicht mehr hält. Betrachten wir aber jetzt einmal das linke abgeschnittene Stück für sich allein, so ist es klar, daß dieses Stück sich doch wieder ins Gleichgewicht bringen lassen müßte, wenn man an Stelle der Stäbe, die an der anderen Brückenhälfte sitzen, Männer an den Stabenden anfassen ließe, die stark genug wären, um dieselben Kräfte auszuüben, die vorher durch die eisernen Streben übertragen wurden. Abb. 27 macht diese Vorstellung anschaulich. — Die Lösung der Aufgabe ergibt sich nun beinahe von selbst.

Offenbar haben wir auch bei dieser Aufgabe nichts anderes vor uns als einen Hebel. Wie der Hebel geformt ist, und aus was für Material er besteht, ist ganz gleichgültig. Es erleichtert die Vorstellung, wenn das Trägerstück, wie in Abb. 28, als volle Scheibe gezeichnet wird. An diesem Hebel wirken fünf Kräfte, 45 t, 30 t und die vorläufig noch unbekannten Stabkräfte P_x, P_y und P_z. An Hand von Abb. 23 war schon gezeigt worden, daß es einerlei ist,

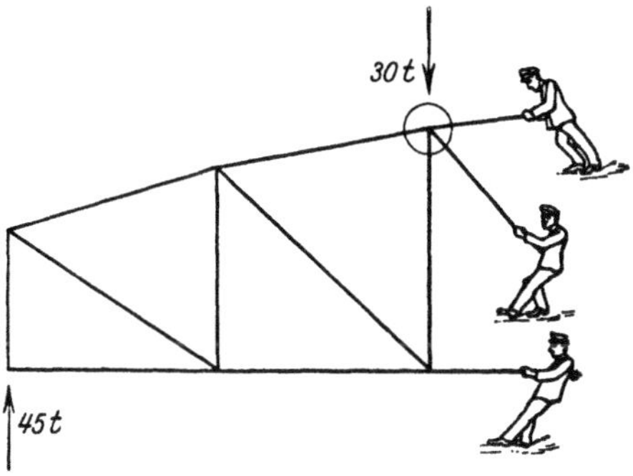

Abb. 27.

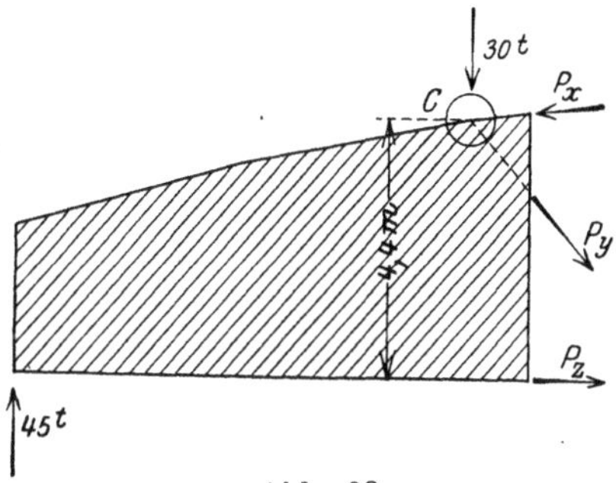

Abb. 28.

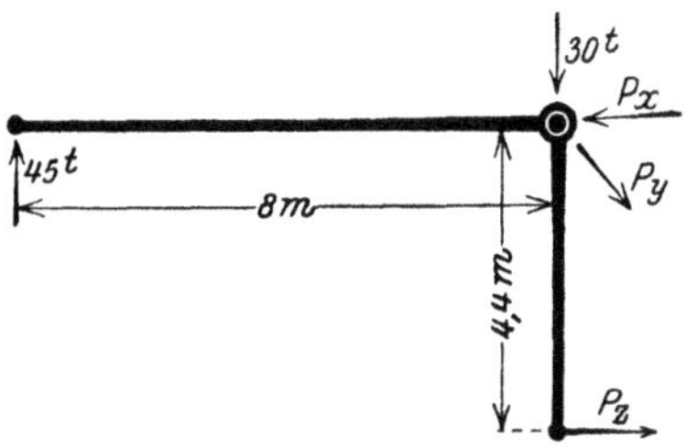

Abb. 29.

Abb. 27 bis 29. Schematische Skizzen zur Berechnung des abgeschnittenen Trägerstückes nach Abb. 26.

welcher Punkt bei einem solchen Hebel als Drehpunkt angenommen wird. Dort waren ja für die Rechnung der Reihe nach *A*, *B*, *C* und *M* als Drehpunkte benutzt worden, und immer hatte sich herausgestellt, daß die Drehmomente sich gegenseitig aufheben, wenn nur für einen Punkt die Rechnung richtig ist. Wählen wir also hier einmal den Punkt *C*! Die Belastungskraft 30 t geht durch diesen Punkt unmittelbar hindurch, übt also überhaupt keine Drehwirkung aus. Das gleiche gilt aber auch für die Kräfte P_x und P_y. Diese drei Kräfte kommen also für die augenblickliche Rechnung überhaupt nicht in Betracht, und es bleiben nur die beiden

Kräfte 45 t und P_z übrig. Wir kommen also letzten Endes auf einen ganz einfachen Winkelhebel, wie in Abb. 29 skizziert. Die Auflagerkraft 45 t hat einen Hebelarm von 8 m, ihr Drehmoment ist also $45 \times 8 = 360$ mt (Metertonnen). Die Kraft P_z wirkt an einem Hebelarm von 4,4 m; damit sie den Hebel im Gleichgewicht hält, muß sie also die Größe von $\frac{360}{4,4} = 82$ t oder 82 000 kg haben.

Aus der so errechneten Stabkraft oder Stabspannung läßt sich ermitteln, ob der Stab, wie er entworfen oder ausgeführt ist, für die der Brücke zugemutete Belastung ausreicht, d. h. genügende Festigkeit besitzt. Ist der Stab beispielsweise, wie in Abb. 30 skizziert, aus zwei [-Eisen von 24 cm Höhe, wie sie von den Walzwerken normal geliefert werden[1]), und zwei Flacheisenplatten von 30 cm Breite und 1,2 cm Stärke zusammengesetzt — in der Abbildung sind die Maße, wie in Eisenkonstruktions- und Maschinenbauzeichnungen üblich, in Millimeter angegeben —, so ergibt sich ein Eisenquerschnitt von 128 qcm. Da in die [-Eisen und Platten Löcher gebohrt werden müssen, um die Niete aufzunehmen, die die Teile zusammenhalten, so gehen davon noch 22 qcm ab, und der tragende Querschnitt beträgt 106 qcm. Auf 1 qcm kommen also $\frac{82\,000}{106} = 770$ kg. Das ist eine Beanspruchung, die das Eisen erfahrungsgemäß bequem aushalten kann.

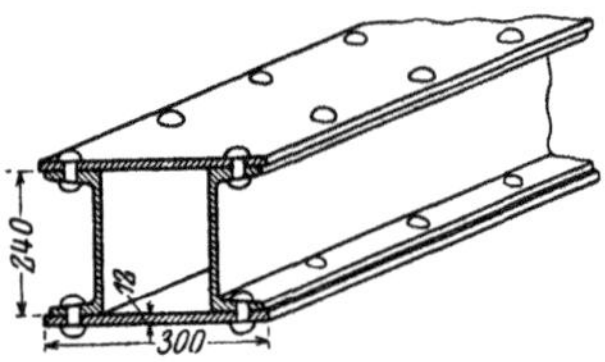

Abb. 30. Profil des Untergurtstabes z in Abb. 26.

In derselben Weise können nun auch die anderen Stäbe berechnet und danach die Brücke im einzelnen entworfen werden. Für P_x und P_y z. B. ergeben sich durch Rechnung 95 000 und 20 000 kg. Natürlich ist immer darauf zu achten, daß auch wirklich alle Belastungen Berücksichtigung finden; insbesondere dürfen das Eigengewicht der Brückenkonstruktion, Schneelast und Belastung durch Menschengedränge, das möglicherweise auf der Brücke entstehen kann, nicht vergessen werden.

[1]) Es bestehen bestimmte „Normalprofile“ für die gebräuchlichen Formen von Trägern. Das in Abb. 30 benutzte Profil bezeichnet man als U-Eisen (gewöhnlich geschrieben [-Eisen), weil seine Form der eines lateinischen U ähnlich ist.

3. Zusammensetzung von Kräften (technische Anwendungen des Kräfteparallelogramms und des Kräftedreiecks).

Bringt man an einer leichten Pappscheibe, wie in Abb. 31 gezeichnet, mit Hilfe von Schnüren, die über Rollen geleitet und mit Gewichten belastet sind, drei Kräfte an, so wird es sich zeigen, daß es nicht gelingt, die Scheibe so einzustellen, daß die Kraft 40 ein Stück weit, sagen wir 2 cm, an dem Punkt C, in dem die Richtungen der Kräfte 20 und 30 sich schneiden, vorbeigeht. Der Grund ist klar. Bei der links gezeichneten Stellung haben die Kräfte 20 und 30 kein Drehmoment mit Bezug auf Punkt C, nur die Kraft 40 übt ein Drehmoment $40 \times 2 = 80$ aus. Diesem Drehmoment wird in keiner Weise

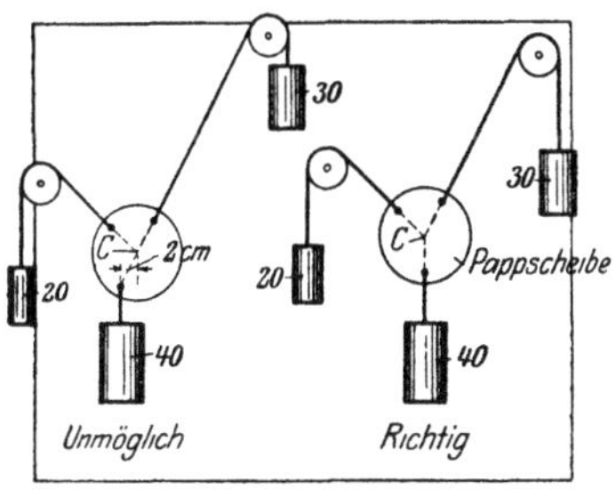

Abb. 31. Zusammenwirken von drei Kräften.

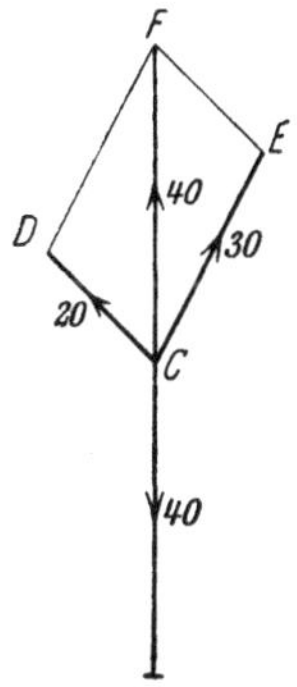

Abb. 32. Parallelogramm der Kräfte.

das Gleichgewicht gehalten, die Scheibe wird also aus dem Gleichgewicht gebracht und gedreht, bis sie von selbst in eine Lage kommt, bei der die Richtungen der drei Kräfte, wie in Abb. 31 rechts gezeichnet, durch einen und denselben Punkt gehen. Drei Kräfte, die auf einen Körper wirken, müssen sich also stets in einem Punkte schneiden.

Daß diese drei Kräfte auch ihrer Größe nach in einem bestimmten Zusammenhang stehen müssen, ist aus der elementaren Physik bekannt. Trägt man die beiden Kräfte 20 und 30 vom Schnittpunkt C aus in ihren Richtungen als Längen von 20 und 30 mm auf und bildet daraus ein Parallelogramm, indem man, wie in Abb. 32, durch die Endpunkte D und E Parallelen zu den Kräften 20 und 30 zieht, so ergibt sich als Diagonale CF des Parallelogramms eine Mittelkraft 40, welche die beiden Seitenkräfte 20 und 30 vollkommen ersetzt. Bringt man bei dem Versuch nach Abb. 31 diese Kraft 40 vom Punkt C aus in senkrechter Richtung nach oben an, während die Kräfte 20 und 30 fortgenommen werden, so zeigt sich in der Tat, daß wieder Gleichgewicht herrscht; die nach oben wirkende Kraft 40 und die nach unten wirkende Kraft gleicher Größe heben sich auf.

Ebenso wie hier die Kräfte 20 und 30 zu einer Mittelkraft zusammengesetzt wurden, können wir auch eine Kraft in zwei Seitenkräfte zerlegen. Wäre z. B. in Abb. 32 die Kraft $CF = 40$ von vornherein gegeben, und würde gefordert, daß diese Kraft in zwei Seitenkräfte zerlegt werden soll, die ganz bestimmte Richtungen haben, so würden wir durch den Punkt F die Parallelen zu den Kraftrichtungen ziehen und auf diese Weise die Größe der Kräfte CD und CE bestimmen.

Für die Zusammensetzung von Kräften liefert die folgende Aufgabe ein recht anschauliches Beispiel (vgl. Abb. 33). Von einem Gebäude einer Fabrikanlage zum andern soll ein Transport eingerichtet werden, und zwar mit Hilfe eines ausgespannten Trag-

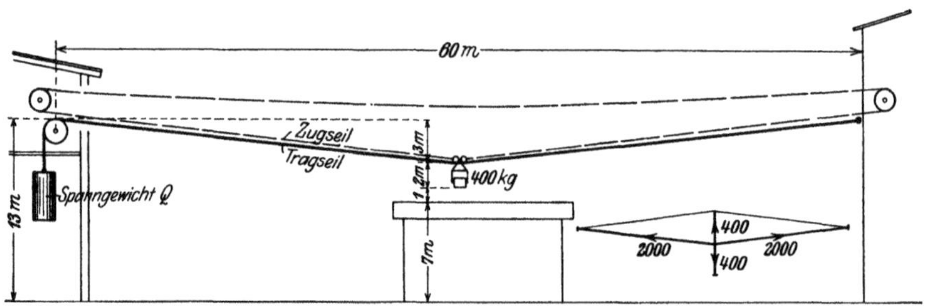

Abb. 33. Skizze zur Berechnung des Tragseil-Spanngewichtes für eine einfache Seilbahn.

seiles, auf dem durch ein zweites dünneres Seil, das „Zugseil", ein Wagen hin und her gezogen wird. Das Tragseil wird an der Mauer des einen Fabrikgebäudes festgemacht, am anderen Ende über eine Rolle geführt und durch ein Gewicht Q belastet, das dazu dient, das Seil straff zu ziehen. Je schwerer Q ist, um so weniger wird das Seil in der Mitte durchhängen, wenn der Wagen darüber fährt.

Es sei nun angenommen, daß die beiden Enden des ausgespannten Seiles 13 m über dem Erdboden liegen. In der Mitte des Hofes steht ein 7 m hoher Schuppen. Der Wagen selbst, der mit seiner Ladung 400 kg wiegt, ist 2 m hoch, und es wird sicherheitshalber vorgeschrieben, daß er mindestens 1 m über dem Dach des Schuppens bleiben soll. Damit ergibt sich, wie eingeschrieben, daß das Seil um $13 - 7 - 1 - 2 = 3$ m durchhängen darf. Zu berechnen ist, wie schwer das Belastungsgewicht Q sein muß, um zu verhindern, daß der Durchhang größer wird.

Es ist ohne weiteres klar, daß die in den Seilsträngen rechts und links vom Wagen wirkenden Seilspannungen, die schräg nach aufwärts gerichtet sind, zusammen eine Mittelkraft geben müssen, die gleich dem Wagengewicht von 400 kg ist. Da die Neigung der Seile 3:30 oder 1:10 beträgt, so läßt sich das Parallelogramm der Kräfte, wie in Abb. 33 geschehen, ohne weiteres aufzeichnen, indem man die Gegenkraft von 400 kg senkrecht nach oben gerichtet aufträgt — beispielsweise in einer Länge von 40 mm, wobei also 1 mm 10 kg entsprechen würde — und rechts und links vom unteren Ende der Kraft die beiden Seilspannungen parallel zu den Seilrichtungen zieht. Durch den oberen Endpunkt der Kraft werden dann parallele Linien gezogen und so das Parallelogramm gebildet, aus dem sich ergibt, daß die Seilspannung ungefähr 2000 kg sein muß. So schwer ist also das Gewicht Q zu machen.

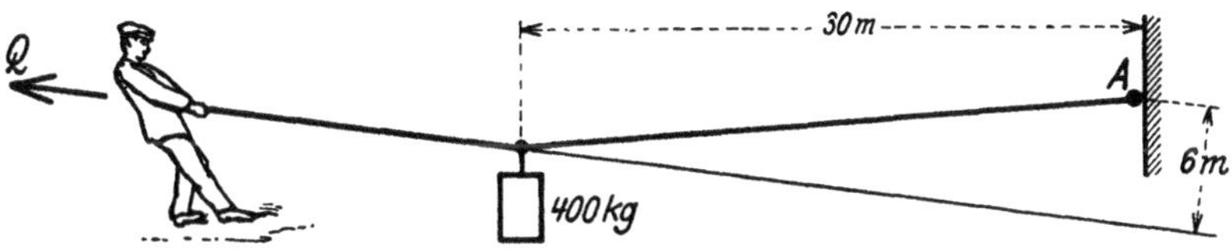

Abb. 34.

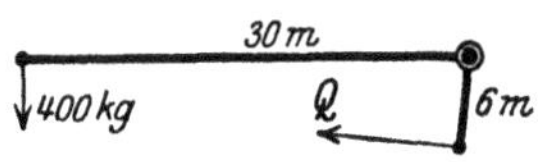

Abb. 35.

Abb. 34 und 35. Umformung eines belasteten Seiles in einen Hebel zum Zwecke der Berechnung der Seilspannung.

Die Benutzung des Kräfteparallelogramms ist übrigens durchaus nicht der einzige Weg und vielleicht auch gar nicht der einfachste, um zu einem Ergebnis zu kommen. Wiederholt war ja schon darauf hingewiesen worden, daß es für die äußeren Kräfte ganz gleichgültig ist, auf welche Weise sie im Innern durch den Körper hindurch übertragen werden. Wir können daher sogar den kühnen Schritt tun, das Seil als einen Hebel aufzufassen, obwohl es biegsam ist und daher seiner Natur nach mit einem körperlichen Hebel gar keine Ähnlichkeit hat. Schneiden wir einmal, wie wir es bei dem Brückenträger in Abb. 26 getan hatten, das Seil durch und denken wir uns an der Schnittstelle einen Mann mit der Kraft Q ziehend, Abb. 34. Wir haben dann einen Hebel mit A als festem Drehpunkt vor uns. So verblüffend es auf den ersten Blick scheinen mag, so entspricht doch der in Abb. 35 skizzierte Hebel für die Zwecke dieser Berechnung vollkommen dem Gebilde nach Abb. 33 und 34. Es liegt also wieder ein sehr kennzeichnendes Beispiel für das willkürliche Umformen der Gegenstände in der Vorstellung für die Zwecke der Rechnung vor. Die Rechnung selbst ist jetzt sehr einfach. Das Gewicht 400 kg dreht links herum mit einem Moment $400 \times 30 = 12000$ mkg. Das Moment der Kraft Q (Hebelarm 6 m)

Abb. 36. Drahtseilbahnanlage (Ausführung von Adolf Bleichert & Co., Leipzig).

muß diesem Moment gleich sein, Q ist also $\frac{12000}{6} = 2000$ kg, wie ja auch vorher ermittelt wurde.

Bei großen Drahtseilbahnen, Abb. 36, ist die Rechnung grundsätzlich dieselbe, auch wenn eine ganze Anzahl Wagen sich auf einer Strecke zwischen zwei Stützen befinden. Die Spanngewichte der Tragseile müssen meist sehr schwer sein, bis zu 20000 kg und darüber. Man stellt dann besondere Gewichtskästen her, große eiserne Kessel, und füllt sie mit Eisenstücken, Steinen und dergleichen. Die Art und Weise, wie das Spanngewicht wirkt, ist durch einen Versuch, z. B. am Pantechno[1]), gut zu veranschaulichen. Man kann eine Anzahl kleiner Gewichte in gleichmäßigen Abständen auf das Seil hängen, Abb. 37, und damit eine Drahtseilbahn mit einer größeren Spann-

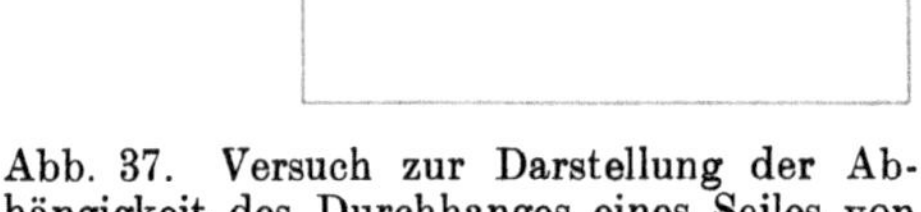

Abb. 37. Versuch zur Darstellung der Abhängigkeit des Durchhanges eines Seiles von der Größe des Spanngewichtes.

[1]) Vgl. die Fußnote auf S. 6.

weite, auf der sich eine Reihe Wagen befinden, richtig darstellen. Macht man das Spanngewicht Q größer oder kleiner, so ändert sich auch jedesmal der Durchhang des Seiles.

Recht einfach ist jetzt auch die Berechnung eines Tragarmes nach Abb. 38 durchzuführen, der aus einem Gebäude herausragt und nach oben hin durch eine schräge Zugstange verspannt ist. Solche Vorrichtungen werden z. B. benutzt, um Lasten daran hochzuwinden. Am äußersten Ende des Trägers hänge eine Last von 5000 kg, und es sollen die Spannungen P_1 und P_2 berechnet werden, die in dem Träger und der Zugstange herrschen. Die beste Vorstellung geben

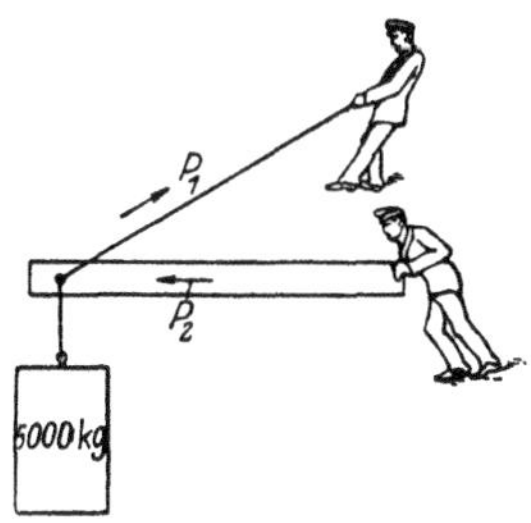

Abb. 39.

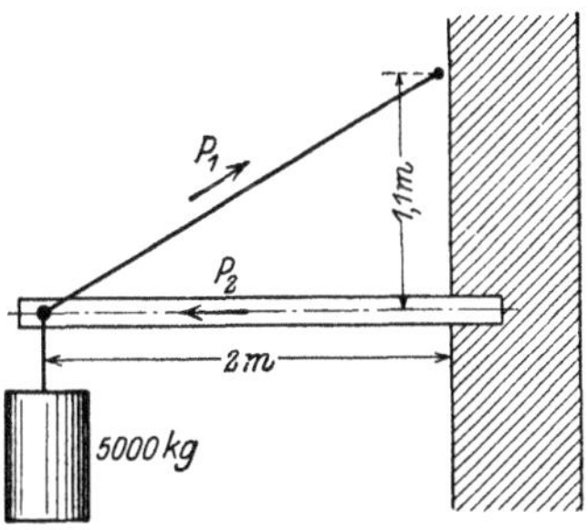

Abb. 38.

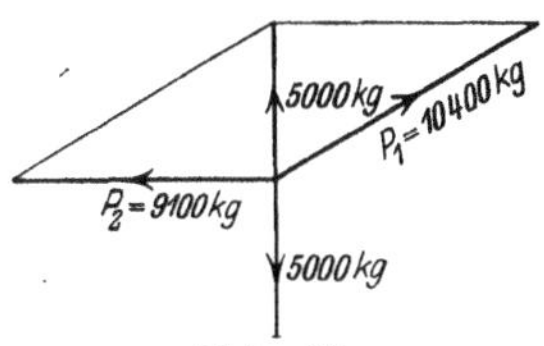

Abb. 40.

Abb. 38 bis 40. Skizzen zur Berechnung einer einfachen Tragkonstruktion mit Hilfe des Parallelogrammes der Kräfte.

wieder die beiden Männer, von denen der eine zieht, der andere drückt, um das Ganze im Gleichgewicht zu halten, Abb. 39. Offenbar müssen diese beiden Männer zusammen eine Kraft hervorbringen, welche die Kraft Q aufzuheben imstande ist, und daraus ergibt sich dann von selbst das in Abb. 40 gezeichnete Kräfteparallelogramm, aus dem P_1 und P_2 sich ohne weiteres herausmessen lassen. Wir können aber auch wieder von der Hebeltheorie ausgehen und dabei zunächst etwa A als Drehpunkt nehmen, Abb. 41. Dann ergibt sich aus den eingeschriebenen Zahlen, daß die Momente 5000×2 und $P_1 \times 0{,}98$ einander gleich sein müssen, daß also $P_1 = \frac{5000 \times 2}{0{,}98} = 10400$ kg ist.

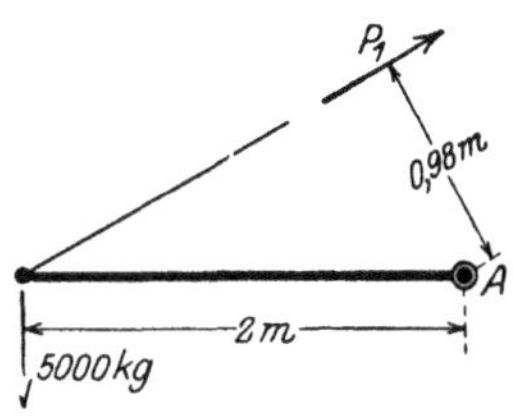

Abb. 41. Tragkonstruktion nach Abb. 38, als Hebel berechnet.

Noch ein letztes Beispiel für diese Art der Berechnung. Für einen Dachträger nach Abb. 42 sollen die Auflagerkräfte bestimmt werden, und zwar wirken auf den Träger erstens das Eigengewicht der Dachkonstruktion einschließlich der Dachdeckung und der Schneelast in Höhe von zusammen 12000 kg, zweitens ein Winddruck von 7500 kg, der, wie üblich, als unter 10° gegen die Wagerechte geneigt angenommen ist. Wäre der Träger auf beiden Seiten fest mit dem Stützmauerwerk verbunden, wie beim linken Auflager angedeutet, so wäre die Aufgabe überhaupt nicht mit Sicherheit zu lösen. Es würde von Zufälligkeiten abhängen, von einer mehr oder minder genauen Aufstellung, sodann namentlich auch von der Ausdehnung der Trägerkonstruktion durch die Wärme, wie groß und wie gerichtet die Drücke sind, so daß eine sichere Berechnung der Spannungen in dem Stabwerk, die ja von den Auflagerkräften abhängen, nicht möglich wäre. Einen solchen „statisch unbestimmten“ Träger vermeidet man, wenn es irgend geht; es stehen Mittel zur Verfügung, um den Kräften die Richtung, die sie innehalten sollen, vorzuschreiben. In Abb. 42 ist dazu ein Rollenlager benutzt worden, auf dem das rechte Trägerende ruht. Dieses Rollenlager ist eine Art von kleinem Wagen, auf dem das Auflager des Trägers, wenn die Konstruktion sich zusammenzieht oder ausdehnt, sozusagen hin- und herfährt[1]). Wagerechte oder schief gerichtete Kräfte können zwischen diesem Wagen und seiner Unterlage nicht auftreten, denn wenn eine solche Kraft im Entstehen begriffen wäre, so würde sie sofort den Wagen verschieben. Wir dürfen also, wenn von den verhältnismäßig geringen Reibungswiderständen abgesehen wird, damit rechnen, daß die Kraft an diesem Auflager rein senkrecht wirkt, wie in der Skizze angegeben, und sind nun auch in der Lage, die Auflagergegenkraft B, deren Richtung wir vorläufig noch gar nicht kennen und die deshalb in Abb. 42 mit einem Fragezeichen versehen ist, zu bestimmen.

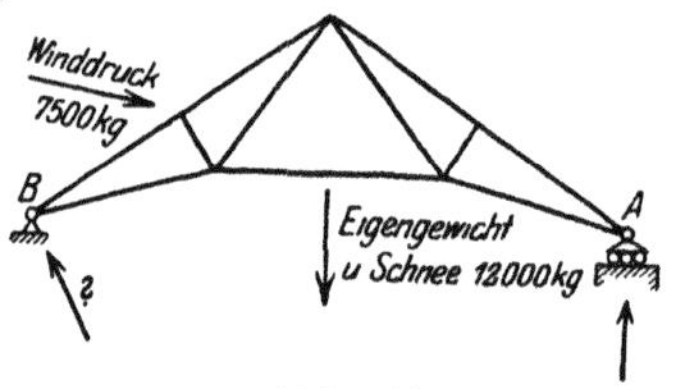

Abb. 42.

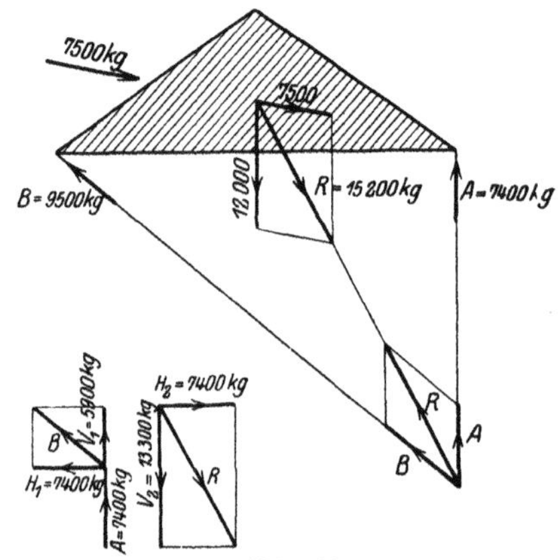

Abb. 43.

Abb. 42 und 43. Skizzen zur Berechnung eines Dachträgers.

---

[1]) An Brücken und Bahnhofshallen kann man ebenfalls solche Rollenlager beobachten.

Um die Rechnung auf einmal zu erledigen, vereinigen wir zunächst nach Abb. 43 mit Hilfe des Kräfteparallelogrammes die beiden bekannten Kräfte, Eigengewicht und Winddruck, zu einer Mittelkraft *R*, die eine Größe von 15 200 kg hat und schräg nach abwärts gerichtet ist. Die Form des Körpers, auf den die Kraft wirkt, ist bekanntlich, solange es sich nur um die von außen angreifenden Kräfte handelt, völlig gleichgültig, und der Träger ist daher, um alles störende Beiwerk zu entfernen, in Abb. 43 zunächst als ein einfaches Dreieck gezeichnet, an dem die Mittelkraft *R* der Größe und Richtung nach, die eine Auflagerkraft *A* wenigstens der Richtung nach bekannt ist, während wir von der dritten Kraft nur wissen, daß sie durch den Punkt *B* geht. Und nun erinnere man sich an das, was an Abb. 31 erläutert worden war: drei Kräfte, die auf einen Körper wirken, müssen stets durch einen Punkt gehen, wenn Gleichgewicht vorhanden ist! Das Rechnungsverfahren gestaltet sich auf Grund dieses Gesetzes sehr einfach. Die bekannten Kräfte *A* und *R* werden verlängert, bis sie sich schneiden, und nach diesem Punkt ziehen wir vom Auflagerpunkt *B* aus die Richtung der zweiten Auflagerkraft, die schräg nach oben wirkt. Aus dem Kräfteparallelogramm ergibt sich dann die Größe von *A* und *B*, wie in der Abbildung eingeschrieben.

Auch hier lassen sich noch andere Rechnungsverfahren anwenden, vor allem die Drehmomentenrechnung, indem man *A* oder *B* als Drehpunkt annimmt. Sodann ist es auch immer gut, nachzuprüfen, ob alle senkrecht gerichteten Kräfte sich gegenseitig aufheben, und ob dies auch bei den wagerecht gerichteten Kräften zutrifft. Bei einem im Gleichgewicht befindlichen System muß das selbstverständlich immer der Fall sein, denn wenn irgendwo eine Kraft übrig bliebe, so würde sich ja das Dach seitlich oder nach oben oder unten verschieben müssen. Wir zerlegen, um die Kontrolle auszuführen, *R* und *B* in ihre wagerecht und senkrecht gerichteten Seitenkräfte, wie in den Nebenfiguren zu Abb. 43 angedeutet. Es zeigt sich, daß die wagerechten Kräfte H_1 und H_2 beide 7400 kg betragen, also einander aufheben, und ebenso, daß die senkrecht nach oben gerichteten Kräfte *A* und V_1 zusammengenommen der nach unten gerichteten Seitenkraft V_2 gleich sind.

Das Beispiel lehrt eine neue Seite der wissenschaftlichen Arbeit des Technikers kennen. Der Theoretiker hat nicht das Gebilde, das er berechnen soll, einfach aus den Händen des entwerfenden Ingenieurs übernommen und es dann seinen Untersuchungsverfahren unterworfen, sondern er hat dem Konstrukteur die Vorschrift gemacht, den Träger so zu bauen, dass er, der Theoretiker, seine Methoden ohne Schwierigkeit anwenden und sicher voraussagen kann, was für Spannungen auftreten werden. Würde diese theoretische Forderung nicht praktisch erfüllt werden, so käme nicht nur eine gewisse Unsicherheit in die Konstruktion hinein, sondern es wäre auch erforderlich, für alle möglichen Fälle vorzusorgen und den Träger stärker zu machen, als er sonst zu sein brauchte, damit unter keinen Umständen eine Überlastung eintritt. Auf dem eingeschlagenen Wege gelangt man also zu der höchsten Ausnutzung des Materials oder, anders ausgedrückt, zu dem geringsten Verbrauch an Baustoffen, zu der vorteilhaftesten, billigsten Bauweise.

4. Technische Anwendungen des Gesetzes von der Erhaltung der Energie.

Berechnung von Schrauben- und Räderwinden.

Zu neuen Gesichtspunkten und Untersuchungsverfahren führt die in Abb. 44 skizzierte Aufgabe: ein Eisenbahnwagen von 15 t Gewicht soll durch ein Seil, das von einer Winde bewegt wird, eine schräge Strecke hinaufgezogen werden, die 100 m lang ist und auf diese Länge gleichmäßig um 12 m steigt. Wie groß muß die Kraft im Seile sein?

Die alte Methode der Kräftezerlegung gibt rasch eine Antwort. Der Körper, der die Steigung hinaufbewegt werden soll, wiegt 15000 kg. Das bedeutet dasselbe, wie wenn der Wagen an sich kein Gewicht hätte, aber statt dessen ein Gewicht von 15000 kg daran hinge, oder als ob, wie in Abb. 45 skizziert, eine lotrecht nach unten gerichtete Kraft von 15000 kg auf den Wagen wirkte. Denken wir uns nun, daß statt der lotrechten Kraft (des Gewichtes) nur solche Kräfte auf den Wagen wirkten, die entweder, wie in Abb. 46 die Kraft N, rechtwinklig zu der schrägen Fahrbahn stehen oder, wie die Kräfte P und Z, parallel dazu gerichtet sind. Dann ist es klar, daß die rechtwinkligen Kräfte nur den Wagen fester auf die Schienen drücken, auf denen er fährt, daß sie ihn aber die Steigung weder herauf- noch herunterziehen können. Die Kraft P dagegen, die parallel zu der schrägen Strecke gerichtet ist, ist bestrebt, den Wagen nach abwärts zu ziehen, und ihr muß der Zug Z im Seil das Gleichgewicht halten.

Die Lösung ergibt sich jetzt von selbst. Wir zerlegen nach der Methode des Kräfteparallelogramms, Abb. 47, die Gewichtskraft von 15000 kg in eine Kraft N, die senkrecht zur schiefen Ebene wirkt und deren Größe für die Aufgabe, die wir jetzt vorhaben, gleichgültig ist, und in eine Kraft P, die parallel zur schiefen Ebene läuft. Wird das Parallelogramm maßstäblich gezeichnet und ausgemessen, so stellt sich heraus, daß die Kraft $P = 1800$ kg ist. Ebenso groß, aber entgegengesetzt, schräg nach oben gerichtet, muß der Seilzug Z sein, den wir suchten, denn sonst würde kein Gleichgewicht herrschen. Hiernach läßt sich nun die Stärke des Seiles bemessen und die Antriebswinde entwerfen.

Es gibt aber noch ein viel einfacheres Verfahren, um die Aufgabe zu lösen. Denken wir uns einmal, daß der Wagen die ganze schiefe Ebene von unten bis oben heraufgezogen wird, so hat die Antriebsmaschine dabei eine gewisse Arbeit geleistet. Was das bedeutet, ist leicht zu erklären, wenn wir uns vorstellen, daß ein Mann eine Leiter heraufsteigt und dabei einen Sack von 30 kg Ge-

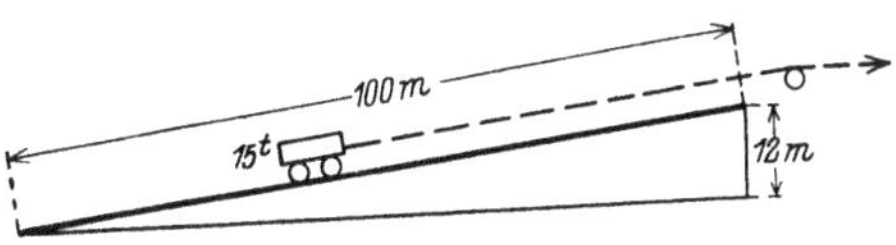

Abb. 44.

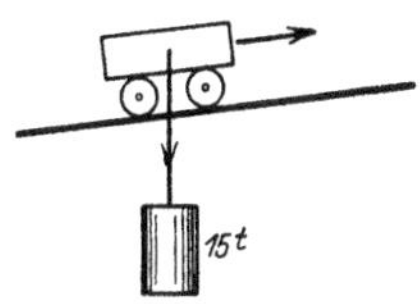

Abb. 45.

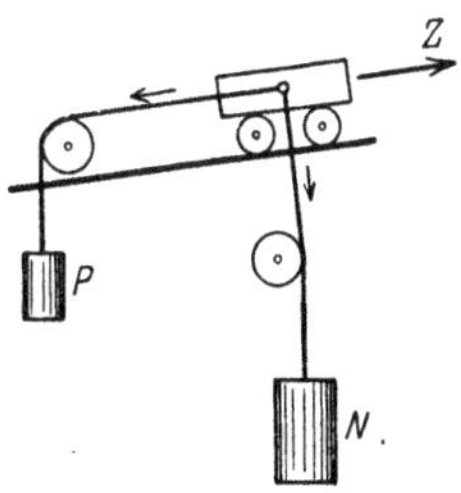

Abb. 46.

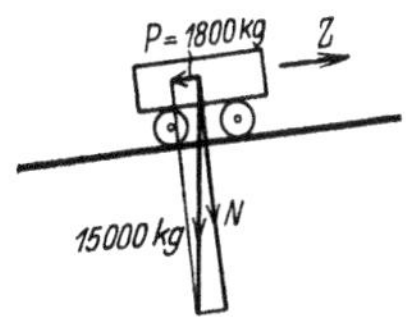

Abb. 47.

Abb. 44 bis 47. Skizzen zur Berechnung der Seilkraft beim Aufziehen eines Eisenbahnwagens.

wicht in ein 4 m höheres Stockwerk befördert. Die Arbeit, die hierbei geleistet wurde, beträgt 30 kg $\times$ 4 m = 120 mkg[1]). Da nun bei unserer Schrägstrecke auf dem ganzen Wege von 100 m eine Kraft von 1800 kg aufgewendet werden mußte, so beträgt die geleistete Arbeit $1800 \times 100 = 180000$ mkg. Was ist damit erreicht worden? Es ist gelungen, den 15000 kg schweren Wagen 12 m hochzuheben. Das bedeutet, daß eine Arbeitsleistung hervorgebracht ist, die 15000×12, also ebenfalls 180000 mkg beträgt. Mit anderen Worten: Es ist keine „Arbeit" verloren gegangen, sondern die

[1]) Daß die Arbeit mit demselben Maße gemessen wird, wie ein Drehmoment, nämlich in Meterkilogramm, ist ein Zufall, durch den man sich nicht irreführen lassen darf. In beiden Fällen werden Kräfte mit Längen oder Abständen multipliziert.

aufgewendete und die nutzbar gemachte Arbeit sind einander gleich.

Dieses Gesetz, das hier zum ersten Male auftritt, spielt in der ganzen Technik eine große Rolle. Allgemeiner gefaßt bezeichnet man es als das Gesetz von der Erhaltung der Energie oder des Arbeitsvermögens. Im ganzen Bereich der Physik und der Chemie und ihrer technischen Anwendungen gibt es keinen Vorgang, bei dem Arbeitsenergie einfach verschwände. Überall findet man, wenn man die Spuren verfolgt, daß das Arbeitsvermögen in der einen oder anderen Form, oft bei einem und demselben Vorgang sogar in den verschiedenartigsten Formen, zurückgewonnen ist.

Für die Maschinentechnik ist der Satz von der Erhaltung der Energie von allergrößter Bedeutung, weil es an Hand dieses Satzes möglich ist, den grundlegenden Entwurf und die Hauptabmessungen einer Maschine von vornherein festzulegen, ohne daß man sich um die Zwischenglieder und die Art und Weise, wie die Arbeit durch sie hindurchgeleitet wird, überhaupt zu kümmern braucht.

Wir können uns diese Zwischenglieder etwa wie eine Rohrleitung vorstellen. Ist die Leitung dicht, so muß am einen Ende genau so viel Wasser herauskommen, wie am anderen hineingepumpt wird, ganz gleichgültig, ob die Leitung gerade oder krumm verlegt ist, und ob die Rohre großen oder kleinen Durchmesser haben. In derselben Weise geht die Arbeit durch die Hebel- und Rädergetriebe einer Maschine hindurch, ohne daß etwas verloren ginge, das man nicht verfolgen und dessen Verbleib man nicht nachweisen könnte.

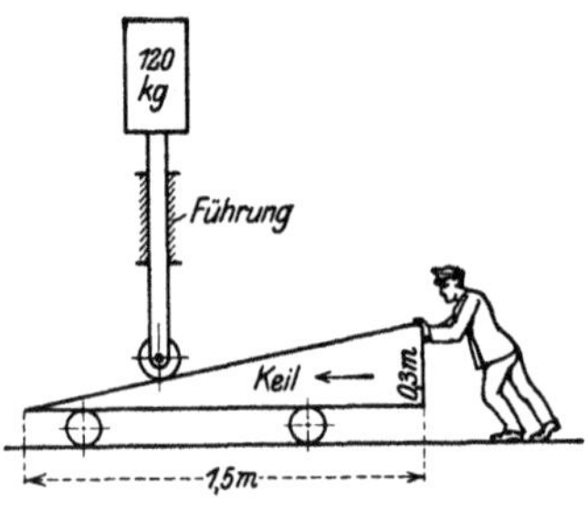

Abb. 48. Hebung eines Gewichtes durch einen Keil.

Bei der schiefen Ebene zeigte sich schon, wie einfach und übersichtlich die Aufgabe wird, wenn man das Verfahren der Gleichsetzung der aufgewendeten und der geleisteten Arbeit anwendet. Eine Kräftezerlegung mit Aufzeichnung des Parallelogramms ist nicht notwendig, sondern es genügt, zu sagen: Geleistet werden muß, um den Wagen zu heben, eine Arbeit von $15000 \times 12 = 180000$ mkg; der Weg, auf dem die Kraft Z wirkt, ist 100 m; also muß die Kraft Z selbst $\frac{180000}{100} = 1800$ kg sein. Ähnlich liegt der Fall beim Keil, Abb. 48. Denken wir uns, daß ein Mann den Keil, der sich auf Walzen bewegt, vor sich herschiebt und dabei ein Gewicht von

120 kg heben muß. Das Gewicht sitzt oben an einer Stange, die in einer Führung gleitet und sich mit einer Rolle auf die schräge Fläche des Keiles stützt. Auf dem ganzen Keilweg wird das Gewicht um 0,3 m gehoben, es muß also eine Arbeit von $120 \times 0{,}3 = 36$ mkg hervorgebracht werden. Der Mann schreitet um 1,5 m vorwärts, und er muß daher, um eben diese Arbeit zu leisten, einen Druck von 24 kg anwenden, weil 24 kg × 1,5 m = 36 mkg, also gleich dem erforderlichen Arbeitsaufwand, ist.

Noch viel besser aber zeigt sich der Vorteil des neuen Verfahrens, seine Einfachheit und „Eleganz“, bei der Berechnung einer Schraube. Wie in Abb. 49 skizziert, nehmen wir an, daß ein Schraubengang aus einem schräg abgeschnittenen Stück Blech hergestellt sei, das zylindrisch aufgewickelt und auf eine Scheibe gesetzt ist. Am Umfang der Scheibe greift eine Schnur an, die durch ein Gewicht P belastet ist. Wenn das Gewicht die Scheibe dreht, so gleitet die Stange mit der Last von 200 kg, die sich, genau wie in Abb. 48, mit einer Rolle auf die Schraubenwindung stützt, an dieser hinauf und wird bei einer Umdrehung um die Höhe einer Schraubenwindung, also um 15 cm, gehoben. Wie groß muß die Kraft P sein, um Gleichgewicht herzustellen?

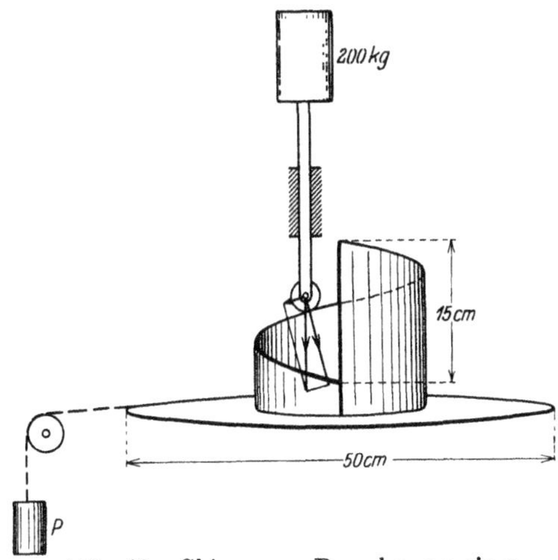

Abb. 49. Skizze zur Berechnung einer Schraube.

Die Kräfte wirken an der schräg aufsteigenden Schraubenbahn genau ebenso wie an einer schiefen Ebene oder an einem Keil; man könnte sie zerlegen und daraus schließlich auf die Kraft P kommen. Das ist aber ein umständliches Verfahren. Viel einfacher ist folgende Überlegung.

Fassen wir die volle Umdrehung der Schraube ins Auge! Dabei wird die Last von 200 kg um 15 cm senkrecht gehoben, indem sie auf dem Gewindegang gleitet; die geleistete Arbeit ist also $200 \times 15 = 3000$ cmkg[1]). Daß die Kraft P während dieser Umdrehung am

[1]) Die Arbeit ist hier in Zentimeter-Kilogramm statt in Meter-Kilogramm berechnet, weil es bei der geringen Höhe nicht so bequem wäre, mit Bruchteilen von Metern zu rechnen, wie mit Zentimetern.

Umfang der Scheibe zieht, hat dieselbe Wirkung, wie wenn ein Mann am Rande der Scheibe anfaßte und sie auf diese Weise drehte, indem er einmal vollständig herumgeht und dabei mit der Kraft P zieht oder drückt. Er legt dabei einen Weg zurück gleich dem Umfang der Scheibe, der bekanntlich das $3\,^1/_7$fache des Durchmessers, also in unserem Falle 157 cm, beträgt, leistet also die Arbeit $P \times 157$ cmkg. Sollen die beiden Arbeitswerte gleich sein, so ist $P = \frac{3000}{157} = 19{,}1$ kg.

Das Auffallende bei dieser Rechnung ist, daß es gar keinen Unterschied macht, was für einen Durchmesser das Schraubengewinde hat. Der Durchmesser könnte 10, 20, 30 oder 40 cm sein, ohne daß die Kraft P sich änderte, wenn nur die Steigung von 15 cm und der Durchmesser der Scheibe dieselben bleiben.

Machen wir an dieser Stelle einmal einen Augenblick halt und erinnern wir uns an Abb. 26 bis 29 auf Seite 14 und 15. Um die Kraft im Stabe z zu ermitteln, waren wir durch allgemeine theoretische Überlegungen dahin gelangt, daß wir uns um die Zwischenglieder und dann auch um die anderen freien Kräfte, 30 t, P_x und P_y, überhaupt nicht kümmerten und schließlich in Abb. 29 nichts mehr vor uns hatten als einen ganz einfachen Winkelhebel, an dem die von vornherein bekannte Kraft 45 t und die gesuchte Kraft P_z sich das Gleichgewicht hielten. Hier liegt der Fall analog! Eine rein abstrakte Überlegung, die auf die konstruktiv-körperliche Ausbildung der Schraube gar keine Rücksicht nimmt, führt zur Gleichsetzung zweier Arbeitswerte, zweier Größen, die in unserer Vorstellung gebildet sind. Wir unterwerfen nach diesem Verfahren die Maschine, die untersucht werden soll, einem Prozeß, der in schnellster und anschaulichster Weise über die Kraft, die aufgewendet werden muß, Klarheit schafft, und der so einfach ist, daß kaum die Möglichkeit besteht, einen Fehler in der Rechnung zu begehen.

Abb. 50. Schraubenwinde (Bauart von A. Schlesinger, Werdohl).

Abb. 50 zeigt eine Schraubenwinde, die nach dem Prinzip der Abb. 49 gebaut ist und in der angegebenen Weise berechnet werden kann.

Auch der Hebel kann noch einmal von diesem Gesichtspunkt aus betrachtet und nach dem neuen Verfahren behandelt werden. Greifen wir zurück auf Abb. 1 bis 3. An dem Hebel dort befanden sich die Kräfte 40 und 200 kg im Gleichgewicht, weil die zugehörigen Hebelarme 1,5 und 0,3 m waren. Nun lassen wir einmal, wie in Abb. 51 skizziert, den Hebel eine Bewegung bis in die gestrichelt gezeichnete Lage machen. Schon aus der Erfahrung ist uns bekannt, daß sich mit einem solchen Hebel, bei dem die Länge der Arme sehr verschieden ist, die Last nur ein klein wenig anheben läßt, auch wenn der Mann sein Hebelende tief herunterdrückt. Durch Messung oder durch eine einfache Verhältnisrechnung ist festzustellen, daß in dem vorliegenden Falle, wenn die Last 200 kg sich um 0,1 m nach oben bewegen soll, das freie Hebelende um 0,5 m heruntergedrückt werden muß, weil der Hebelarm 5 mal so lang ist. Also ist die Arbeit auf der einen Seite $200 \times 0{,}1 = 20$ mkg, auf der anderen Seite $40 \times 0{,}5 = 20$ mkg, d. h. wir finden Gleichheit der Arbeiten, wie zu erwarten war.

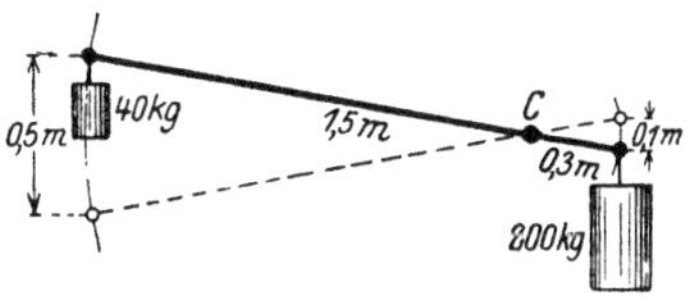

Abb. 51. Skizze zur Berechnung des Hebels nach dem Grundsatz von der Erhaltung der Energie.

Ein komplizierterer Hebelmechanismus, der schon mehr den Charakter einer Maschine trägt, ist in Abb. 52 skizziert. Ein langer Steinblock von 1200 kg Gewicht soll am einen Ende um 5 cm angehoben werden, und zwar mit zwei Hebeln I und III. Diese beiden Hebel sind durch die Stange II miteinander verbunden, während das Ende des Blockes in der Seilschlinge IV hängt. Es fragt sich, ob ein einzelner Mann die Hebung ausführen kann. Man könnte in der Weise vorgehen, daß man die Hebel I und II zunächst einmal probeweise annähme und dann durch Aufzeichnen oder Nachrechnen feststellte, ob der Mann keine zu große Kraft aufzuwenden hat und ob das Hebelende nicht zu weit schwingen muß, so daß die Bewegung, die der Mann auszuführen hat, zu groß wäre. Viel einfacher aber überspringen wir die Zwischenglieder ganz und sagen uns folgendes.

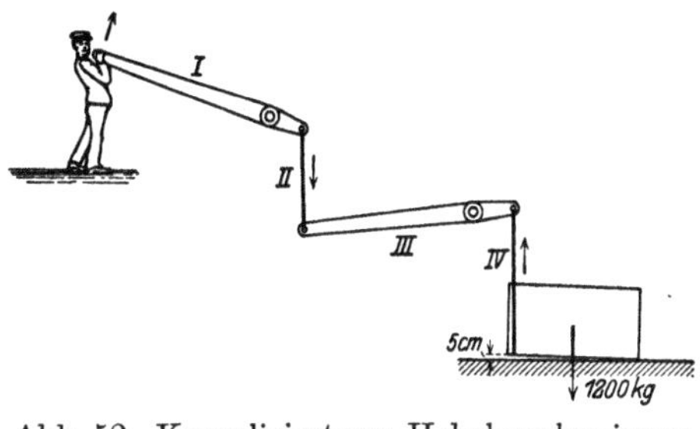

Abb. 52. Komplizierterer Hebelmechanismus.

Wenn der Stein an einem Ende um 5 cm gehoben wird, während das andere liegen bleibt, so hebt sich die Mitte des Steines um 2,5 cm, es ist also eine Arbeit von $1200 \times 2{,}5 = 3000$ cmkg aufzuwenden. Nun kann ein Mann, wenn er sich etwas bückt, das Hebelende ganz gut um etwa 1 m oder 100 cm anheben. Um die Arbeit 3000 cmkg in den Mechanismus hineinzuschicken, müßte er also $\frac{3000}{100} = 30$ kg aufwenden. Das ist eine Kraft, die man ihm bei einer einmaligen Kraftäußerung wohl zumuten kann. Die gestellte Frage ist hiermit schon beantwortet: Es ist tatsächlich möglich, den Mechanismus in dieser Weise auszuführen. Die Abmessungen der Getriebeteile, d. h. in diesem Falle die Länge der Hebel und die Verhältnisse der Hebelarme festzustellen, ist eine zweite Aufgabe, und sie kann auf verschiedene Weise gelöst werden. Die Seilschlinge IV muß, da sie ganz am einen Ende des Steines angebracht ist, die Hälfte des Gewichtes, 600 kg, tragen. Wird beim Hebel II der eine Arm 4mal so lang als der andere gemacht, so kommen in die Zugstange II $\frac{600}{4} = 150$ kg. Will man von hier auf die vorher berechneten 30 kg kommen, so müssen die Längen der Arme sich beim Hebel I wie 1 : 5 verhalten.

Um den Übergang von der großen Kraft zur kleinen zu ermöglichen, könnte man natürlich auch andere Mittel als Hebel, z. B. einen Keil oder eine Schraube, anwenden, ohne daß die Grundrechnung sich änderte. Der Konstrukteur pflegt beim Entwurf einer derartigen Einrichtung so vorzugehen, daß er zunächst die notwendige gesamte „Übersetzung" des Getriebes bestimmt — in diesem Falle $\frac{30\ \text{kg}}{600\ \text{kg}} = \frac{1}{20}$ (1 zu 20) — und dann überlegt, welches Getriebe am vorteilhaftesten anzuwenden ist, um diese Übersetzung hervorzubringen. In unserem Falle ist die Kraft zunächst auf $^1/_4 \times 600$ und dann auf $^1/_5$ davon, also auf $^1/_5 \times {}^1/_4 \times 600 = {}^1/_{20} \times 600 = 30$ kg vermindert worden.

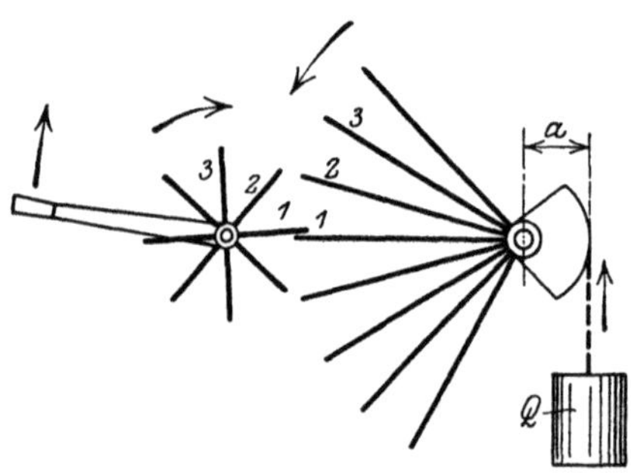

Abb. 53. Räder mit nacheinander zur Wirkung kommenden Hebeln.

Viel erreichen kann man mit einem Getriebe wie in Abb. 52 nicht. Wir müssen uns mit dem Anheben des Steines um 5 cm begnügen, erstens weil der Mann nicht weiter reichen kann, und zweitens würden, selbst wenn der Mann den Hebel noch weiter drehen könnte, die Hebelarme sich so weit schief stellen, daß keine richtige Übertragung der Kräfte mehr stattfände. Um beliebig weiter drehen zu können, müßte man an Stelle der Hebel I und III Hebelräder nach Abb. 53 haben, damit, wenn die beiden Hebelarme *1*, *1* sich nicht mehr berühren, dafür die Hebelarme *2*, *2* aufeinandertreffen und die Kraft übertragen, so daß eine fortlaufende, gleichmäßige Bewegung möglich ist. Die Last Q dürfte dann aber auch nicht an einem kurzen Hebelarm hängen, der sich sehr bald schief stellt, sondern das Seil, das die Last trägt, müßte auf ein kreisförmiges Hebelstück auflaufen, denn dabei bleibt der Abstand a vom Drehpunkt und somit der Hebelarm immer derselbe.

Damit kommen wir von selbst zu einer einfachen Zahnradwinde, wie sie in Abb. 54 und Abb. 55, S. 32, dargestellt ist. Die Hebelräder sind zu „Zahnrädern" geworden, die sich beliebig oft herumdrehen lassen, weil immer eine Angriffstelle auf die andere folgt; das Kurvenstück aus Abb. 53 bildet jetzt eine vollständig runde „Trommel"

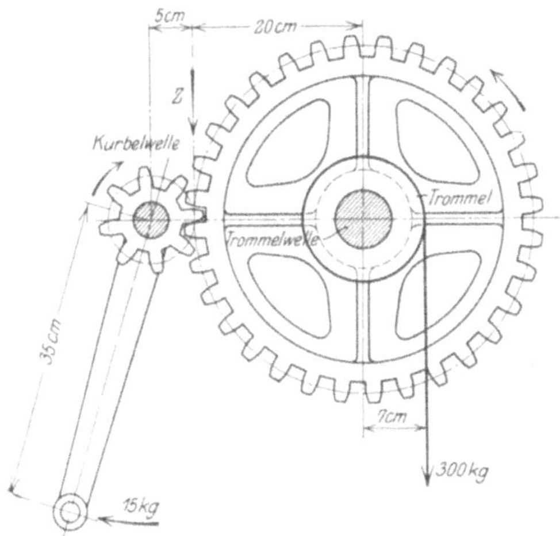

Abb. 54. Zahnradwinde.

und der Hebel, an dem der Mann angreift, ist eine „Kurbel" von 35 cm Länge, die mit der Hand bequem ununterbrochen im Kreise bewegt werden kann, ohne daß der Mann sich zu weit auszurecken braucht. Man darf ihm aber bei der andauernden Arbeit nicht mehr als höchstens etwa 15 kg Druck an der Kurbel zumuten.

Damit übt der Mann an der Kurbel ein Drehmoment $15 \times 35 = 525$ cmkg aus und bringt daher an der Stelle, wo die beiden Räder sich berühren, einen Zahndruck Z hervor. Da der Halbmesser des kleinen Rades oder, wenn wir so sagen wollen, der kurze Hebelarm 5 cm ist, so beträgt der Zahndruck $\frac{525}{5} = 105$ kg. Diese Kraft wirkt nun auf das große Zahnrad mit einem Hebelarm von 20 cm, das Drehmoment an der Trommelwelle ist also

$105 \times 20 = 2100$ cmkg. Ebenso groß ist auch das Drehmoment der Last: $300 \times 7 = 2100$ cmkg, so daß in der Winde Gleichgewicht herrscht.

Selbstverständlich muß auch hier wieder die Bedingung erfüllt sein, daß bei einem beliebigen Hub der Last, z. B. bei einer Umdrehung der Trommel, die Arbeit der Last gleich der Arbeit der treibenden Kraft ist. Bei einer Umdrehung ist so viel Seil aufgewickelt worden, wie auf den Umfang der Trommel geht, nämlich $2 \times 7 \times 3^1/_7 = 44$ cm, die Arbeit der Last ist also $300 \times 44 = 13200$ cmkg. Da nun weiterhin der Umfang des großen Rades

Abb. 55. Zahnradwinde.

4mal so groß ist, wie der des kleinen Rades, und das Rad auch um soviel mehr Zähne hat, so ist die Kurbelwelle 4mal zu drehen, bis die Trommelwelle sich einmal gedreht hat. Die Kraft 15 kg beschreibt bei einer Umdrehung an der Kurbel den Weg $2 \times 35 \times 3^1/_7 = 220$ cm, und ihre Arbeit ist also bei 4maliger Umdrehung, d. h. bei einer Umdrehung der Trommel $4 \times 15 \times 220 = 13200$ cmkg, das ist dieselbe Zahl, wie für die Last ermittelt wurde.

Sehr wichtig ist es, zu wissen, wie rasch der Arbeiter die Last heben kann. Sollen z. B. Säcke auf einen hochgelegenen Speicher befördert werden, so ist nachzurechnen, wieviel Zeit erforderlich ist, um jedesmal die Last nach oben zu schaffen, denn danach richtet es sich, wieviel Winden notwendig sind. Der Mann dreht bei normaler Arbeit die Kurbel etwa so rasch, daß der Kurbelgriff sich in jeder Sekunde um einen Weg von 0,8 m weiterbewegt; da eine Umdrehung einem Weg des Kurbelgriffes von $2 \times 3{,}14 \times 35 = 220$ cm oder 2,2 m entspricht, so dauert eine Umdrehung $\frac{2{,}2}{0{,}8} = 2{,}75$ Sekunden, und 4 Umdrehungen nehmen 11 Sekunden in Anspruch. Oben hatten wir aber gesehen, daß während dieser 4 Umdrehungen die Trommel sich einmal dreht und die Last sich dabei um 44 cm hebt. In 1 Sekunde findet also eine Hebung um $\frac{44}{11} = 4$ cm statt.

Das Ergebnis hätten wir noch schneller haben können. In 1 Sekunde leistet der Mann an der Kurbel, der mit 15 kg drückt und in der Sekunde 0,8 m Weg zurücklegt, die Arbeit $15 \times 80 = 1200$ cmkg. Diese Arbeit wird beim Heben der Last von 300 kg in jeder Sekunde wiedergewonnen, die Last muß also in der gleichen Zeit um eine Strecke von $\frac{1200}{300} = 4$ cm gehoben werden.

Wir überspringen also auch hier, wie schon so oft, in der Rechnung die konstruktiven Zwischenglieder, um auf Grund logischer Folgerungen und einfacher Verfahren, die sich auf die grundlegenden physikalischen Gesetze stützen, zu einem Ergebnis zu kommen, das praktisch nur mit Hilfe dieser Zwischenglieder verwirklicht werden kann.

Nun ist bei der Berechnung aber noch ein Umstand nicht berücksichtigt worden, daß nämlich in der Winde, wie in jedem Triebwerk, Reibung auftritt. Wo macht sich diese Reibung geltend? Hauptsächlich in den Lagern der beiden Wellen — der Kurbelwelle und der Trommelwelle —, und dann auch zwischen den Zähnen der Räder und beim Aufwickeln des Seiles auf die Trommel. Die Folge der Reibung ist, daß die Kurbel sich schwerer drehen läßt. Oder wenn wir annehmen, daß der Mann nicht mehr Kraft aufwenden kann, als wir ihm schon zugemutet hatten, so muß darauf verzichtet werden, 300 kg zu heben, und wir müssen mit einer kleineren Last rechnen. Im einzelnen zu ermitteln, wie groß die Reibung an jeder Stelle ist, wäre mühsam und beim Vorentwurf auch gar nicht möglich, weil die Konstruktionseinzelheiten noch gar nicht festliegen. Darum wird auch hier wieder eine Vereinfachung eingeführt, indem man sagt: nach den Erfahrungen, die an solchen Winden vorliegen, werden, saubere Werkstattausführung vorausgesetzt, die Verluste ungefähr 15 vH betragen, d. h. es werden 15 vH der an der Kurbel in die Maschine hineingeschickten Arbeit zum Überwinden der Reibung verwandt und nur 85 vH zum Heben der Last nutzbar gemacht. In Wirklichkeit läßt sich also nur eine Last von $0{,}85 \times 300 = 255$ kg heben. Man bezeichnet das Verhältnis der nutzbar gemachten zur aufgewandten Arbeit als „Wirkungsgrad“.

Sollen auf jeden Fall 300 kg an die Winde angehängt werden, so muß man eben darauf verzichten, die Geschwindigkeit von 4 cm in der Sekunde zu erreichen, und das Hebelarmverhältnis der Zahnräder größer machen. Die in der Sekunde aufgewendete Arbeit 15×80, mit dem Wirkungsgrad der Winde 0,85 multipliziert, ergibt als nutzbare Sekundenleistung nur noch $15 \times 80 \times 0{,}85 = 1020$ cmkg, und die Hubgeschwindigkeit der Last ist also jetzt $\frac{1020}{300} = 3{,}4$ cm in der Sekunde, d. h. natürlich auch nur 85 vH der vorher berechneten Geschwindigkeit.

Mit allen diesen Vereinfachungen ist es ohne weiteres möglich, für irgendeine große, maschinell betriebene Winde (Abb. 56 und 57) die wichtigsten Rechnungsunterlagen, vor allem die notwendige **Stärke des Antriebsmotors**, festzustellen. Angenommen, es sollen mit einem Kohlenentladekran bei jedem Hub oder jedem Kranspiel 1300 kg Kohle befördert werden, und das Fördergefäß wiege außerdem noch 450 kg, so daß der Kran 1750 kg zu heben hat. Die Hubhöhe sei 10 m, und damit der Kran eine genügende Menge Kohle schafft und das Schiff rasch genug entlädt, soll die Hubgeschwindigkeit 0,35 m in der Sekunde betragen. Dann ist die Nutzleistung $1750 \text{ kg} \times 0{,}35 = 610$ mkg in der Sekunde.

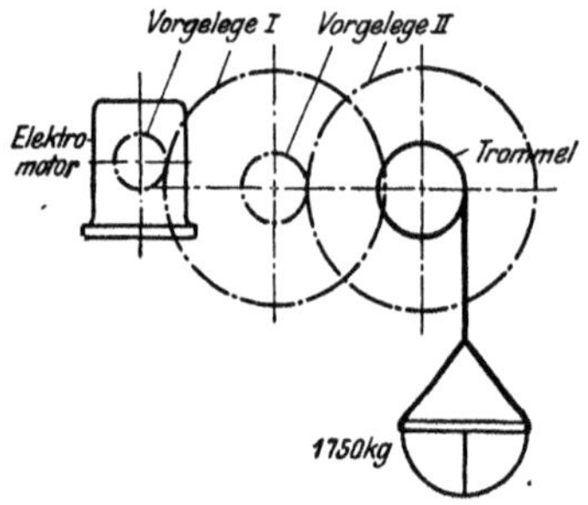

Abb. 56. Schema einer maschinell betriebenen Winde.

Die Leistung, die der Motor in die Winde hineinschickt, muß demgegenüber um die Reibungsverluste vergrößert werden. Voraussichtlich werden zwei Zahnradübersetzungen (Zahnradvorgelege) erforderlich sein, durch die ein Teil der aufgewandten Kraft infolge Reibung verloren geht; außerdem muß das Seil über die Trommel und über mehrere Rollen gebogen werden. Nennen wir die Motorleistung, wie es in der Technik üblich ist, N, und nehmen wir an, daß im ersten Vorgelege 8 vH davon verloren gehen, so erhält das zweite Vorgelege nur noch $0{,}92\,N$. Im zweiten Vorgelege zeigt sich derselbe Kraftverlust, auf die Trommel kommen also nur noch $0{,}92 \times 0{,}92\,N$. Durch die Trommel und die Rollen werden schließlich noch 12 vH hiervon nutzlos verzehrt, so daß zum Heben des Fördergefäßes tatsächlich nur $0{,}88 \times 0{,}92 \times 0{,}92\,N = 0{,}74\,N$ verwendet werden. Die

Motorleistung N muß dementsprechend größer sein als die Nutzleistung; wir müssen sie zu 825 mkg in der Sekunde annehmen, da $0{,}74 \times 825$ gleich der oben berechneten Nutzleistung von 610 mkg ist. Nun pflegt man eine Leistung von 75 mkg in der Sekunde als Pferdestärke

Abb. 57. Elektrisch betriebene Zahnradwinde (Ausführung von Paul Weyermann G. m. b. H., Berlin-Tempelhof).

zu bezeichnen, der Motor muß also $\frac{825}{75} = 11$ Pferdestärken leisten können.

Man kann die Winde auf ganz verschiedenartige Weise antreiben, z. B. mit einem Elektromotor, einer Dampfmaschine, einem Benzinmotor oder durch einen hydraulischen Kolben. Grundsätzlich ist das gleichgültig, wenn nur der Motor die Leistung hergibt, die wir von ihm fordern müssen.

5. Berechnung der Arbeitsleistung einer Dampfmaschine.

Wie können wir jetzt beispielsweise bei einer Dampfmaschine berechnen, wieviel Pferdestärken sie leistet?

Diese Frage führt auf ein neues Gebiet, in dem sich andere Vorgänge abspielen und neue Gedankenreihen ergeben. Das Streben muß auch hier sein, die Erscheinungen in unserem Denken so zu verarbeiten und zu zergliedern, daß wir mit Hilfe der einfachen Grundgesetze und Denkverfahren, die nun schon in vielen Fällen mit Erfolg angewandt wurden, zu einer einfachen Betrachtungsweise und zu einfachen Regeln für die Berechnung kommen.

Bekannt ist, daß, wenn man ein Gefäß mit Wasser, auf dem ein gut schließender Deckel liegt, stark erhitzt, der hierbei sich bildende Dampf gewaltsam einen Ausweg sucht und den Deckel hebt, so daß er ins Freie treten kann. Je schwerer der Deckel ist, um so stärker wird die Spannung des Dampfes im Gefäß, und wenn der Deckel festgeschraubt ist, so kann schließlich eine Explosion des Gefäßes eintreten, selbst wenn seine Wände sehr stark sind. Hieraus geht hervor, daß der Dampf ganz gewaltige Kräfte auf die Gefäßwände auszuüben vermag.

Beim Dampfmaschinenbetrieb wird nun das Wasser in einem großen Kessel so weit erhitzt, daß der Dampf eine hohe Spannung annimmt. Durch ein Rohr wird der Dampf in den Zylinder der Maschine geleitet, Abb. 58. Er sucht sich auszudehnen und schiebt infolgedessen den Kolben der Maschine mit großer Kraft vor sich her. Hat der Kolben z. B. einen Durchmesser von 20 cm, so ist die Fläche, auf die der Dampf drückt, $^1/_4 \times 3^1/_7 \times 20^2 = 314$ qcm (Quadratzentimeter). Die Spannung im Dampf mag so hoch sein, daß er auf jedes einzelne Quadratzentimeter einen Druck von 6 kg ausübt. Wird also die Fläche des Kolbens, wie in Abb. 58 links angedeutet, in 314 einzelne Quadratzentimeter zerlegt, so kann man sich vorstellen, daß 314 einzelne Kräfte von 6 kg auf den Kolben drücken, so daß die insgesamt ausgeübte Kolbenkraft $314 \times 6 =$ 1880 kg beträgt.[1]) Diese Kraft wirkt weiter, während der Kolben vorwärts geht, und zwar so lange, bis das Dampfrohr verschlossen wird, so daß kein frischer Dampf mehr in den Zylinder nachströmen kann.

An dieser Stelle ist es indessen mit der Kraftäußerung nicht etwa zu Ende. Der eingeschlossene hochgespannte Dampf hat ja immer noch das Bestreben, sich auszudehnen, und äußert dabei weiter einen Druck auf den Kolben. Man stelle sich eine Feder vor, die stark zusammengedrückt war. Wenn die Feder sich ausdehnt, so drückt sie immer noch weiter, aber der Druck wird nach und nach geringer. So nimmt auch die Spannkraft des Dampfes während der Ausdehnung ab, und die auf den Kolben ausgeübte Kraft wird nach und nach kleiner.

Die Gesetze, nach denen die Abnahme der Dampfspannung erfolgt, kennen wir. Es macht also keine Schwierigkeiten, für jede Stellung des Kolbens die Kolbenkraft festzustellen.

Die Vorgänge im Zylinder lassen sich am besten übersehen, wenn

[1]) Die genaue Zahl 1884 ist auf 1880 abgerundet, weil es in der Technik bei der Berechnung von Kräften zwecklos ist, mit so genauen Zahlen zu rechnen. Die Fehler infolge von Zufälligkeiten sind immer viel größer als diese kleinen Unterschiede.

man diese Kräfte in einer Zeichnung, einer „Schaulinie" oder einem „Diagramm", aufträgt, wie es in der Nebenfigur zu Abb. 58 geschehen ist. Hier sind die Kräfte als senkrechte Linien in der Weise dargestellt, daß 1 mm jedesmal 150 kg bedeutet; die Kraft 1880 ist also in der Zeichnung durch eine Strecke von 12,5 mm zum Ausdruck gebracht. Der Weg oder „Hub" des Kolbens, der mit 30 cm angenommen sei, ist wagerecht im Maßstab 1 : 15 aufgetragen, d. h. als eine Strecke von 20 mm. Dieser Weg ist in einzelne Teile von 2 mm Länge, also jedesmal $^1/_{10}$ des ganzen Kolbenweges, geteilt, und für jeden dieser Punkte ist die Kolbenkraft berechnet. Die Dampfzufuhr mag bei $^3/_{10}$ des Kolbenweges, also bei 9 cm, abgeschnitten werden.

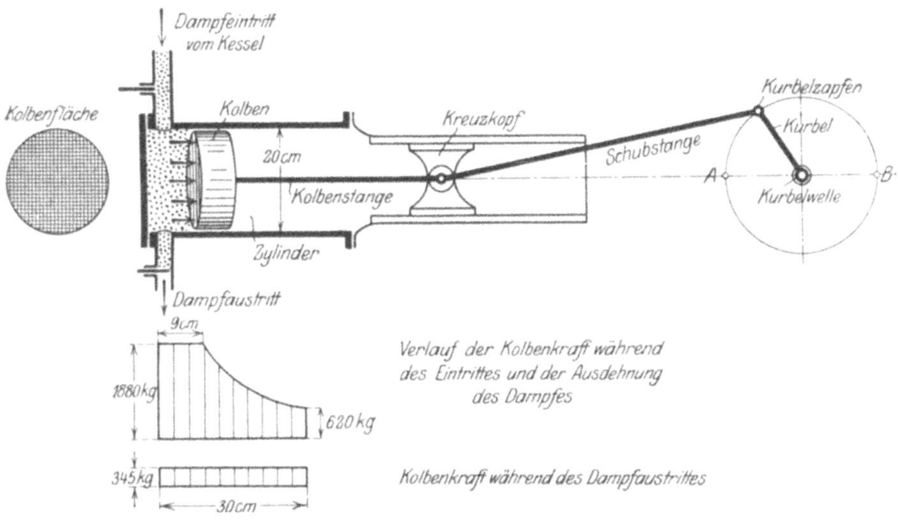

Abb. 58. Skizze zur Erläuterung des Arbeitsvorganges in einer Dampfmaschine.

Bis hierher ist die Kolbenkraft unverändert 1880 kg; dann sinkt sie rasch und wird z. B. bei $^4/_{10}$ Kolbenweg 1450, bei $^5/_{10}$ Kolbenweg 1170 kg, bis sie am Schluß noch 620 kg beträgt.

Der Kolben überträgt seine Kraft in die Kolbenstange, die am anderen Ende durch den Kreuzkopf, der in einer festen Bahn gleitet, geführt wird; von da geht sie durch die Schubstange auf die Kurbel über und dreht die Welle, auf der die Kurbel sitzt. Ist der Kurbelzapfen in der Stellung *B* angekommen, so kann der Kolben nicht weiter, sondern er wird jetzt, wenn die Kurbel sich weiter dreht, zurückgeschoben. Dabei drängt er den Dampf aus dem Zylinder heraus in die freie Luft, nachdem der Auslaß dorthin rechtzeitig geöffnet ist, und zwar ist auch hierzu eine gewisse Kraft aufzuwenden, die ungefähr 1,1 kg auf 1 qcm beträgt, so daß der Gegendruck auf den Kolben sich auf 1,1 × 314 = 345 kg beläuft. Will man auch diesen Vorgang zeichnerisch darstellen, so kommt man, da der Gegendruck beim Rückgang an jeder Stelle des Weges derselbe ist, auf eine Linie, die nach Abb. 58, unten, unverändert in gleicher Höhe läuft.

Wie ist nun die Arbeit zu bestimmen, die der Dampf bei einem Hin- und Hergang des Kolbens geleistet hat? Es gibt dafür verschiedene Möglichkeiten, und es kommt darauf an, das einfachste Verfahren herauszusuchen.

Die Kolbenkraft *K*, Abb. 59, dreht nicht unmittelbar die Welle der Dampfmaschine, sondern sie schiebt den Kreuzkopf vor sich her, und dieser wieder die Schubstange, die an der Kurbel angreift. Die Kraft *S*, die durch die Schubstange übertragen wird, ist leicht zu ermitteln, indem man nach dem Parallelogramm der Kräfte (vgl. die Nebenfiguren) die Kolbenkraft *K* in eine Kraft *D*, die senkrecht zur

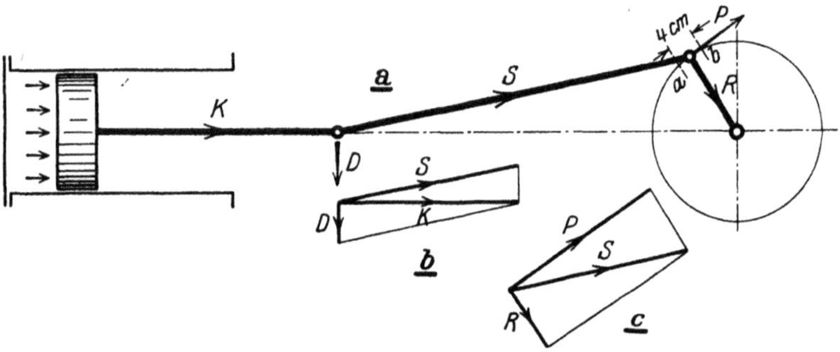

Abb. 59. Kraftwirkungen im Gestänge einer Dampfmaschine.

Führung des Kreuzkopfes steht, und die Schubstangenkraft *S* zerlegt. Die Kraft *S* selbst muß aber auch wieder zerlegt werden, denn sie wirkt nicht allein drehend, sondern drückt außerdem in der Richtung der Kurbel gegen die Welle hin mit einer Kraft *R*. Die drehende Kraft ist *P*; sie ergibt sich aus dem Kräfteparallelogramm. Findet sich diese Kraft z. B. zu 1100 kg, so leistet sie auf einem kleinen Wege von *a* nach *b*, der 4 cm lang sein mag, eine Arbeit von 1100 × 4 = 4400 cmkg oder 44 mkg. Da die Kraft *P* in jeder Kurbelstellung eine andere ist, so wäre der Kurbelkreis in lauter solche Teile zu zerlegen und für jeden die darin wirkende Kraft *P* und daraus die Arbeit festzustellen. Die einzelnen Arbeitswerte zusammengezählt ergäben dann die insgesamt geleistete Arbeit.

Dieses Verfahren ist sehr umständlich und auch nicht allzu genau, denn beim Aufzeichnen der vielen Kräfteparallelogramme kommen immer kleine Fehler hinein.

Die Erinnerung an die abgekürzten Verfahren, die früher für

andere Zwecke gefunden waren, legt nun den Gedanken nahe: Ist es wirklich erforderlich, daß wir alle die Zwischenglieder, Kreuzkopf, Schubstange und Kurbel, berücksichtigen? Sollte es nicht wieder möglich sein, auf Grund einer theoretischen Überlegung ohne Umwege die Arbeit zu ermitteln, welche die Maschine leistet?

Die Antwort auf diese Frage ist sehr einfach. Es war immer wieder darauf hingewiesen worden, daß ein Verschwinden von Arbeit ausgeschlossen ist. Demnach muß es auch bei der Dampfmaschine genügen, die Arbeit zu berechnen, die der Kolben leistet, denn sie ist — von den Reibungsverlusten abgesehen — ohne weiteres gleich der Arbeit, die die Kurbel an die Maschinenwelle überträgt, ganz gleichgültig, wie die Verhältnisse des Zwischengetriebes gewählt werden.

Diese Kolbenarbeit ist aber mit Hilfe des Diagrammes der Kolbenkräfte nach Abb. 58 sehr rasch zu berechnen. In Abb. 60 ist das Diagramm noch einmal in größerem Maßstab wiederholt. Vom Punkt 0 bis 3 beträgt die Kolbenkraft 1880 kg, der Weg 9 cm, die geleistete Arbeit ist also $1880 \times 9 = 16\,920$ cmkg. Zwischen den Punkten 3 und 4 ändert sich der Kolbendruck. Wir nehmen deshalb für diesen Weg von 3 cm die mittlere Kraft, die 1650 kg beträgt, und erhalten als geleistete Arbeit $1650 \times 3 = 4950$ cmkg. Und in dieser Weise gehen wir weiter, indem wir in jedem Abschnitt die mittlere Kraft herausmessen und sie mit dem Wege — 3 cm — multiplizieren. Alle diese einzelnen Arbeiten zusammen addiert ergeben 38300 cmkg oder 383 mkg.

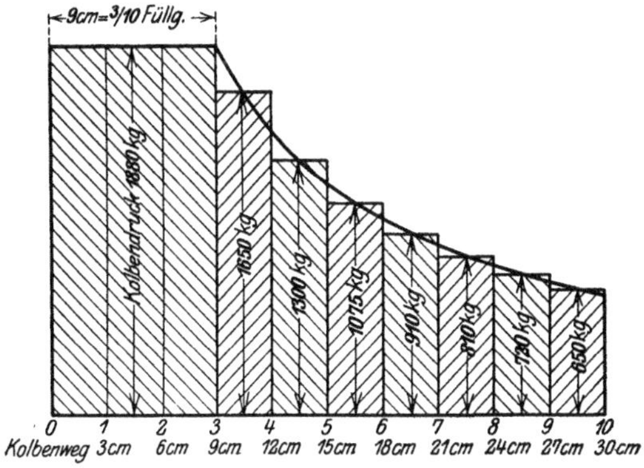

Abb. 60. Schaulinie der Kolbenkräfte (Dampfdiagramm) bei einer Dampfmaschine.

Die Rechnung kann auch so aufgefaßt werden, daß damit der Inhalt der Diagrammfläche bestimmt worden ist. Der erste Arbeitsposten: 1880 kg $\times$ 9 cm ist ja nichts anderes als der Flächeninhalt des Rechteckes über der Grundlinie von 9 cm. Nachher haben wir dann den Inhalt jedes einzelnen Rechteckes mit 3 cm Grundlinie und der mittleren Kolbenkraft als Höhe bestimmt und alle diese Inhalte addiert, so daß sich der Gesamtinhalt des Diagramms ergab. Daraus folgt das überraschende Ergebnis, daß die von dem Kolben geleistete Arbeit durch den Inhalt der Diagrammfläche gemessen werden kann. Für die Untersuchung aller Kolbenmaschinen ist diese Erkenntnis von größter Bedeutung.

Die ermittelten 383 mkg stellen die Arbeit dar, die beim Hingang des Kolbens, d. h. bei der Bewegung nach rechts, geleistet wurde. Beim Rückgang nach links muß der Kolben gegen den unveränderlichen Druck von 345 kg vorwärts geschoben werden, und zwar auf einem Wege von 0,30 m, so daß von der geleisteten Arbeit eine Gegendruckarbeit von $345 \times 0{,}30 = 103$ mkg abzuziehen ist. In Wahrheit leistet also die Maschine bei jedem Hin- und Rückgang des Kolbens $383 - 103 = 280$ mkg.

Um die wirklich an die Kurbelwelle abgegebene Arbeit zu erhalten, müssen wir nun allerdings noch bedenken, daß auch bei dieser Maschine Arbeit aufgewendet werden muß, um die Reibungswiderstände zu überwinden. Bei einer kleinen einfachen Maschine, wie wir sie hier vor uns haben, ist dieser Verlust ziemlich hoch, er wird sich auf etwa 30 vH stellen, so daß der „mechanische Wirkungsgrad“ der Dampfmaschine nur 70 vH oder 0,70 beträgt und mit einer nutzbaren Arbeit von $0{,}70 \times 280 = 196$ mkg für jedes Spiel zu rechnen ist.

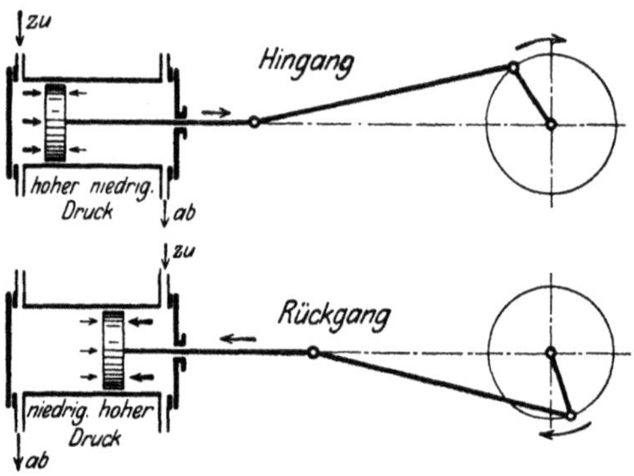

Abb. 61. Doppelt wirkende Dampfmaschine bei verschiedenen Kurbelstellungen (Hingang und Rückgang).

In der Praxis werden Dampfmaschinen dieser Art stets mit allseitig geschlossenem Zylinder gebaut, so daß, wenn der Kolben zurückgeht, Dampf von der anderen Seite her vor den Kolben treten kann, Abb. 61. Infolgedessen wird bei einer solchen doppelt wirkenden Dampfmaschine die Arbeit von 196 mkg zweimal geleistet, so daß die wirkliche Arbeit bei einer Umdrehung der Kurbelwelle 392 mkg beträgt.

Kehren wir zu unserer Winde, Abb. 56, zurück. Die Leistung des Antriebsmotors sollte 11 Pferdestärken sein, oder $11 \times 75 = 825$ mkg in der Sekunde. Um die notwendige Leistung zu erreichen, muß also, wenn wir statt des Elektromotors die hier in Rede stehende Dampfmaschine nehmen, diese in der Sekunde $\frac{825}{392} = 2{,}1$ Spiele oder in der Minute $2{,}1 \times 60 = 126$ Umdrehungen machen. Die Zahnräder sind dann folgendermaßen zu berechnen. Die Last soll mit einer Geschwindigkeit von 0,35 m in der Sekunde oder $0{,}35 \times 60 = 21$ m in der Minute gehoben werden. Hat die Trommel 0,4 m Durchmesser, so ist ihr Umfang $3^1/_7 \times 0{,}4 = 1{,}26$ m, sie muß sich also in der Minute $\frac{21}{1{,}26} = 16{,}7$ mal drehen. Das Verhältnis der Umdrehungszahlen der Trommelwelle und der Kurbelwelle der Dampfmaschine beträgt $\frac{16{,}7}{126} = 1 : 7^1/_2$. Zahnräder, deren Durchmesser sich verhalten wie $1 : 7^1/_2$, d. h., bei denen das größere Rad $7^1/_2$ mal so groß ist als das kleinere, lassen sich praktisch allenfalls noch ausführen. Wir kämen also mit einem einzigen Rädervorgelege aus, statt mit zweien, wie in Abb. 56 angenommen war. Die Reibungsverluste sind dann etwas geringer, und wir brauchen für die gleiche Hubleistung etwas weniger Arbeit aufzuwenden.

Würde die Maschine die Last nun in jeder Lage anheben können? Die Rechnung stimmte. Wir haben die Arbeitsleistung berechnet, die für das Heben der Last aufzuwenden ist, und haben die Dampfmaschine entsprechend stark gemacht, so daß sie diese Leistung hergibt. Der Kran braucht 11 Pferdestärken, und die Dampfmaschine ist imstande, diese Leistung hervorzubringen. Trotzdem würde der Konstrukteur, der diese Maschine in einen Kran hineinbaute, eine Enttäuschung erleben.

Wir haben den Fehler gemacht, uns ganz und gar auf theoretische Überlegungen zu verlassen, und dabei vergessen, uns die Maschine vorzustellen, wie sie wirklich arbeitet. Sehen wir uns die Winde einmal genauer an.

Die Last hängt stets am Umfang der Trommel in unveränderlichem Abstand von deren Drehachse, sie bringt also immer dasselbe Drehmoment hervor. Diesem Drehmoment muß die Dampfmaschine in jedem Augenblick das Gleichgewicht halten, es müßte also auch von der Dampfmaschine ein unveränderliches Drehmoment von bestimmter Größe ausgeübt werden. Wie steht es aber nun hiermit?

In Abb. 59 war schon gezeigt worden, wie die Kurbelkräfte P und damit auch die Drehmomente berechnet werden. Führen wir das nun einmal für fünf verschiedene Kurbelstellungen beim Hingang des Kolbens durch, Abb. 62, S. 42, so zeigt es sich, daß in Stellung I das Drehmoment $= 0$ ist, weil die Schubstange in dieser sogenannten „Totlage“ in einer Linie mit der Kolbenstange und der Kurbel liegt. In Stellung II ist das Drehmoment 19 200 cmkg, in Stellung III schon niedriger, weil der Dampfdruck kleiner geworden ist, in Stellung IV ziemlich klein und in Stellung V wieder gleich 0. Bei der Weiterdrehung, also beim Rückgang des Kolbens, spielt sich der Verlauf ähnlich ab.

Wir sehen hieraus, daß die Dampfmaschine in den beiden Totlagen I und V völlig außerstande ist, eine Kraft zu äußern und die Last zu heben. In der Stellung II ist ein bedeutender Überschuß vorhanden, und nur bei einer der Zwischenstellungen wird in einem Augenblick das Moment wirklich genau die richtige Größe haben.

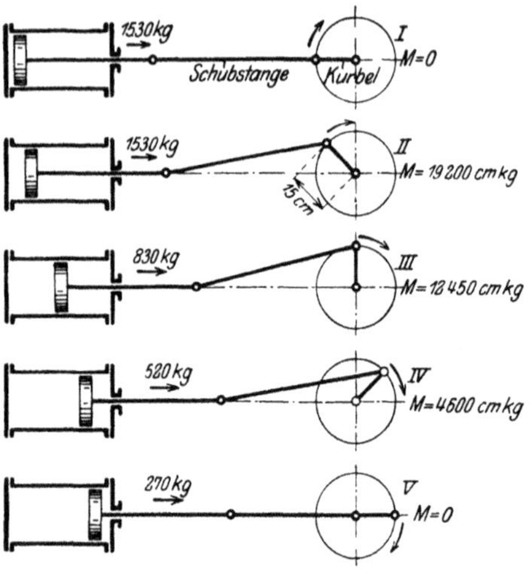

Abb. 62. Drehmomente bei verschiedenen Kurbelstellungen.

Es kann uns nicht einmal etwas helfen, daß wir die Maschine noch stärker machen. Denn in den Totlagen ist eben bei keiner Kolbendampfmaschine eine Kraftabgabe nach außenhin möglich, gleichgültig, wie groß der Kolbendruck ist. Dagegen kommen wir zum Ziele, wenn wir eine Dampfmaschine mit zwei getrennten Zylindern anwenden und die Kurbeln, wie in Abb. 63 schematisch angedeutet, rechtwinklig gegeneinander stellen, so daß der eine Kolben das größte Drehmoment äußert, wenn der andere in der Totlage ist, und beide sich also gegenseitig aushelfen.

Außerdem muß auch die Füllung, d. h. der Teil des Kolbenhubes, auf dem Dampf in den Zylinder eingeführt wird, mehr betragen als $^3/_{10}$, wie in Abb. 58 und 60 angenommen, damit die Kolbenkräfte gegen den Schluß des Hubes nicht zu sehr heruntergehen und die Drehmomente in Stellung II und IV weniger verschieden groß sind. Man trifft die Einrichtung meistens so, daß der Kranführer die Füllung nach Bedarf, d. h. je nach der Größe der Last, verändern kann. Auf Grund dieser Gesichtspunkte ist eine neue Rechnung durchzuführen.

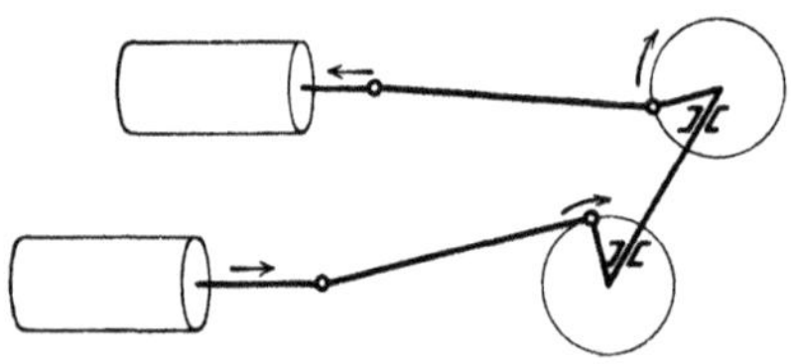
Abb 63. Dampfmaschine mit zwei Zylindern; Kurbeln um 90° versetzt.

Der Fall lehrt, wie bedenklich es ist, irgendein technisches Problem anzugreifen, ohne daß die theoretischen Überlegungen beständig durch eine lebhafte Vorstellung der Wirklichkeit nachgeprüft werden. Nur durch unsere Vorstellungskraft ist es uns möglich geworden, Krane, Brücken und

Türme als einfache Hebel aufzufassen und auf diese Weise viele Aufgaben, die sehr schwierig und verwickelt zu sein schienen, in einfachster Weise mit Hilfe der Grundgesetze der Mechanik zu lösen. Und ohne Vorstellungsvermögen wären wir auch nicht imstande, vom Heben der Last am Kranhaken zu dem Dampfmaschinendiagramm überzuspringen, ohne daß wir uns um die Konstruktion im einzelnen, um Trommel, Zahnräder, Kurbel, Schubstange, Kreuzkopf kümmerten. Darum darf aber der Techniker auch nie, an keinem Punkte seiner Arbeit, die lebendige Anschauung ausschalten und glauben, sie entbehren zu können, nachdem sie ihre Schuldigkeit getan hat, sondern der Weg, der durchlaufen wurde, um die einfache Rechnungsmethode zu finden, muß seinem Auge beständig gegenwärtig bleiben. Eine richtige Theorie kann niemals falsch sein, wohl aber kann sie falsch angewendet werden. Der Übergang von der Arbeit am Kranhaken zur Arbeit im Dampfmaschinenzylinder ist an sich korrekt — auch bei der neuen Berechnung kann sich nie etwas anderes ergeben, als daß diese Arbeiten, unter Mitberücksichtigung des Reibungsverlustes, einander gleich sind. Aber außer dieser Bedingung sind eben noch andere Forderungen zu erfüllen, die demjenigen, der seine Formeln und Methoden mechanisch anwendet, entgehen. Vorstellungsfehler sind weit häufiger und folgenschwerer als eigentliche Rechenfehler; diese kommen infolge der vielfachen Kontrollen, die man bei jeder technischen Rechnung anzuwenden pflegt, meistens noch rechtzeitig zutage, während die richtige Annahme der Rechnungs- und Konstruktionsgrundlagen sich erst in der Ausführung der Maschine selbst kontrolliert, wenn die Richtigstellung nicht mehr möglich ist oder zu großen Kosten und Zeitverlusten führt.

6. Massenwirkungen. Schwungradberechnung.

Das Dampfmaschinenproblem, das hier erörtert wurde, führt uns übrigens noch auf ein anderes Gebiet der technischen Wissenschaft. Wenn die Maschine nicht, wie es bei einer Kranwinde der Fall ist, häufig zum Stillstand gebracht werden und wieder anlaufen muß, sondern längere Zeit gleichmäßig weiterarbeiten kann, so läßt sich die Änderung des Drehmomentes dadurch unschädlich machen, daß man ein Schwungrad anwendet, das auf der Kurbelwelle der Dampfmaschine sitzt und mit ihr herumläuft. Wie sich schon aus dem natürlichen Gefühl ergibt, ist dieses Schwungrad durch seine „Wucht“ oder „lebendige Kraft“ imstande, den Kolben über solche Strecken hinwegzuschleppen, auf denen der Dampfdruck allein die Arbeitswiderstände nicht zu überwinden vermag. Um die Wirkung des Schwungrades und seine Theorie ganz zu verstehen, müssen wir aber etwas weiter ausholen.

Stellen wir uns einmal vor, daß an einem Eisenbahnwagen, der 10000 kg wiegt, ein Seil befestigt ist, wie in Abb. 64 skizziert, und daß dieses Seil über eine Rolle *a* läuft, um dann senkrecht in einen Schacht hinunterzuhängen. An dem Ende des Seiles hängt ein Gewicht von 600 kg, das den Eisenbahnwagen nach links zieht, sobald dessen Bremsen gelöst sind. Der Wagen fährt allmählich an und kommt dann in immer raschere Bewegung, während das Gewicht entsprechend heruntersinkt. Mit großer Geschwindigkeit fährt der Wagen über den Punkt *M* hinweg weiter nach links. Das Seil legt sich jetzt gegen die zweite Rolle *b*, und es ist klar, daß das Gewicht dem Wagen folgen und wieder in die Höhe gezogen werden muß. Die Folge ist, daß der Wagen nach und nach langsamer fährt und schließlich ganz zum Stillstand kommt.

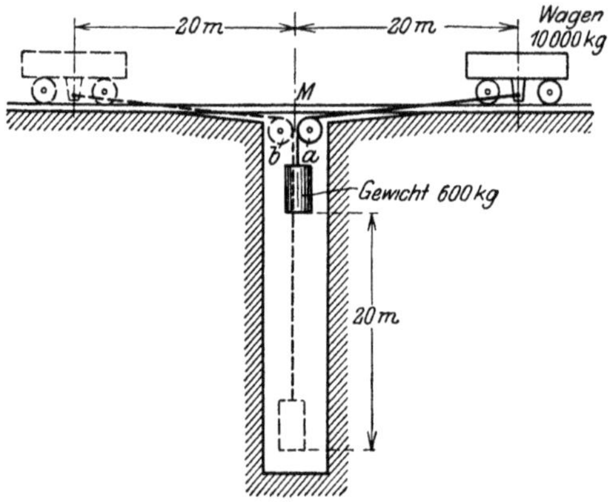

Abb. 64. Schematische Darstellung zur Erläuterung des Begriffes der „lebendigen Kraft“.

Wie weit ist nun der Wagen nach links gefahren? Beim Niedersinken leistete das Gewicht eine Arbeit: 600 kg $\times$ 20 m $=$ 12000 mkg. Diese Arbeit ist vollständig dazu aufgewendet worden, den Wagen in rasche Bewegung zu versetzen — von den Reibungswiderständen soll hier einmal abgesehen werden. Die Fallarbeit ist also sozusagen in lebendige Kraft oder Wucht des rasch fahrenden Eisenbahnwagens „verwandelt“ worden. Der Eisenbahnwagen gibt nun diese Arbeitsenergie, die ihm innewohnt, wieder ab, indem er das Gewicht hinaufzieht. Verluste sind nicht eingetreten, die Arbeitsenergie von 12000 mkg wird also wieder vollständig aufgewendet, um das Gewicht zu heben, d. h. das Gewicht von 600 kg steigt wieder um 20 m in die Höhe bis in die erste Lage, und der Wagen fährt von der Mittelstellung aus um 20 m nach links.

Ganz entsprechend ist der Vorgang bei einem einfachen Pendel (Abb. 65). Das Gewicht von 2 kg, das an einem Faden aufgehängt ist, durchfällt, indem es auf dem Kreisbogen von *A* nach *M* schwingt, eine lotrechte Strecke von 10 cm und nimmt infolge der dabei geleisteten Arbeit von 2 kg × 10 cm = 20 cmkg eine beträchtliche Geschwindigkeit an. Was für einen Weg es dabei in wagerechter Richtung zurücklegt, ist für die Berechnung der Arbeit gleichgültig, denn das Gewicht wirkt nur senkrecht. Dank seiner Wucht schwingt das Pendel weiter und hebt sein eigenes Gewicht wieder um die gleiche Höhe nach *B*. Darauf vollzieht sich derselbe Schwin gungsvorgang in umgekehrter Richtung.

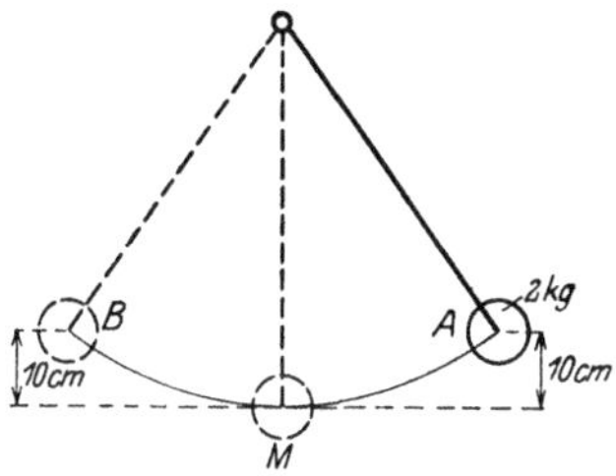

Abb. 65. Pendel.

Die beiden Beispiele lehren, daß die mechanische Arbeit eines Gewichtes oder überhaupt einer Kraft in lebendige Kraft oder Wucht eines bewegten Gegenstandes umgesetzt werden kann. Mechanische Arbeit und lebendige Kraft sind also nur zwei verschiedene Formen von Arbeitsenergie und lassen sich deshalb mit einem und demselben Maß, nämlich in Meterkilogramm (mkg), messen.

Die Grundlagen für die Berechnung der Größe der lebendigen Kraft sind am einfachsten aus den Erfahrungen zu schöpfen, die die wir beim Fall eines Körpers sammeln können. Wenn wir einen Gegenstand, gleichgültig welches Gewicht er hat, im luftleeren Raum frei herunterfallen lassen, so vergrößert sich seine Geschwindigkeit bekanntlich in jeder Sekunde um 9,81 oder, rund gerechnet, um 10 m in der Sekunde. Wenn hier von einer Geschwindigkeit von 10 m in der Sekunde die Rede ist, so braucht man sich dabei nicht etwa vorzustellen, daß der Körper nun wirklich in 1 Sekunde diesen Weg von 10 m zurücklegt. Er ändert seine Geschwindigkeit vielmehr beständig, in jedem Tausendstel Sekunde, und der Ausdruck bedeutet also nur, daß der Körper, wenn er sich in derselben Weise wie in dem betreffenden Augenblick weiter bewegte, in der folgenden Sekunde 10 m zurücklegen würde.

Fassen wir etwa einen schweren eisernen Balken ins Auge, der 2000 kg wiegt, auf den also, wie wir es auch ausdrücken können, beim freien Fall eine Kraft von 2000 kg wirkt, und betrachten wir den Vorgang von dem Augenblick, wo der Balken losgelassen wird, bis zum Ende der ersten Sekunde. Zu Anfang war die Geschwindigkeit 0, zu Ende 10 m, im Durchschnitt 5 m in der Sekunde. Da die Bewegung eine Sekunde anhält, so ist die zurückgelegte Wegstrecke 5 × 1 = 5 m. In dieser Zeit wurde von dem Gewicht 2000 kg eine Arbeit: Kraft × Weg = 2000 kg × 5 m = 10000 mkg geleistet und in lebendige Kraft des fallenden Balkens verwandelt. Mit anderen Worten: die lebendige Kraft des Balkens von 2000 kg

Gewicht beträgt in dem Augenblick, wo er sich mit der Geschwindigkeit von 10 m/s (Meter in der Sekunde) bewegt, 10000 mkg.

Statt des Balkens denken wir uns jetzt gemäß Abb. 66 einen Wagen von 2000 kg Gewicht, der auf einer wagerechten Bahn fährt und durch eine Winde derselben Art, wie wir sie früher schon berechnet hatten, nach links gezogen wird, indem sich das Windenseil auf die Trommel aufwickelt. Übt die Winde eine Kraft von 2000 kg, also gleich dem Gewicht des Wagens, aus, so haben wir genau die Verhältnisse, wie beim freien Fall, d. h. nach 1 Sekunde hat der Wagen die Geschwindigkeit 10 m/s und die lebendige Kraft 10000 mkg. Regeln wir nun aber den Antriebsmotor so, daß im Seil nur ein Zug von 200 statt 2000 kg entsteht, so beträgt die Geschwindigkeitszunahme nur den zehnten Teil gegen früher, d. h. die Geschwindigkeit des Wagens ist am Ende der ersten Sekunde nur

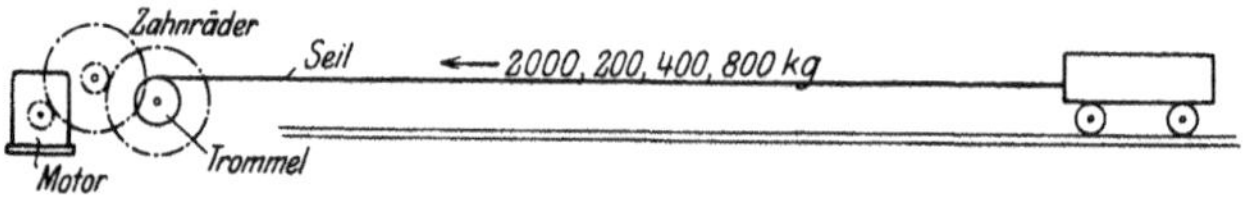

Abb. 66. Beschleunigung eines Wagens durch eine Winde.

1 m/s, die mittlere Geschwindigkeit in dieser Zeit 0,5, der zurückgelegte Weg also $0{,}5 \times 1 = 0{,}5$ m und die geleistete Arbeit oder die in dem Körper aufgespeicherte lebendige Kraft $200 \times 0{,}5 = 100$ mkg. Wenn also die Geschwindigkeit des Wagens 0,5 statt 5, d. h. den zehnten Teil beträgt, ist die lebendige Kraft nur $^1/_{100}$, nämlich 100 gegen 10000. Bei einem Seilzug von 400 kg ist in entsprechender Weise die Geschwindigkeit am Ende der ersten Sekunde 2, die mittlere Geschwindigkeit 1 m/s, der zurückgelegte Weg $1 \times 1 = 1$ m, die aufgewendete Arbeit oder lebendige Kraft $400 \times 1 = 400$ mkg. Für 800 kg Seilzug ergibt sich in derselben Weise die Geschwindigkeit am Ende der ersten Sekunde zu 4 m, die lebendige Kraft zu 1600 mkg usw. Wir erhalten also folgendes:

Die lebendige Kraft oder Arbeitsenergie des bewegten Wagens von 2000 kg Gewicht ist bei der Geschwindigkeit von

1 m/s	100 mkg
2 "	400 "
4 "	1600 "
10 "	10000 "

Hätten wir zwei Wagen von 2000 kg, also ein Gesamtgewicht von 4000 kg, so wäre natürlich die lebendige Kraft doppelt so groß.

Daraus ergibt sich die Regel: Die lebendige Kraft oder Arbeitsenergie eines Körpers, der sich mit 1 m sekundlicher Geschwindigkeit bewegt, findet man, indem man das in Kilogramm gemessene Gewicht durch 20 (genauer durch $2 \times 9{,}81$) dividiert. Um die lebendige Kraft bei anderen Geschwindigkeiten zu erhalten, ist dann 2 mal nacheinander mit der Größe dieser Geschwindigkeit, in m/s gemessen, zu multiplizieren.

Stichprobe: Ein Körper von 2000 kg Gewicht und 4 m sekundlicher Geschwindigkeit hat nach der Regel eine lebendige Kraft von $\frac{2000}{20} \times 4 \times 4 = 1600$ mkg, wie oben berechnet war.

Nehmen wir nun einmal für die 11 pferdige Dampfmaschine, die oben ausführlich behandelt wurde, nach Abb. 67 ein Schwungrad mit einem Kranz an, der 400 kg wiegt und einen mittleren Durchmesser von 1,2 m hat. Das Schwungrad dreht sich mit der Kurbelwelle 2,1 mal in der Sekunde; bei jeder vollen Umdrehung legt z. B. das Stück *a* des Kranzes einen Weg von $3\frac{1}{7} \times 1{,}2 = 3{,}77$ m zurück, so daß der Weg in der Sekunde oder die sekundliche Geschwindigkeit $2{,}1 \times 3{,}77 = 7{,}9$ m ist. Die lebendige Kraft des Kranzes ist also nach der soeben aufgestellten Regel $\frac{400}{20} \times 7{,}9 \times 7{,}9 = 1250$ mkg.

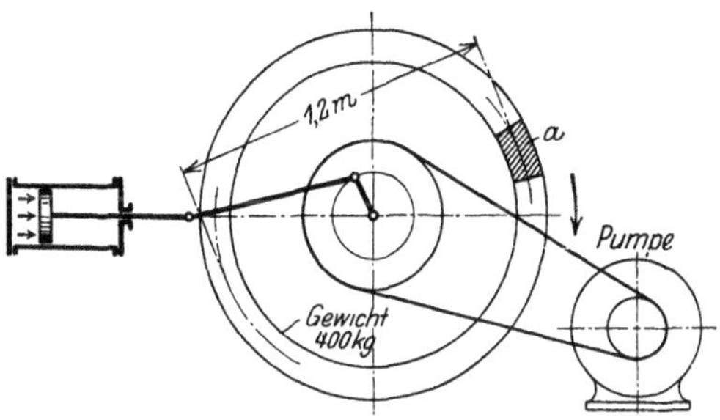

Abb. 67. Dampfmaschine mit Schwungrad zum Antrieb einer Pumpe.

Zu dieser Schwungradenergie, die sich im Durchschnitt gleich bleibt, wird jedesmal etwas hinzugefügt, wenn der Kolben überschüssige Kraft äußert, und etwas abgenommen, wenn die Kolbenkraft allein zu klein ist, um den Widerstand zu überwinden.

Denken wir uns, um die Verhältnisse recht klar zu legen, einmal folgendes: Die Dampfmaschine treibe eine Pumpe zum Heben von Wasser, die ganz gleichmäßig die Arbeitsleistung der Dampfmaschine — also 392 mkg bei jeder Umdrehung — verbraucht. Was würde nun geschehen, wenn statt der kleinen Schwankungen, wie wir sie oben betrachtet hatten, einmal eine große Unregelmäßigkeit im Betriebe der Dampfmaschine einträte, indem etwa die Dampfzufuhr während einer ganzen Umdrehung überhaupt aufhörte, die Dampfmaschine also in dieser Zeit gar keine Arbeit leistete? Würde die Maschinenanlage zum Stillstand kommen, oder was wäre die Folge?

Wir können diese Frage leicht beantworten. Im Schwungrad ist, wie soeben festgestellt, eine Arbeitsenergie von 1250 mkg aufgespeichert, so daß genügend Vorrat zur Verfügung steht, um während dieser einen Umdrehung die Arbeit von 392 mkg an die Pumpe abzugeben. Das Schwungrad geht dabei natürlich in seiner Umfangsgeschwindigkeit bedeutend zurück. Die lebendige Kraft, die ihm bleibt, ist $1250 - 392 = 858$ mkg. Die Geschwindigkeit des Kranzes ist von 7,9 auf 6,55 m/s zurückgegangen, denn bei dieser Geschwindigkeit hat der Kranz rechnungsmäßig noch die lebendige Kraft $\frac{400}{20} \times 6{,}55 \times 6{,}55 = 858$ mkg. Im gleichen Verhältnis wie die Umfangsgeschwindigkeit des Schwungrades ändert sich die Umdrehungszahl der Maschine. Während der folgenden Umdrehungen müßte die Maschine dann entsprechend mehr leisten, um das Schwungrad wieder zu beschleunigen und auf die richtige Geschwindigkeit zu kommen.

Man kann sich jetzt leicht ein Bild davon machen, wie bei den kleinen Schwankungen der Krafterzeugung, die bei der Dampfmaschine immer auftreten, die Wirkung auf den Gang der Maschine berechnet wird. Die Kolbenarbeit, die während einer bestimmten Wegstrecke überschüssig ist, tritt eben einfach zu der Arbeitsenergie des Schwungrades hinzu und vergrößert dessen Umfangsgeschwindigkeit, während das, was an erzeugter Arbeit fehlt, wieder von der lebendigen Kraft des Schwungrades abzuziehen ist. Ist die lebendige Kraft des Schwungrades sehr groß, so spielen diese Beträge eine verhältnismäßig geringe Rolle, so daß die Maschine sehr gleichförmig läuft. Das ist z. B. für den Antrieb von Dynamomaschinen zur Erzeugung elektrischen Lichtes notwendig, weil die Lichtstärke sonst schwanken würde. Bei kleiner Schwungradenergie tritt entsprechend ein ungleichförmiger Gang der Maschine ein.

Anderseits kann das Schwungrad aber auch nützlich sein, um, wie schon bei dem Antrieb der Pumpe angenommen, die Schwankungen in der Arbeitsabgabe weniger fühlbar zu machen. So verbraucht z. B. eine Maschinenwerkstätte je nachdem, ob viel oder wenig Werkzeugmaschinen gleichzeitig eingerückt sind, mehr oder weniger Kraft. Wird z. B. eine große Werkzeugmaschine außer Betrieb gesetzt, so gibt die Dampfmaschine ihre zuviel erzeugte Arbeit zunächst an das Schwungrad ab, das infolgedessen schneller zu laufen beginnt. Wenn eine gewisse Geschwindigkeit überschritten ist, so wird automatisch eine Regelvorrichtung betätigt, welche die Dampfzufuhr zum Zylinder einschränkt. Bei kleinen Petroleummotoren und ähnlichen Maschinen wird sogar, wie oben für die Dampfmaschine angenommen, die Kraftzufuhr während eines ganzen Spieles unterbrochen und so die Umdrehungsgeschwindigkeit der Maschine wieder heruntergesetzt.

Die Beziehung zwischen Arbeit und lebendiger Kraft spielt nicht nur für den Bau von Dampfmaschinen und anderen Motoren, sondern auch in der übrigen Technik eine wichtige Rolle. So muß z. B. bei der Kranwinde nach Abb. 56 das Gewicht von 1750 kg doch zunächst einmal in Bewegung gesetzt und auf die Geschwindigkeit von 0,35 m/s gebracht werden. Dazu gehört nach Seite 46 die Arbeit: $\frac{1750}{20} \times 0{,}35 \times 0{,}35 = 10{,}7$ mkg. Dieser Arbeitsbetrag ist, da die Leistung im übrigen schon bei einer einzigen Maschinenumdrehung 392 mkg beträgt, nicht hoch und brauchte auch nicht besonders berücksichtigt zu werden. Ganz anders aber stellen sich die Verhältnisse bei großen Hubgeschwindigkeiten, wie sie bei neueren, rasch laufenden Kranen benutzt werden; man ist hier bis zu 4 m/s gegangen, so daß die aufzuwendende Beschleunigungsarbeit sich im vorliegenden Falle auf $\frac{1750}{20} \times 4 \times 4 = 1400$ mkg stellen würde. Will man die hohe Hubgeschwindigkeit voll ausnutzen, so muß sie natürlich nach sehr kurzer Zeit schon voll erreicht werden, denn sonst vergeht der Hauptteil des Kranhubes mit dem Beschleunigen und Wiederverzögern der Last. Setzt man fest, daß die Last in $^1/_3$ Sekunde auf 4 m Sekundengeschwindigkeit beschleunigt werden soll, so bedeutet das dasselbe, wie wenn in 1 Sekunde die Geschwindigkeit 12 m/s erreicht werden sollte. Da das Eigengewicht der Last, das auf Seite 34 zu 1750 kg angenommen war, beim freien Fall nur die Geschwindigkeit 10 m/s hervorbringen würde, so muß die Kraft, die eigens zur Beschleunigung der Last aufzuwenden ist, $\frac{12}{10} \times 1750 = 2100$ kg sein, also **größer als die Last selbst.** Klar machen kann man sich den Vorgang am besten mit einer Feder oder einem Gummifaden, an den ein Gewicht gehängt wird, Abb. 68. Bewegt man den Finger schnell nach oben, so entsteht eine so starke Spannung, daß die Feder sich bedeutend dehnt; einen Gummi- oder Zwirnsfaden, der sonst vollkommen stark genug wäre, um das Gewicht zu tragen, kann man auf diese Weise zerreißen.

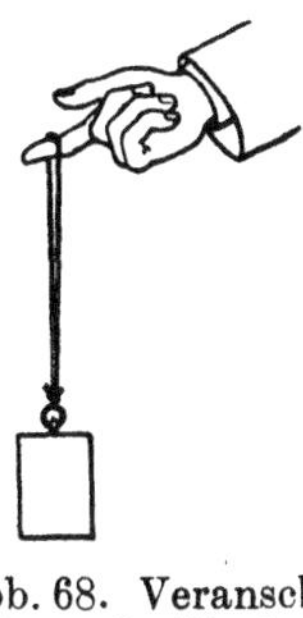

Abb. 68. Veranschaulichung der Kraft zum Beschleunigen einer Last beim Anheben.

Zu der Beschleunigungsarbeit von 1400 mkg kommt dann noch die Arbeit hinzu, die erforderlich ist, um das Triebwerk der Maschine in Gang zu setzen. Da es sich hier zum Teil um noch viel größere Geschwindigkeiten handelt — insbesondere ist bei elektrischem Antrieb auch der schwere Anker des Motors auf eine sehr hohe Geschwindigkeit zu bringen —, so kann die Beschleunigungsarbeit unter Umständen größer sein als die eigentliche Hubarbeit.

Auch bei der Berechnung der Standsicherheit des ganzen Kranes und der Festigkeit aller seiner Teile darf die Beschleunigungskraft nicht vergessen werden. Sie kommt zu der Last von 1750 kg unmittelbar hinzu, so daß mit einer Kranbelastung von $1750 + 2100 = 3850$ kg zu rechnen ist, allerdings nur während der Zeit, in der die Beschleunigung stattfindet.

Eine wiederholte Umsetzung von einer Energieform in die andere tritt beim Geschütz auf. Im Geschützrohr entsteht durch die Entzündung des Pulvers ein sehr hoher Gasdruck, der das Geschoß aus der Mündung heraustreibt und ihm eine große Geschwindigkeit erteilt. Abgesehen von den Verlusten muß wieder die innerhalb des Geschützrohres geleistete Arbeit gleich der lebendigen Kraft des Geschosses sein.

Nehmen wir ein Geschoß (ohne Sprengladung) von 300 kg Gewicht an, das mit 400 m Sekundengeschwindigkeit die Mündung des Rohres verläßt, so berechnet sich die Energie des Geschosses zu $\frac{300}{20} \times 400 \times 400 = 2400000$ mkg. Ein Teil dieses Arbeitsvermögens wird durch den Luftwiderstand aufgezehrt und der Rest zur Zerstörung des Zieles, auf welches das Geschoß auftrifft, sowie zur Zerstörung des Geschosses selbst verwendet. Die Wirkung ist nun ganz wesentlich davon abhängig, wie lang der Weg ist, auf welchem dem Geschoß die Arbeit entzogen wird. Nehmen wir an, nach Abzug der Luftreibungsarbeit blieben 2000000 mkg übrig und das Geschoß würde auf eine harte Stahlplatte treffen, in die es nur 5 cm, also $^1/_{20}$ m eindringen kann, so wäre die auf diesem kurzen Wege geäußerte Kraft im Durchschnitt $\frac{2\,000\,000 \text{ mkg}}{1/20 \text{ m}} = \mathbf{40000000}$ **(40 Millionen) kg.** Je kürzer der Weg, desto größer die Kraftäußerung.

N u t z b a r e Arbeit zu leisten, Bewegungsenergie an einen anderen Körper abzugeben ist indessen mit einer solchen momentanen Kraftäußerung nicht möglich. Dazu gehört vielmehr, daß die Kraft eine gewisse Zeit, während eines gewissen Weges, gleichmäßig wirkt. Beim plötzlichen Stoß kann der getroffene Körper nicht folgen; die Kraftäußerung ist sehr groß, der Weg des Körpers aber fast 0, und daher die nutzbar übertragene mechanische Arbeit, die das Produkt Kraft $\times$ W e g darstellt, verschwindend gering. Die Stoßarbeit wird fast vollständig zur Zerstörung der aufeinandertreffenden Teile verwandt.

Im Maschinenbau vermeidet man daher mit allen Mitteln das

Eintreten von Stoßwirkungen. Jeder Stoß bedeutet nicht nur einen Arbeitsverlust, sondern auch eine Zerstörung des Materials. Eine Maschine, bei der das Getriebe sich abgenutzt hat und nicht ausgebessert wird, so daß sich zwischen den einzelnen Teilen Zwischenräume befinden und das eine Glied erst auf das andere trifft, wenn es sich schon in rascher Bewegung befindet, geht gewöhnlich sehr bald vollends zugrunde. Jede Maschine sollte möglichst ruhig und geräuschlos laufen. Hört der Maschinenwärter, daß Stöße auftreten, so muß er sofort die Ursache zu beseitigen suchen.

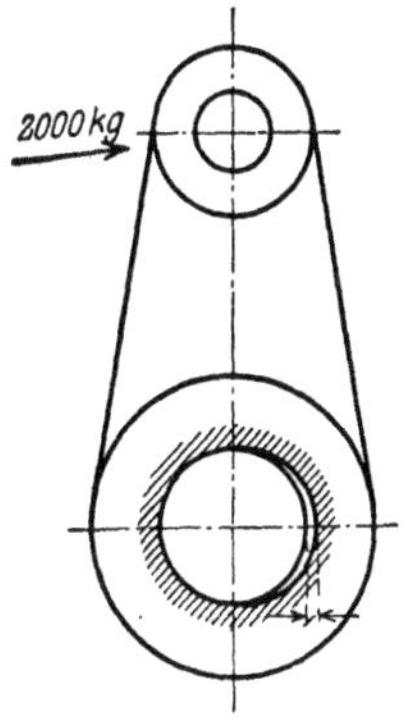

Abb. 69. Übergroßes Lagerspiel bei einer abgenutzten Maschine.

Angenommen, die Welle einer Dampfmaschine hätte, wie in Abb. 69 skizziert, 1 mm Spiel in ihrem Lager, und sie würde beim Hin- und Hergang durch die Schubstangenkraft von 2000 kg einmal vorwärts und einmal zurückgeschoben, wobei sie natürlich mit hartem Schlag auf die Lagerschale auftrifft, so ist die Arbeit, die dafür aufgewandt wird, $2 \times 2000\,\text{kg} \times 0{,}001\,\text{m} = 4\,\text{mkg}$. Macht die Maschine in der Sekunde 3 Umdrehungen, so werden $3 \times 4 = 12$ mkg in der Sekunde, also ungefähr $^1/_6$ Pferdestärke, rein dazu aufgewandt, die Maschine zu zerstören. Die Wirkung ist ungefähr dieselbe, wie wenn 1 bis 2 Männer mit kräftigen Hämmern auf die Maschine losschlügen.

7. Reibung und die technischen Mittel, sie zu vermindern.

Während sich die Stoßverluste durch richtige Bauweise und Instandhaltung der Maschine meistens vermeiden lassen, kann man die Verluste durch Reibung nie ganz ausschalten, doch strebt man natürlich dahin, sie möglichst klein zu halten.

Legt man bei einem Versuche nach Abb. 70 ein Gewicht Q auf eine Unterlage und sucht man dann mit einer Schnur den Klotz fortzuziehen, so muß diese Schnur mit einem ganz bestimmten Gewicht P belastet werden, um das Gewicht Q in Bewegung zu setzen. Zum Beispiel finde sich, daß zur Bewegung einer Last $Q = 10$ kg eine Kraft $P = 2$ kg nötig ist, daß also Kraft und Last im Verhältnis 1 : 5 zueinander stehen. Dieses selbe Verhältnis, das mit dem Worte „Reibungskoeffizient“ bezeichnet wird, findet sich dann angenähert auch bei anderen Belastungen, so

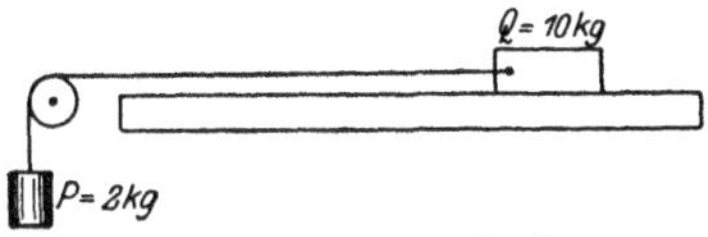

Abb. 70. Einfacher Reibungsversuch.

daß z. B. eine Last von 3 kg durch das Gewicht von 0,6 kg in Bewegung gesetzt wird.

Maschinelle Teile läßt man nicht trocken aufeinander gleiten, sondern schmiert sie mit Öl oder Fett. Der Erfolg einer vollkommenen Schmierung ist, daß die Metallteile sich nicht mehr unmittelbar berühren. Die Reibung entsteht ja dadurch, daß die Teile sich mit ihren kleinen Unebenheiten ineinander hineindrücken und gewissermaßen aneinander festhaken. Befindet sich nun, wie in Abb. 71 übertrieben gezeichnet, zwischen den beiden Flächen Öl, so nimmt jede Fläche eine ganz dünne Ölschicht, die an ihr haftet, mit, und diese beiden Ölschichten gleiten aufeinander. Daß dabei eine viel geringere Reibung entsteht, ist ohne weiteres klar.

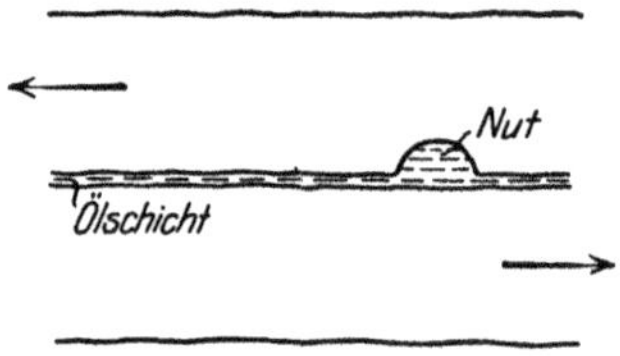

Abb. 71. Wirkung der Schmierung.

Man muß aber dafür sorgen, daß der Druck zwischen den Flächen nicht zu stark und das Öl nicht zu dünnflüssig ist, da es sonst weggepreßt wird und die Flächen sich wieder unmittelbar berühren. Häufig werden in einem der beiden Körper Vertiefungen, sogenannte Schmiernuten angebracht, in denen sich etwas Öl ansammelt, so daß es wie aus einem Vorratsbehälter immer wieder zwischen die Flächen gelangt.

Nehmen wir einmal den Fall der Dampfmaschine, wie in Abb. 72 skizziert. Hier verursacht zunächst schon der Kolben eine gewisse Reibung, da er beständig mit seinem Gewicht auf die Unterlage, d. h. auf den unteren Teil der Zylinderwand, drückt und dabei rasch hin- und hergeht. Die Kolbenstange wird in ihrer Bewegung durch die Stopfbüchse gebremst, durch die sie aus dem Zylinder heraus nach außen tritt. Das Gleiche wie für den Kolben gilt für den Kreuzkopf; zu dem durch das eigene Gewicht ausgeübten Druck tritt hier aber noch die Kraft D, vergl. Abb. 59, hinzu, die infolge der schrägen Richtung der Schubstange auf die Führung ausgeübt wird. Sodann tritt Reibung auf im Kreuzkopfzapfen, im Kurbelzapfen und in den Lagern der Welle, denn überall bewegen sich

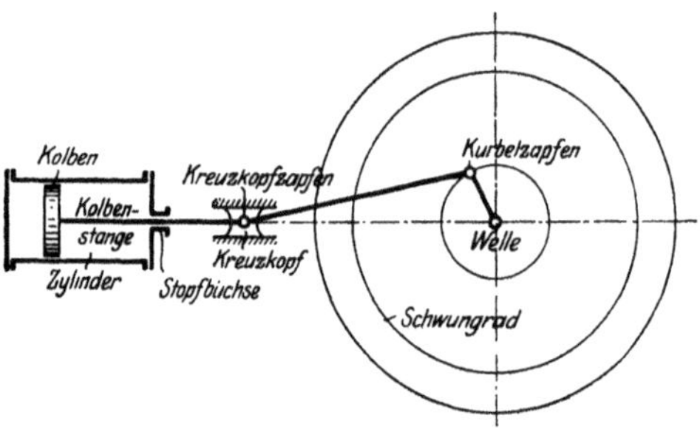

Abb. 72. Die Reibung verursachenden Teile einer Dampfmaschine.

hier Teile aufeinander, die durch große Kräfte gegeneinander gepreßt werden. Ziemlich viel kann für die Reibung in den Wellenlagern unter Umständen allein das Gewicht des Schwungrades ausmachen. In dem vorher untersuchten Falle war das Schwungradgewicht 400 kg; wird die Reibungsziffer bei leidlicher Schmierung zu $^1/_{10}$ angenommen, so ist die Reibungskraft am Umfang des Wellenzapfens $\frac{1}{10} \times 400 = 40$ kg. Wenn sich die Welle dreht, so muß sie gegen diese Reibung an arbeiten, und zwar wird, wenn der Zapfendurchmesser 12 cm ist, Abb. 73, bei jeder Umdrehung entgegen der Reibungskraft 40 kg ein Weg $3{,}14 \times 12 = 37{,}7$ cm zurückgelegt oder zur Überwindung der Reibung eine Arbeit von $40 \times 37{,}7 = 1510$ cmkg oder 15,1 mkg geleistet. Bei 126 Umdrehungen in der Minute oder 2,1 Umdrehungen in der Sekunde gehen also allein durch die Reibung des Schwungrades $2{,}1 \times 15{,}1 = 31{,}6$ mkg/sk oder $\frac{31{,}6}{75} = 0{,}42$ Pferdestärken verloren, d. h. fast 4 vH der an die Welle abgegebenen Leistung von 11 Pferdestärken.

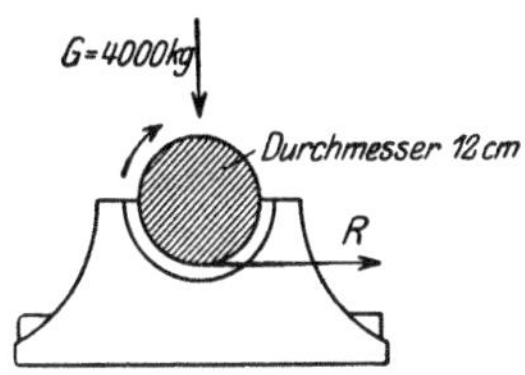

Abb. 73. Reibung am Wellenzapfen einer Dampfmaschine.

Im Maschinenbau geht man nicht so verschwenderisch mit der glücklich gewonnenen Arbeit um, daß man sich mit diesem Ergebnis ohne weiteres zufriedengeben würde; man wird vielmehr versuchen, den Verlust möglichst zu verringern, und zwar kann das dadurch geschehen, daß man dem Zapfen einen möglichst kleinen Durchmesser gibt, so klein, wie es mit Rücksicht auf Bruchgefahr, Verbiegung der Welle usw. noch eben zulässig ist, weil dann der Weg, der entgegen der Reibung zurückgelegt werden muß, kleiner wird. Nötigenfalls wird ein stärkeres Material für die Herstellung der Welle gewählt. Viel läßt sich aber vor allem durch Verbesserung der Schmierung erreichen. In wichtigen Fällen, besonders bei sehr rasch laufenden Wellen, ist man dazu übergegangen, das Öl von unten mit starkem Druck zwischen den Zapfen und das Lager zu pressen, damit ja keine Berührung stattfindet, sondern nur eine Reibung im Innern der Flüssigkeit auftritt.

Noch besser ist es, das Gleiten der Flächen aufeinander überhaupt zu vermeiden, wie es ja auch bei der Beförderung von Lasten geschieht. Soll z. B. ein Balken oder ein behauener Stein von sehr großem Gewicht eine kurze Strecke weit bewegt werden, so wird eine Bahn aus Brettern hergestellt und der Balken auf Walzen gelegt, Abb. 74, S. 54. Er läßt sich dann verhältnismäßig leicht befördern, vorausgesetzt, daß die Unterlage glatt und eben ist, denn es tritt nur Rollwiderstand auf; auch die Zapfenreibung, die sich bei Eisenbahnwagen und Fuhrwerken geltend macht, fällt fort. Auf einer genau verlegten Bahn und mit glatten Walzen könnte ein Mann eine Last von 3000 kg mit einem Druck von etwa 20 kg vor sich herschieben, während 1000 kg oder 50 Männer nötig sind, um eine Last von diesem Gewicht über die hölzerne Bahn einfach wegzuschleifen.

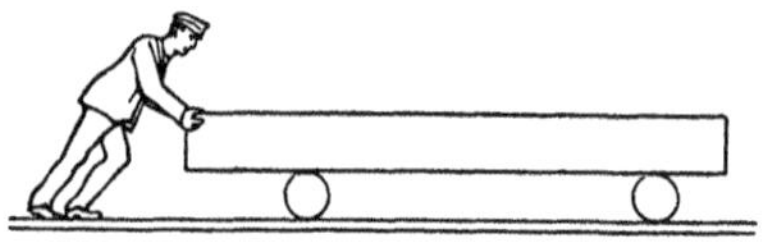

Abb. 74. Beförderung eines schweren Balkens auf Walzen.

Ganz entsprechend liegen die Verhältnisse, wenn das Abwälzen auf einer gekrümmten Bahn vor sich geht. Wir kommen damit von selbst zu dem Rollenlager, wie in Abb. 75 skizziert. Die Welle bewegt sich auf Walzen in dem ruhenden Lagerkörper. Diejenigen Rollen oder Walzen, die im Augenblick gerade die Welle tragen, und die Teile der Welle und des Lagers, die sich zur Zeit auf den Rollen abwälzen, sind mit starken Linien gezeichnet. Wenn die Welle sich dreht, so kommen nach und nach die anderen Rollen an die Reihe.

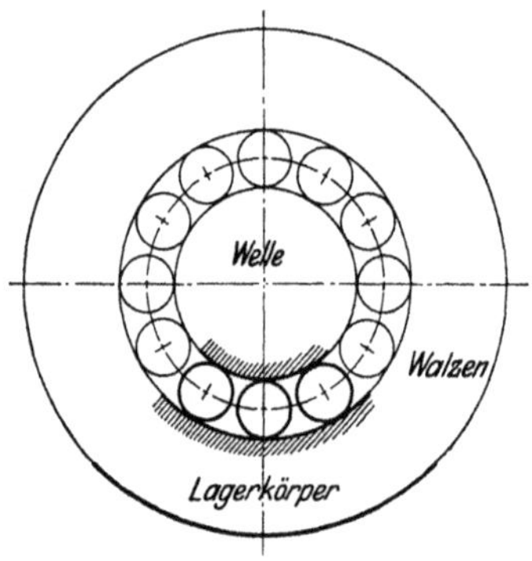

Abb. 75. Rollenlager.

Dasselbe gilt für Kugellager, die viel häufiger vorkommen als Rollenlager. Werden die Kugeln und auch die Flächen, auf denen sie laufen, sehr sorgfältig aus hartem Stahl hergestellt und blank geschliffen, so kann der Widerstand bis auf $^1/_{50}$ der Reibung heruntergehen, die in einem gewöhnlichen Wellenlager auftritt. Ein Kugellager hat außerdem weniger Schmierung nötig als ein gewöhnliches „Gleitlager“, stellt sich aber teuerer und ist empfindlicher gegen Stöße, da die harten Kugeln zerspringen können. Durch Kugellager kann die Reibung in einer Maschine bedeutend heruntergesetzt und der Wirkungsgrad erhöht werden.

Im Transportwesen findet sich reine gleitende Reibung nur bei der Beförderung mit Schlitten, weil die Reibungsziffer von Stahl auf Schnee oder Eis nicht mehr als etwa $^1/_{40}$ bis $^1/_{50}$, also viel weniger beträgt, als die Reibungsziffer beim Gleiten gut geschmierter Metallflächen aufeinander. Sonst versieht man die Fuhrwerke stets mit Rädern, die auf der Fahrbahn abrollen. Der Rollwiderstand ist erfahrungsgemäß um so geringer, einen je größeren Durchmesser das Rad hat. Man kann sich das leicht erklären, wenn man sich vorstellt, daß ein Rad, auf dem die Last Q ruht, über einen Stein hinweggehen muß, Abb. 76. Das Rad ist dann als ein Hebel aufzufassen. Die Last dreht rückwärts mit dem Drehmoment $Q.f$, und dieses muß von der Kraft P überwunden werden, die den Hebelarm h hat. Je größer h, um so kleiner kann die Zugkraft P sein, wenn das erforderliche Drehmoment $P.h = Q.f$ erzielt werden soll.

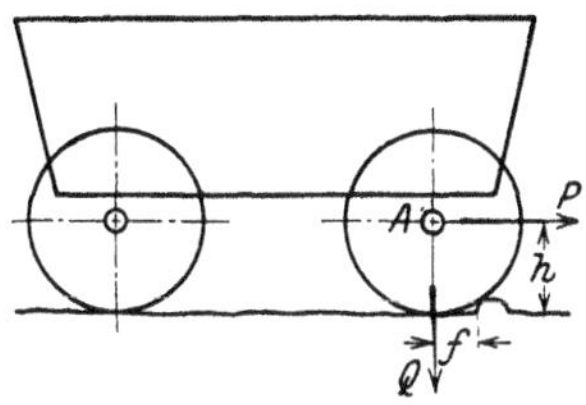

Abb. 76. Rollwiderstand beim Fuhrwerk.

Bei Fuhrwerken ist nicht die rollende Reibung allein zu überwinden. Die Räder drehen sich ja auf Zapfen, von denen z. B. jeder, wenn die Wagenlast 40 Zentner oder 2000 kg beträgt, eine Belastung von 500 kg erhält. Hierdurch wird, genau wie bei dem Zapfen der Dampfmaschinenwelle, gleitende Reibung hervorgerufen.

Für eine gute Chaussee darf gerechnet werden, daß die Zugkraft auf ebener Strecke durchschnittlich $^1/_{40}$ der Wagenlast ausmacht. Nehmen wir nun einmal an, daß ein Pferd, das 400 kg wiegt, einen Wagen von 2000 kg Gesamtgewicht eine Stunde lang auf einer Chaussee hinaufgezogen hat, die eine gleichmäßige Steigung von 1 : 100 besitzt, d. h. auf 100 m Länge immer 1 m steigt, und daß das Pferd im langsamen Schritt, mit einer Geschwindigkeit von ungefähr 0,8 m in der Sekunde, geht. Der zurückgelegte Weg ist dann, da die Stunde 3600 Sekunden hat, $3600 \times 0{,}8 = 2880$ m oder 2,88 km, und der Höhenunterschied $^1/_{100} \times 2880 = 28{,}8$ m. Welche Arbeit hat das Pferd auf diesem Wege geleistet?

Zunächst ist auf dem Wege von 2880 m eine Zugkraft von $^1/_{40}$ der Wagenlast, also $\frac{2000}{40} = 50$ kg ausgeübt worden, und die hierbei geleistete Arbeit beträgt $50 \times 2880 = 144000$ mkg. Sodann hat das Pferd sowohl den Wagen (2000 kg) wie auch sein eigenes Gewicht (400 kg) um 28,8 m gehoben und damit eine Arbeit geleistet von $2400 \times 28{,}8 = 69000$ mkg. Die Gesamtarbeit in einer Stunde beträgt also $144000 + 69000 = 213000$ mkg, oder $\frac{213000}{3600} = 59$ mkg in einer Sekunde. Das ist beinahe soviel, wie ein Pferd im besten Falle auf die Dauer leisten kann. In der Technik bezeichnen wir allerdings eine Leistung von 75 mkg/sk als eine „Pferdekraft“; in Wahrheit ist dies aber mehr als die Durchschnittsleistung eines Pferdes.

Eine Lokomotive, Abb. 77, bewegt sich dadurch, daß eine Dampfmaschine, die so ausgeführt ist, wie die in Abb. 63 auf S. 42 skizzierte Maschine, also mit einem Zylinder auf jeder Seite der Lokomotive, die Treibräder dreht. Gewöhnlich werden zwei oder auch drei Räder auf jeder Seite angetrieben. Die Kurbeln, die auf den hinteren Achsen sitzen, werden dann durch Kuppelstangen mit den vorderen Kurbeln und so mit der Schubstange der Maschine verbunden. In der gezeichneten Lage treibt der Dampfdruck den Kolben nach links, die Räder drehen sich also links herum, und die Lokomotive fährt in der Richtung, wie sie der Pfeil angibt. Der

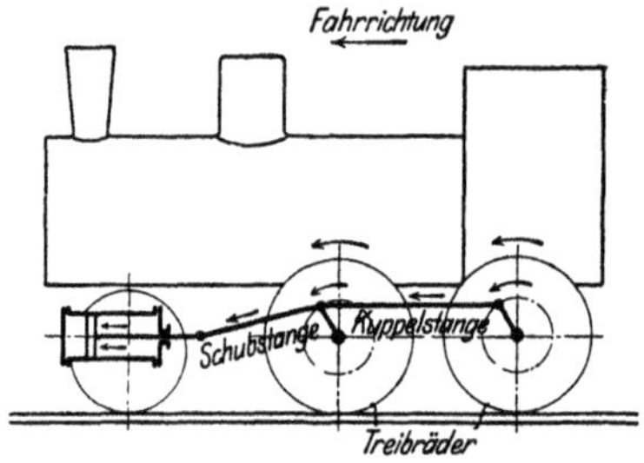

Abb. 77. Darstellung des Triebwerkes einer Lokomotive.

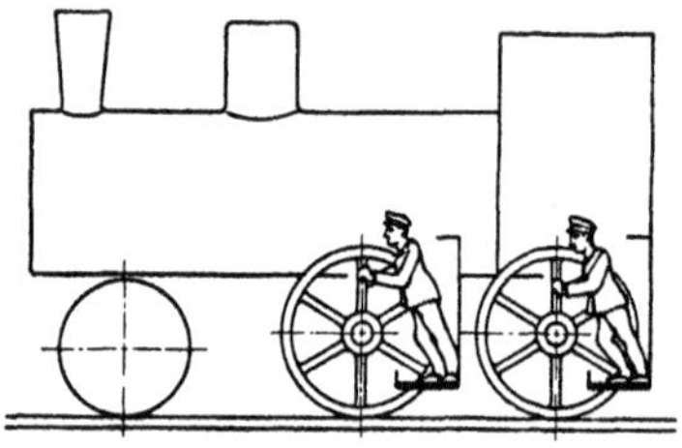

Abb. 78. Schematische Darstellung des Lokomotivantriebes.

Vorgang ist genau derselbe, als ob entsprechend Abb. 78 zwei Männer auf der Lokomotive ständen, die in die Speichen der Räder faßten und sie herumdrehten.

Daß zwei oder mehr Achsen angetrieben werden, hat folgenden Zweck. Denken wir uns einmal, daß beide Männer an demselben Rade arbeiteten und mit sehr großer Kraft drückten. Dann ist es möglich, daß das Rad auf der Schiene den Halt verliert, namentlich wenn die Schiene infolge von Regen feucht und glatt ist, daß es sich also einfach dreht, ohne zu rollen und ohne die Lokomotive mitzunehmen. Man beobachtet das häufig beim Anfahren der Züge auf den Bahnhöfen. Die Lokomotivräder beginnen plötzlich auf den Schienen zu gleiten, und die Maschine dreht sich sehr rasch, ohne daß der schwere Zug sich in Bewegung setzt. Es ist klar, daß dies nicht so leicht vorkommt, wenn an jedem Rade nur ein Mann anfaßt, oder wenn die Maschinenkraft sich auf zwei Räder verteilt. Nötigenfalls muß der Lokomotivführer Sand auf die Schienen streuen und sie dadurch rauher machen — technisch ausgedrückt: die Reibung zwischen Rad und Schiene vergrößern —, um das Gleiten der Räder zu verhindern und sie ins Rollen zu bringen.

Die Leistung, die von der Lokomotiv-Dampfmaschine hervorgebracht werden muß, berechnet sich nach den bekannten Grundsätzen. Angenommen, man stellte an eine Güterlokomotive die Anforderung, daß sie einen Zug von 30 Wagen zu je 14000 kg, also von 420000 kg Gesamtgewicht, mit einer Geschwindigkeit von 25 km in der Stunde über eine Steigung von 1 : 200 ($^1/_2$ vH) schleppt. Die Lokomotive selbst wiege 45000 kg, der Tender mit Kohle und Wasserinhalt 30000 kg. Insgesamt ist also zu befördern ein Gewicht von $420000 + 45000 + 30000 = 495000$ kg oder 495 t (Tonnen). Die Gesamtreibung einschließlich des Luftwiderstandes kann bei der Fahrgeschwindigkeit von 25 km erfahrungsgemäß auf etwa 6 kg für 1 t Zuggewicht geschätzt werden[1]), so daß die Zugkraft, die zur Bewegung des Zuges auf der wagerechten Strecke nötig ist, $495 \times 6 = 2970$ kg beträgt. Beim Fahren auf der Steigung 1 : 200 bewegt sich die Lokomotive 200 m weit, wenn der Zug um 1 m gehoben wird; aus der Gleichheit der aufgewendeten und der gewonnenen Arbeit folgt daher, daß die zur Überwindung der Steigung nötige Zugkraft $\frac{1}{200}$ des Zuggewichtes, also $\frac{495\,000}{200} = 2475$ kg sein muß. Die Gesamtzugkraft ist also $2970 + 2475 = 5445$ kg. Nun fehlt zur Berechnung der Leistung nur noch die Geschwindigkeit. 25 km in der Stunde sind soviel wie $\frac{25000}{3600} = 7$ m in der Sekunde. Die Maschine muß also bei voller Fahrt eine Leistung von $5445 \times 7 = 38000$ mkg/sk oder von $\frac{38000}{75} =$ ungefähr 500 PS (Pferdestärken) abgeben.

Die Arbeit, die der Dampf im Zylinder leistet, muß natürlich noch größer sein, da durch die Reibung im Triebwerk der Maschine etwa 15 bis 20 vH verloren gehen; die Arbeit des Dampfes darf also zu 600 PS angenommen werden.

Im Grunde ähnlich liegen die Verhältnisse bei Kraftwagen (Automobilen), die bekanntlich meistens durch Benzinmotoren angetrieben werden. Die Übertragung der Kraft auf die Räder wird allerdings konstruktiv ganz anders durchgeführt.

In allen diesen Erörterungen über die Arbeit, die aufzuwenden ist, um die Reibungswiderstände bei Fahrzeugen zu überwinden, und über die Arbeits- oder Energieverluste infolge der Reibung in den Triebwerken von Maschinen klafft doch eigentlich noch eine recht bedenkliche Lücke! Man kann den Einwand erheben, daß hier beständig von Arbeitsverlusten gesprochen wird, während früher behauptet war, daß Arbeit überhaupt nicht verloren gehen könnte! Was wird also aus dieser Reibungsarbeit? Sie verschwindet einfach aus unserer Rechnung, und wir sehen und hören nichts mehr von ihr. Bei der Dampfmaschine betrug sie ungefähr 30 vH der ins-

[1]) Vergl. „Des Ingenieurs Taschenbuch“, herausgegeben vom Verein Hütte, Abschnitt über Eisenbahnbau.

gesamt in den Zylindern erzeugten Energie, d. h. nahezu 5 Pferdestärken — von 15,7 erzeugten Pferdestärken blieben nur 11 übrig —, bei der Lokomotive wurden sogar 100 Pferdestärken vernichtet! Was wird aus diesen uns entgangenen Energiemengen?

Wer sich darauf selbst eine Antwort geben will, fasse einmal das Wellenlager einer Dampfmaschine an. Er wird finden, daß es ziemlich warm ist, bedeutend wärmer, als die anderen Teile des Gestelles, soweit sie nicht durch den Dampf erhitzt werden. Das kommt daher, daß die „verloren gegangene" Arbeit aufgewendet worden ist, um die Lager und die anderen aufeinander gleitenden Triebwerksteile zu erwärmen; die Arbeit hat sich infolge der Reibung unmittelbar in Wärme umgesetzt.

Dasselbe gilt übrigens auch für die Stoßverluste bei Maschinen. Ein einfaches Verfahren, um angenähert zu ermitteln, in welchem Verhältnis mechanische Arbeit und erzeugte Wärme zueinander stehen, ist die, daß man Schrotkörner in eine starke, etwa 0,8 m lange Papphülse, Abb. 79, legt und nun die Papphülse rasch auf den Kopf stellt, so daß die Körner mit nach oben genommen werden und dann um die Strecke 0,8 m herunterfallen. Sie schlagen dabei auf den Boden der Hülse und aufeinander auf und erwärmen sich nach und nach, wenn dieses Umdrehen häufig wiederholt wird. Am Beginn und am Schluß des Versuches wird die Temperatur der Bleikörner gemessen. Befindet sich 1 kg Blei in der Hülse, und hat man die Hülse 200mal umgedreht, so ist die zur Erhitzung verwandte mechanische Arbeit 200 $\times$ 1 kg $\times$ 0,8 m = 160 mkg. Findet sich nun z. B., daß die Temperatur des Bleies um 11° gestiegen ist, so könnte daraus für andere Fälle entnommen werden, daß jedesmal, wenn 1 kg Blei sich durch Stoß, Reibung oder dergleichen um 1° erhitzt, $\frac{160}{11} = 14{,}5$ mkg darauf verwandt sind. Da Wasser erfahrungsgemäß eine 33mal so große Wärmemenge wie Blei verschlingt, um sich um 1° zu erwärmen, so wäre hiernach die Arbeitsmenge, die zur Erwärmung von 1 kg Wasser um 1° erforderlich ist, 480 mkg. Genauere Messungen ergeben, daß dieser Wert, den man als das „mechanische Wärmeäquivalent" bezeichnet, die Größe von 425 mkg hat.

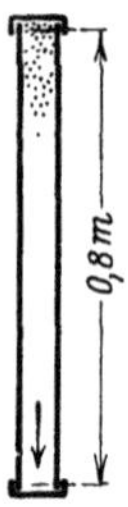

Abb. 79. Einfaches Verfahren zur Bestimmung der bei der Vernichtung von Energie erzeugten Wärme.

Daß der Versuch mit der Papphülse nur einen Annäherungswert geliefert hat, liegt daran, daß auch Wärme verbraucht wird, um die Temperatur der Hülse selbst zu erhöhen, und daß diese wieder während des Versuches eine gewisse Wärmemenge an die umgebende Luft ausstrahlt oder weiterleitet. Auch bei dem Lager der Dampfmaschine ist dies der Fall. Das Lager kühlt sich infolge der Berührung mit der umgebenden Luft ab, sonst würde seine Temperatur, da fortdauernd Wärme zugeführt wird, beständig zunehmen. Große, schwerbelastete Lager müssen häufig durch Wasser gekühlt werden, das beständig durch den Lagerkörper hindurchgepumpt wird und die erzeugte Wärme mit sich fortnimmt.

Wird das Lager zu heiß, so wird das Öl so dünn, daß es zwischen Zapfen und Lagerschale weggepreßt wird und die Teile einander rein metallisch berühren. Die Reibung wird dadurch viel größer, und das Lagermetall erhitzt sich jetzt rasch weiter, bis die aufeinander reibenden Flächen ihre Widerstandsfähigkeit verlieren und anfangen zu „fressen", d. h. sich gegenseitig rasch abzunutzen und zu zerstören. Äußerlich macht sich die Erscheinung dadurch bemerkbar, daß das Lager anfängt zu rauchen; in der Nähe befindliche Holzteile können in Brand geraten, ein Fall, der bei den Achslagern von Eisenbahnwagen zuweilen eintritt. Leicht schmelzende Lagermetalle (Weißmetalle) werden flüssig und laufen aus dem Lagerkörper aus.

Daß mechanische Energie sich überhaupt in Wärme „verwandeln" kann, ist zunächst sehr überraschend. Verständlicher wird diese Erscheinung, wenn man die Erklärung der Physiker für Wärme kennt. Danach befinden sich bei einem Körper die kleinsten Teilchen, die Moleküle, in beständigen Schwingungen, d. h. sie bewegen sich sehr rasch hin und her, ohne im übrigen ihren Ort zu verlassen, und zwar sind diese Schwingungsbewegungen um so rascher und häufiger, je höher die Temperatur des Körpers steigt. W ä r m e i s t a l s o n i c h t s a n d e r e s, a l s e i n e a n d e r e F o r m v o n B e w e g u n g s e n e r g i e v o n l e b e n d i g e r K r a f t. Die lebendige Kraft, die die Bleikörner haben, wenn sie auf den Boden der Pappröhre aufschlagen, verwandelt sich unmittelbar in lebendige Kraft ihrer Moleküle. Die Schwingungen sind bei niedrigen Temperaturen so klein, daß sie z. B. bei den meisten Metallen den Zusammenhang des Materials, seine Festigkeit, nicht beeinflussen. Erst bei stärkerer Erhitzung wird das Material weniger widerstandsfähig und beginnt dann zu glühen oder zu schmelzen.

8. Grundlagen für die technische Verwertung des im Wasser enthaltenen Arbeitsvermögens.

Was über Arbeit, lebendige Kraft, Erhitzung durch Reibung oder Stoß usw. gesagt wurde, gilt alles nicht nur für feste Körper, sondern auch für F l ü s s i g k e i t e n. Daher kann das bequeme Verfahren, das wir bei der Winde, der Dampfmaschine und in anderen Fällen anwandten, nicht nach der Arbeitsleistung der einzelnen Teile zu fragen, sondern nur nach der erzeugten Gesamtarbeit und den im Getriebe auftretenden Verlusten, auch hier Anwendung finden. Für Flüssigkeiten, ebenso für Gase, hat das Verfahren seine besonderen Vorzüge. Denn es würde in den meisten Fällen außerordentlich schwierig sein, den Weg des einzelnen Teilchens zu verfolgen und festzustellen, wie es auf die anderen Teilchen wirkt, die es umgeben. Nach dem Verfahren der Verlustbestimmung überlassen wir das Wasserteilchen sich selbst und fragen nur: Wie groß war die Energie zu Anfang, welche Energie nimmt das Arbeitsmittel — Wasser oder Dampf — unausgenutzt mit sich fort, und welches waren die Verluste durch Reibung und Stoß? Der Rest ist die nutzbar gemachte Arbeit.

Ein Beispiel wird dies veranschaulichen. In den Schaufelkranz eines Turbinenlaufrades, Abb. 80, strömt Wasser mit der Geschwindigkeit 10 m/s ein und verläßt das Rad wieder mit einer Geschwindigkeit von 2 m/s. Es sind nun zwei verschiedene Formen von Schaufeln, *I* und *II*, gezeichnet. In beiden Fällen wird das Wasser durch die Schaufel von seiner ursprünglichen Richtung abgelenkt und übt dabei, wie ohne weiteres verständlich, einen Druck auf die Schaufel aus, der den Radkranz nach rechts zu verschieben sucht. Offenbar findet die Abgabe der Arbeit an das Rad in ganz verschiedener Weise statt. Im ersten Falle wird die Hauptarbeit zu Anfang des Durchströmens geleistet, weil hier die Ablenkung des Wasserstrahles am stärksten ist, im zweiten Falle findet die Arbeitsabgabe gleichmäßiger statt. Sie während des ganzen Verlaufes genau zu berechnen, würde schwierig sein, und außerdem müßte die Berechnung wiederholt werden, wenn man die zuerst entworfene Schaufelform auch nur im geringsten ändern würde. Deshalb gehen wir folgendermaßen vor. Die lebendige Kraft, also das Arbeitsvermögen des Wassers beim Eintritt in die Schaufel, war für 1 kg nach der auf Seite 46 gegebenen Regel: $\frac{1}{20} \times 10 \times 10 = 5$ mkg. Bei seinem Austritt nimmt das Wasser mit fort: $\frac{1}{20} \times 2 \times 2 = 0{,}2$ mkg, also $\frac{1}{25}$ oder 4 vH der ursprünglich vorhandenen Energie. Der Verlust infolge des Stoßes beim Eintritt des Wassers und der Verlust infolge Reibung an der Schaufelwand und im Innern des Wasserstrahles, die

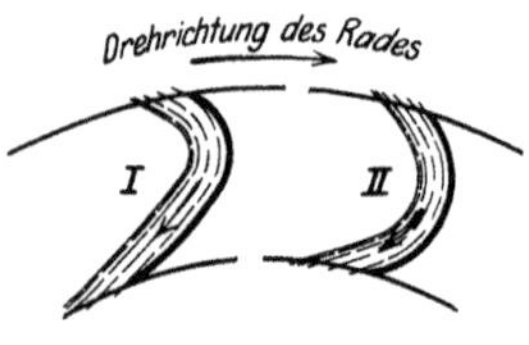

Abb. 80. Verschiedene Schaufelformen bei Turbinenlaufrädern.

bei der starken Ablenkung auftritt, können erfahrungsgemäß auf 8 vH geschätzt werden, also ist der gesamte Verlust im Laufrad 12 vH und die an das Laufrad abgegebene Arbeit 88 vH der zugeführten Energiemenge. Wie das einzelne Wasserteilchen es fertig gebracht hat, seine lebendige Kraft loszuwerden, überlassen wir ihm selbst und nehmen nur Rücksicht darauf, den Schaufeln solche Gestalt zu geben, daß sie den Wasserstrahl gut führen, nicht unnötig scharf ablenken, und daß sie sich möglichst bequem herstellen lassen.

Die Dinge liegen also ganz entsprechend wie bei der Dampfmaschine. Wie wir dort darauf verzichtet hatten, für die Berechnung der Arbeit und der Reibungsverluste die Übertragung der Kraft durch die einzelnen Getriebeteile zu verfolgen, so kümmern wir uns hier nicht um die Druckabgabe an jeder Stelle des Laufrades, sondern verlassen uns darauf, daß nach dem Gesetz von der Erhaltung der Energie nichts verloren gehen kann außer den in Wärme umgesetzten Arbeitsbeträgen für Reibung und Stoß und dem Arbeitsvermögen, welches das Wasser beim Austritt mitnimmt.

Das Verfahren der Verlustbestimmung ist, wie sich überall gezeigt hat, einfach und übersichtlich, weil wir uns um die Konstruktionseinzelheiten nicht zu kümmern brauchen; es ist außerordentlich bequem anzuwenden, weil aus den zahlreichen ausgeführten Versuchen Zahlenwerte oder Koeffizienten, welche die einzelnen oder die gesamten Verluste in Hundertteilen der geleisteten Arbeit geben, für alle normalen Maschinengattungen vorliegen. Es ist ferner verhältnismäßig genau, weil die Verluste meistens kleiner sind als die Nutzarbeit, so daß Ungenauigkeiten, wie sie bei technischen Berechnungen unvermeidlich sind, im Verhältnis weniger ins Gewicht fallen.

Das hier ausführlich behandelte Verfahren, die Dinge zu betrachten, kann übrigens auch auf anderen Gebieten zu klarerer Erkenntnis führen, namentlich auf dem der Ausnutzung der menschlichen Arbeit. Häufig wird z. B. geltend gemacht, daß es unnötig sei, einem Bürobeamten, der wichtige Arbeiten zu erledigen hat, ein eigenes Zimmer zu geben, in dem er ungestört ist; denn er tut ja auch jetzt seine Arbeit, und andere Beamte in ähnlicher Stellung kommen ebenfalls ihren Pflichten nach. Es ist nun allerdings sehr schwer, gegen eine solche Beweisführung vorzugehen, da es ganz ausgeschlossen ist, den Beamten bei jeder Arbeit, die er ausführt, im einzelnen zu überwachen und festzustellen, wieviel Energie er an einem ruhigen und wieviel er an einem unruhigen Platze nutzbar aufwendet. Darum muß die Frage von der umgekehrten Seite beleuchtet werden. Es kann nicht zweifelhaft sein, daß der betreffende Mann durch die Störungen beeinträchtigt wird, daß also Verluste entstehen. Selbst wenn er sich so in der Gewalt hätte, daß er sich von seiner Arbeit nicht ablenken ließe, so müßte doch diese fortgesetzte Anstrengung, sich zu konzentrieren, mit der Zeit auf seine Nerven wirken und dazu führen, daß seine Arbeitstüchtigkeit abnimmt, daß er mehr Erholung nötig hat und vielleicht früher verbraucht wird, zum Schaden nicht nur für ihn selbst, sondern auch für seinen Arbeitgeber. Man sollte also, wie es beim toten Material schon lange geschieht, so auch beim lebenden die Verlustquellen aufstöbern und sich auf diese Weise Rechenschaft geben, wie mit der vorhandenen Arbeitsenergie am besten hauszuhalten ist.

Liegt die Aufgabe vor, festzustellen, *wieviel Pferdekräfte eine bestimmte Wasserkraft hergibt*, so brauchen wir uns zunächst auch nicht um das Laufrad der Turbine und die Ein- und Austrittsgeschwindigkeit zu kümmern, sondern das Ziel läßt sich viel einfacher und rascher erreichen, wenn wir davon ausgehen, daß nach den vorliegenden Erfahrungen in der Wasserkraftanlage ungefähr der und der Prozentsatz der Arbeitsmenge verloren gehen wird.

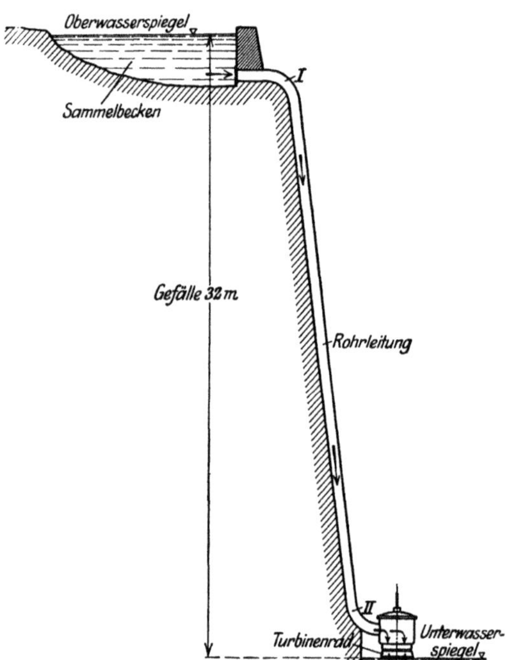

Abb. 81. Wasserkraftanlage.

In Abb. 81 ist angenommen, daß das Wasser eines Gebirgsflüßchens ausgenutzt werden soll, das bisher 32 m hoch frei herabstürzte. Um ausrechnen zu können, welche Arbeit das Wasser zu leisten vermag, müssen wir zunächst wissen, wieviel Wasser das Flüßchen in jeder Stunde liefert. Messungen, die vorgenommen werden, mögen nun ergeben, daß man auch zur trockenen Jahreszeit immer auf 5000 cbm oder 5000000 Liter stündlich rechnen darf, also in der Sekunde auf $\frac{5000000}{3600} = 1400$ Liter. Das Wasser soll in der Weise ausgenutzt werden, daß man, wie in Abb. 81 skizziert, oben ein kleines Sammelbecken anlegt und von hier eine Rohrleitung nach unten führt. Unmittelbar über dem Unterwasser wird die Turbine aufgestellt. Wie diese Turbine aussieht und wie das Wasser darin wirkt, brauchen wir vorläufig nicht zu wissen.

Bekannt ist von ähnlichen Anlagen her, daß die Verluste, die an der Maschine insgesamt auftreten, ungefähr 20 vH betragen werden. Nun entsteht weiter noch dadurch ein Verlust, daß das Wasser beim Durchströmen der Rohrleitung eine gewisse Reibung überwinden muß. Man darf nicht annehmen, daß das Wasser, wenn es ein einfaches glattes Rohr durchströmt, ohne jeden Widerstand dahinflösse; die Verluste können sogar sehr beträchtlich sein, besonders wenn man, um die Anschaffungskosten so niedrig wie möglich zu machen, ein zu enges Rohr nimmt. Besonders ist darauf zu achten, daß die Krümmungen des Rohres nicht zu scharf gemacht werden, vielmehr sollen die Übergänge, an denen der Wasserstrom aus seiner Richtung abgelenkt wird — in Abb. 81 die Stellen *I* und *II* —, so sanft als möglich gekrümmt sein. Der Widerstand wird bei Wasserkräften der einfachen Rechnung halber immer in der Weise angegeben, daß man sagt, es geht durch die Reibung so und so viel Gefälle verloren. Unter den hier vorliegenden Verhältnissen wird dieser Gefälleverlust für das lange glatte Rohr ungefähr 0,1 m und für die beiden Krümmer I und II zusammen ungefähr 0,15 m betragen, im ganzen also 0,25 m, d. i. nahezu 1 vH der gesamten Gefällehöhe von 32 m.

Wie groß ist nun die verfügbare Energiemenge? Oben war festgestellt, daß in der Sekunde 1400 Liter Wasser durch den Fluß zugeführt werden. Da 1 Liter Wasser 1 kg wiegt, so steht also in jeder Sekunde ein Gewicht von 1400 kg bereit, um die Höhe von 32 m herunter zu sinken und die Arbeit, die dabei erzeugt wird, auf die Maschine zu übertragen. Diese Arbeit ist $1400 \times 32 = 44\,800$ mkg in der Sekunde oder $\frac{44\,800}{75} = 600$ Pferdestärken.

Von dieser Arbeit gehen in der Maschine 20 vH, in der Rohrleitung 1 vH verloren, so daß 79 vH als Nutzarbeit übrig bleiben. 79 vH von 600 sind aber 470 PS, und diese Zahl stellt die Arbeitsleistung dar, die wir tatsächlich aus der Wasserkraft herausziehen können.

Um eine Vorstellung davon zu bekommen, was diese Zahl bedeutet, wollen wir annehmen, daß die Turbine eine Dynamomaschine treibt, die den Strom für die elektrische Beleuchtung einer in der Nähe gelegenen Stadt liefert. Es ist uns bekannt, daß eine Bogenlampe von 500 Kerzenstärken etwa $\frac{4}{10}$ PS und eine Glühlampe von

25 Kerzenstärken ungefähr $\frac{1}{30}$ PS verbraucht. Nehmen wir jetzt an, daß bei der Erzeugung des elektrischen Stromes in der Dynamomaschine von den oben errechneten 470 PS noch 13 vH und bei der Verteilung nach den Verbrauchstellen weitere 4 vH, zusammen also 17 vH verloren gehen — oder, genauer ausgedrückt, nutzlos in Wärme umgesetzt werden —, so stehen für die Lampen 83 vH von 470, d. h. 390 PS zur Verfügung. Werden nun z. B. für die Beleuchtung von Straßen, Bahnhöfen und Fabriken 200 Bogenlampen zu 0,4 PS, also zusammen 80 PS gebraucht, so bleiben 310 PS für die Kleinbeleuchtung mit Glühlampen. Mit $\frac{1}{30}$ PS für die Lampe würden 9300 Lampen von 25 Kerzen an das Leitungsnetz anzuschließen sein. Brauchen wir nicht so viel, vielleicht nur 4500 Glühlampen, so wären dazu nur 150 PS erforderlich, und wir behielten noch 160 PS übrig, die z. B. an kleine Gewerbetreibende, an Tischlereien oder Schlossereien, zum Antrieb von Motoren abgegeben werden können. Während der Tagesstunden steht sogar noch viel mehr elektrischer Strom für Kraftzwecke zur Verfügung, weil dann nur wenig Lampen brennen.

Um noch einmal kurz den Gedankengang zu wiederholen: Wir wissen nach den Messungen von Wassermenge und Gefälle, welche Arbeitsmenge in der Sekunde uns zur Verfügung steht. Schätzungsweise war nach den Erfahrungen bei anderen Maschinenanlagen angenommen, daß bei der Ausnutzung durch die Wasserkraftmaschine 21 vH und von dem Rest bei der Erzeugung und Nutzbarmachung der Elektrizität noch einmal 17 vH verloren gehen. Somit bleibt eine ganz bestimmte Energiemenge übrig, die in den Lampen oder Motoren verbraucht wird. Wollen wir überschläglich berechnen, ob eine bestimmte Wasserkraft für die Versorgung einer Stadt oder eines Landkreises mit Elektrizität ausreicht, so brauchen wir uns also zunächst gar nicht um die Maschinen zu kümmern, sondern können uns auf Grund einer einfachen Leistungsrechnung mit einigen wenigen Zahlen ein Bild von der Sachlage machen. Wir kommen also wieder zum Überspringen der Zwischenglieder auf Grund des Gesetzes von der Erhaltung der Energie.

9. Grundlagen der Elektrotechnik.

Die letzte Rechnung hat auf ein neues Gebiet geführt, zu der Elektrizität, die für den Laien — und, um es ruhig zu gestehen, auch für den Physiker — noch mit einem gewissen Schleier des Geheimnisses umwoben ist. Der Techniker ist aber nicht Naturforscher. Ihm kommt es für seine Arbeit nicht darauf an, ob die elektrischen Erscheinungen auf Schwingungen des Äthers, eines von den Physikern hypothetisch angenommenen Stoffes, zurückzuführen sind. Für ihn ist die Elektrizität ein Träger von Energie, von Arbeitsvermögen, genau wie das aus der Höhe niedersinkende Wasser, und um sich klar zu machen, wie er dieses Arbeitsvermögen ausnutzen kann, greift er zu dem Bild, das ihm die Wasserkraft darbietet, und stellt sich vor, daß die Elektrizität ein leicht beweglicher Stoff ist, der durch Kupferdrähte hindurchfließt, wie das Wasser durch ein Rohr hindurchströmt. Man spricht daher auch vom „elektrischen Strom"; nur kann man seine Menge und Stärke nicht durch Kubikmeter in der Sekunde ausdrücken, sondern man hat für die Elektrizität ein neues Maßsystem gebildet und bezeichnet die Stromstärke nach dem Namen eines bekannten Forschers mit „Ampère".

Wenn man also sagt, daß durch eine elektrische Leitung so und so viel Ampère fließen, so ist das in demselben Sinne zu verstehen wie die oben gemachte Angabe, daß durch die Rohrleitung in Abb. 81 eine Wassermenge von 1400 Liter in der Sekunde fließt. Nur müssen wir darauf verzichten, diese Elektrizitätsmenge körperlich zu sehen; als fließender Strom besteht sie nur in der Vorstellung.

Von der Menge der Elektrizität hängt es nun aber nicht allein ab, welche Arbeit geleistet werden kann. Beim Wasser mußten wir wissen, wie groß das Gefälle war, und erst dadurch, daß die Wassermenge — 1400 kg/s — mit dem Gefälle — 32 m — multipliziert wurde, erhielten wir das Arbeitsvermögen der Wasserkraft, denn nur durch den Druck dieser hohen Wassersäule von 32 m wird das Wasser mit solcher Gewalt in die Maschine hineingepreßt, daß es sie mit der berechneten Kraft herumtreibt. Bei der Elektrizität sprechen wir nicht von Gefälle, sondern von „Spannung" und messen sie in „Volt"; dies ist aber für unsere Rechnungen grundsätzlich nichts anderes als die in Metern gemessene Gefällhöhe der Wasserkraft in Abb. 81.

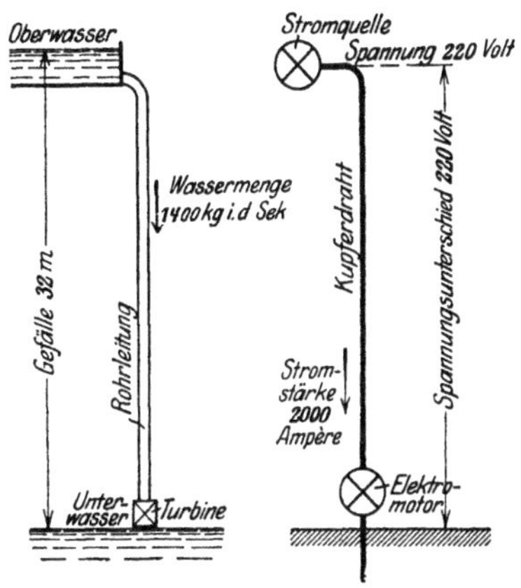

Abb. 82. Gegenüberstellung einer Wasserkraft- und einer elektrischen Anlage.

Um den Vergleich recht anschaulich zu machen, sind in Abb. 82 das Schema einer Wasserkraft und das einer elektrischen Anlage nebeneinander gezeichnet. Bei der Wasserkraft erhalten wir

$1400 \times 32 = 45000$ mkg/s oder, da 75 mkg/s eine Pferdekraft sind, $\frac{45000}{75} = 600$ PS als verfügbare Leistung. Im zweiten Falle tritt an die Stelle des Oberwassers die „Stromquelle", durch welche die Elektrizität erzeugt wird. Zwischen ihr und der Erde, in welche die Elektrizität zurückfließt, herrscht ein „elektrisches Gefälle" oder eine Spannung von 220 Volt. Die Stromstärke betrage 2000 Ampère, die verfügbare Leistung ist demnach $2000 \times 220 = 440000$ Volt-Ampère. 1 Volt-Ampère bezeichnet man abgekürzt als Watt, und zwar ist die Arbeitsleistung von 736 Watt dieselbe, wie die einer Pferdestärke. 440000 Watt entsprechen also $\frac{440000}{736} = 600$ Pferdestärken, d. i. gerade dieselbe Zahl, die wir auch früher bei der Turbine hatten. Wie dort infolge des Reibungswiderstandes in der Rohrleitung ungefähr 1 vH verloren ging, so wird hier durch den elektrischen Widerstand in der Leitung ein gewisser Teil der Spannung zunichte gemacht, und zwar, wie bei der Wasserkraft, um so mehr, je dünner die Leitung — in diesem Falle der Kupferdraht — und je länger sie ist. Nehmen wir wieder einen Verlust von etwa 1 vH (ungefähr 2 Volt) an, und schätzen wir den Verlust in dem Elektromotor auf 16 vH, so gehen 17 vH verloren, und der Elektromotor gibt also 83 vH von 600, das sind 500 PS, als Nutzleistung ab.

Die Wirkungsweise eines Elektromotors kann an Hand von Abb. 83 erläutert werden. Bekanntlich wird, wenn man einen Eisenstab mit Draht umwickelt und durch den Draht einen elektrischen Strom schickt, der Stab magnetisch, und zwar bildet sich am einen Ende des Stabes, wie bei jedem gewöhnlichen Magneten, ein Nordpol, am anderen Ende ein Südpol. Nähert man nun zwei Magneten einander so, daß ein Nordpol in die Nähe des Südpols des anderen Magneten kommt, so zeigt sich, daß diese beiden Pole zueinander hinstreben, sich gegenseitig anziehen. Den Versuch kann jeder leicht mit ein paar Magneten machen. Bei der Dynamomaschine wird nun ein solcher Stab, den wir als „Anker" bezeichnen, drehbar zwischen dem Nordpol und dem Südpol eines Magneten aufgehängt und der Anker durch einen elektrischen Strom magnetisiert. Infolgedessen wird sein Nordpol (N) vom Südpol des Magneten und sein Südpol (S) vom Nordpol des Magneten mit einer gewissen Kraft angezogen, der Anker dreht sich also in der Richtung, wie es die Pfeile andeuten. Nun würde aber die Maschine stehen bleiben, wenn der Anker gerade den Magnetpolen, d. h. der Nordpol des Ankers dem Südpol des Magneten und umgekehrt, gegenübersteht. Deshalb wird jetzt plötzlich der Strom in umgekehrter Richtung durch den Draht geschickt, so daß der Nordpol zum Südpol und der Südpol zum

Nordpol wird. Der Nordpol stößt jetzt, in Stellung *II*, den Nordpol und der Südpol den Südpol ab, die Maschine dreht sich also weiter. Der Anker kommt dann wieder in die Stellung *I*, so daß

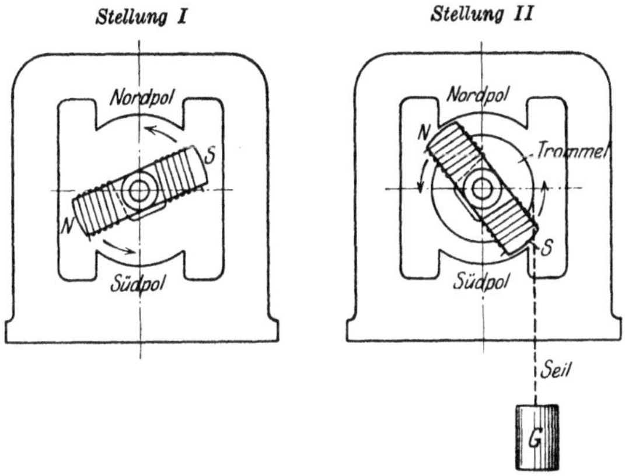

Abb. 83. Schematische Darstellung der Wirkungsweise eines Elektromotors.

sich statt der Abstoßung die Anziehung geltend macht; darauf wird wieder ummagnetisiert, usw. Auf die Welle, die vom Anker gedreht wird, kann man nun z. B., wie in Stellung *II*, Abb. 83, angedeutet, eine Windentrommel setzen, die ein Gewicht *G* hebt, oder man überträgt die Arbeit weiter durch Zahnräder oder Riementrieb.

Bisher ist immer von der Verwendung der Elektrizität gesprochen worden. — Woher kommt nun aber die Elektrizität und wie ist sie auf technischem Wege zu erzeugen?

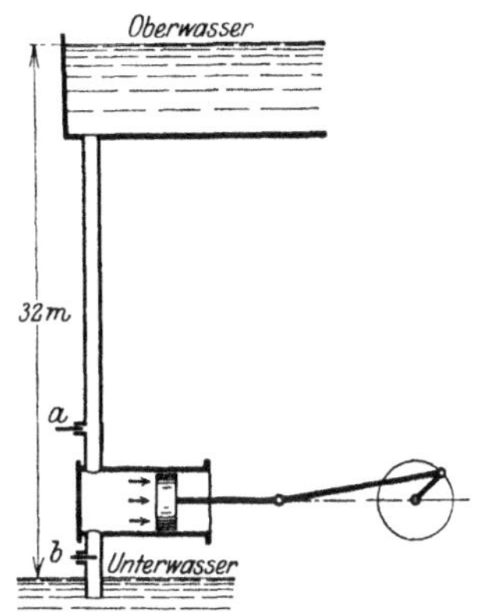

Abb. 84. Schema zur Erläuterung der Umkehrbarkeit von Antriebs- und Arbeitsmaschinen.

Nehmen wir wieder einmal das Wasser zu Hilfe. In Abb. 84 ist die Annahme gemacht, daß an einen hoch gelegenen Vorratsbehälter eine Wasserleitung angeschlossen ist, die zu einem Zylinder führt, in dem sich ein Kolben bewegt. Den Druck, der durch das Gewicht der hohen Wassersäule auf das Wasser im Zylinder ausgeübt wird, überträgt das Wasser auf den Kolben; es sucht ihn nach rechts zu schieben und somit, genau wie bei der Dampfmaschine, die Kurbelwelle zu drehen. Das Wasser wird also benutzt, um mechanische

Arbeit zu erzeugen. Geht der Kolben zurück, so wird die Verbindung nach oben durch den Schieber *a* abgesperrt und die Verbindung nach dem Unterwasser durch den Schieber *b* geöffnet, so daß der Kolben das Wasser ohne Gegendruck herausstoßen kann. Dann wiederholt sich dasselbe Spiel. Nehmen wir nun aber einmal umgekehrt an, daß die Verbindung mit dem Oberwasser offen gelassen wird, wenn der Kolben nach links geht, dann schiebt der Kolben, vorausgesetzt daß eine entsprechende Kraft auf ihn wirkt, das Wasser, das sich im Zylinder befindet, gegen den Druck der hohen Wassersäule heraus und befördert es durch die Leitung in den Hochbehälter. Geht er nach rechts, so füllt sich der Zylinder, da Wasser aus dem unteren Behälter angesaugt wird, und dieses Wasser wird dann beim nächsten Spiel wieder in den Hochbehälter geschoben.

Wir haben also zwei entgegengesetzte Vorgänge: Dieselbe Maschine arbeitet einmal als Kraftmaschine, indem sie die Wasserenergie in mechanische Arbeit verwandelt, das andere Mal als Arbeitsmaschine oder Pumpe, indem sie Wasser auf die Höhe von 32 m hinaufbefördert; im letzteren Falle wird von außen her, z. B. durch eine Dampfmaschine, mechanische Arbeit aufgewandt, um die Welle zu drehen und dadurch Wasserenergie zu erzeugen.

Man kann sich nun leicht vorstellen, daß der Fall bei der elektrischen Maschine entsprechend liegt; d. h., wenn wir bei der Maschine, die in Abb. 83 skizziert ist, keine Elektrizität zuführen, sondern durch eine äußere Kraft, z. B. dadurch, daß wir das Gewicht *G* (Stellung *II*) heruntersinken lassen, den Anker entgegengesetzt drehen, so wird umgekehrt in dem Draht Elektrizität erzeugt, die wir nun nach außen leiten und irgendwie verwerten können. Wir bezeichnen die Maschine dann als „Dynamomaschine".

Denken wir uns beispielsweise eine elektrische Straßenbahn, Abb. 85. An irgendeinem beliebigen Punkte der Stadt, im „Kraftwerk", ist die Dynamomaschine aufgestellt, die durch eine Dampfmaschine angetrieben wird und die in dem Drahte *A* eine Spannung — ein elektrisches Gefälle — von 220 Volt erzeugt. Der Draht *A* ist mit dem Schleifdraht der Straßenbahn verbunden, an dem der Stromabnehmer *B* des Wagens mit einer Rolle oder einem Bügel entlang gleitet. Der Strom wird infolgedessen über den Stromabnehmer nach dem Drahte *C* und auf diese Weise zum Elektromotor geleitet, der unten an den Wagen angehängt ist. Auf der Welle des Elektromotors sitzt ein Zahnrad, und dieses greift in ein größeres Zahnrad ein, das auf der einen Wagenachse sitzt. Durch die Drehung des Motors wird also die Wagenachse gedreht, und der Wagen bewegt sich fort, und zwar um so rascher, je schneller der Motor sich dreht. Der Führer hat es in der Hand, die Umlaufgeschwindigkeit des Motors zu regulieren oder die Leitung *C* an irgendeinem Punkt zu unterbrechen und dadurch den Motor ganz auszuschalten, wenn der Wagen halten soll.

In dem Motor gibt der elektrische Strom seine Spannung her, er kommt auf die Spannung 0 herunter. Durch die Schiene und den daran anschließenden Draht *D* wird er zu der Dynamomaschine zurückgeleitet und hier wieder auf die hohe Spannung gebracht.

Um den Kreislauf des elektrischen Stromes ganz anschaulich zu machen, stellen wir uns noch einmal die Elektrizität als Wasser vor: die Dynamomaschine ist die Pumpe, die das Wasser auf eine Höhe von 220 m hebt. Durch eine Leitung wird das Wasser, das unter dem Druck dieser hohen Wassersäule von 220 m steht, in den Straßenbahnwagen geleitet, wo es auf einen Kolben drückt und sein Arbeitsvermögen hergibt, indem es den Wagen vorwärts bewegt. Das Wasser wird ohne Druck aus dem Zylinder wieder ausgestoßen und muß jetzt im Unterwasserkanal zu der Pumpe (der Dynamomaschine) zurückgeleitet werden, die es von neuem auf den hohen Druck von 220 m Wassersäule bringt.

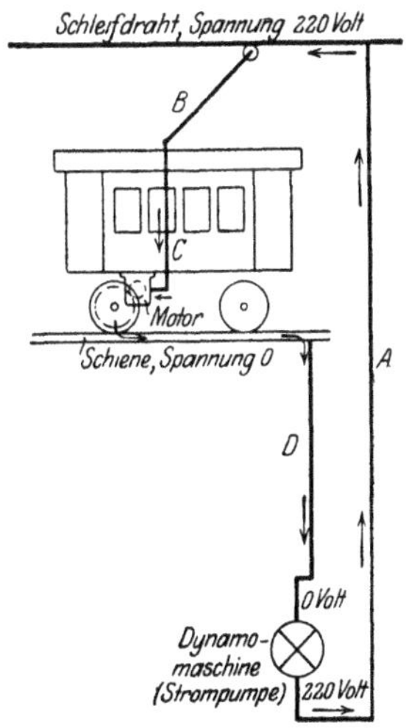

Abb. 85. Stromverlauf bei einer elektrischen Straßenbahn.

Oben war schon bemerkt, daß bei jeder Fortleitung der Elektrizität Energie verloren geht und in Wärme umgesetzt wird, und zwar um so mehr, je dünner der Draht ist. Nimmt man also ein solches gehörig langes, dünnes Drahtstück und wickelt es auf, so daß es bequem auf einem kleinen Raum untergebracht werden kann, so erhält man einen *elektrischen Ofen*, der ein sehr bequemes, nur etwas teueres Mittel zum Heizen darstellt. Viel mehr aber wird die Umsetzung elektrischer Energie in Wärme für die elektrische Beleuchtung mit *Glühlampen* benutzt. In der Lampe befindet sich ein ganz feiner Draht, durch den der Strom nur unter sehr großem Spannungsverlust hindurchgehen kann, so daß viel Wärme entwickelt wird. Der Draht erhitzt sich so stark, daß er hell zu glühen beginnt. Allerdings würde ein solcher Draht sofort verbrennen, d. h. sich mit Sauerstoff verbinden, wenn man ihn mit der freien Luft in Berührung ließe. Deshalb bringt man ihn in einer Glasbirne unter, die luftleer ausgepumpt und dann zugeschmolzen wird. Die älteren Lampen, bei denen die Glühfäden durch ein besonderes Verfahren aus Kohle hergestellt werden, verbrauchen 3 bis 3,5 Watt für jede Kerzenstärke, d. h. für die Lichtmenge, die der Lichtstärke einer „Normalkerze“ entspricht. Eine Lampe von 25 Kerzen verbraucht demnach ungefähr 80 Watt oder, da 736 Watt 1 Pferdestärke sind, etwas mehr als $^1/_{10}$ PS. Die neueren Lampen mit Fäden aus Metall verbrauchen nur ungefähr den dritten Teil an elektrischer Energie, so daß mit etwa $^1/_{30}$ PS für die 25kerzige Lampe gerechnet werden kann. Größere Lampen, von etwa 40 Watt an, werden mit Gas (Stickstoff) gefüllt. Dabei geht der Leistungsverbrauch bis auf $^1/_2$ Watt für die Kerzenstärke herunter.

Bei den Bogenlampen kommt die Lichtwirkung auf ganz andere Weise zustande. Zwei Kohlenstücke werden auf kurze Entfernung einander gegenübergestellt, Abb. 86, und so an die elektrische Leitung angeschlossen, daß die Spannung an der einen Kohle 40 Volt höher ist als an der anderen. Zwischen beiden springt nun, wie zwischen einer elektrisch geladenen Wolke und der Erde, ein Funken über, der Helligkeit verbreitet. Da aber nicht, wie beim Blitz, der ganze Vorrat an Elektrizität sich auf einmal entlädt, sondern immer wieder neue Elektrizität von der Stromquelle aus heranfließt und durch die Verbrennungsgase eine Art von leitender Verbindung zwischen den beiden Stoffen entsteht, so bleibt der Funken stehen, und es bildet sich eine ruhig brennende Flamme. Wie beim Blitz, gehen die Funken übrigens nicht geradlinig über, sondern die Flamme nimmt eine gekrümmte Form an. Man spricht deshalb von einem „Lichtbogen“ und hat der Lampe den Namen Bogenlampe gegeben. Größere Bogenlampen, von etwa 500 Kerzenstärken an, verbrauchen 0,2 bis 0,25 Watt für die Kerzenstärke, also ungefähr halb so viel wie moderne Glühlampen größerer Leuchtstärke (Halbwatt-Lampen). Sie werden heute verhältnismäßig selten ausgeführt, indessen spielt der Lichtbogen für andere Zwecke, z. B. zur Erhitzung des Metalles im elektrischen Schmelzofen, eine Rolle. Für kleine Lichtstärken können Bogenlampen nicht ausgeführt werden.

Abb. 86. Elektrische Bogenlampe.

Bisher war immer angenommen worden, daß die Dynamomaschine die Elektrizität auf eine Spannung von 220 Volt hinaufpumpt, daß also im Leitungsnetz überall diese Spannung zur Verfügung steht. Nun kann aber eine Bogenlampe nur mit etwa 40 Volt Spannung arbeiten, weil eine höhere Spannung einen so gewaltigen Elektrizitätsstrom hindurchtreiben würde, daß die Kohlen sich sofort übermäßig erhitzen und verbrennen würden. Wie wird man sich nun unter diesen Umständen helfen?[1])

Wir nehmen wieder einmal zum Wasser unsere Zuflucht und stellen uns vor, wir hätten einen Wasservorrat, dessen Spiegel 220 m über dem Oberwasser liegt; die Maschinen, die zur Verfügung stehen und die durch das Wasser getrieben werden sollen, wären aber so schwach gebaut, daß sie den Druck der ganzen Wassersäule von 220 m nicht aushalten könnten, sondern nur einen Druck von 40 m. Dann kann die Einrichtung so getroffen werden, wie in Abb. 87 skizziert. Wir bringen die erste Maschine 40 m unter dem Ober-

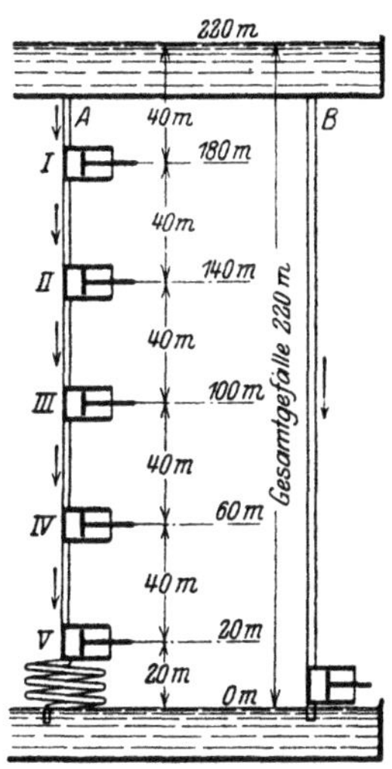

Abb. 87.

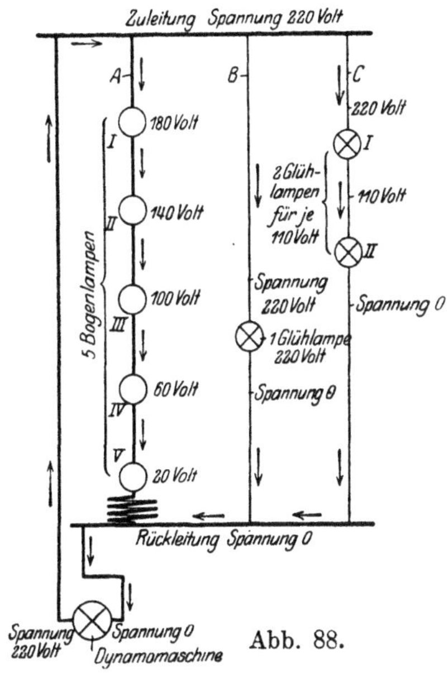

Abb. 88.

Abb. 87 und 88. Gegenüberstellung einer Wasserkraft- und einer elektrischen Anlage mit hintereinander und parallel geschalteten Energieverbrauchern.

wasserspiegel, also in 180 m Höhe an. Die Maschine verbraucht die Wasserenergie, um mechanische Arbeit hervorzubringen, und stößt das Wasser ohne Druck aus. In dem Rohrstück, das sich nun anschließt, lassen wir das Wasser wieder um 40 m sinken, haben also bei der Maschine *II* wieder denselben Druck wie vorher. Und so gehen

[1]) Die Schaltung der Bogenlampen ist trotz der heute nur noch geringen praktischen Bedeutung dieser Lampenart so ausführlich dargestellt, weil durch dieses Beispiel die Art des Hintereinanderschaltens elektrischer Apparate überhaupt verständlich gemacht und über den Begriff der Spannung am besten Klarheit geschaffen werden kann.

wir weiter durch 5 Maschinen, bis wir auf die Höhe 20 m gekommen sind. Für einen Wasserdruck von 20 m steht keine geeignete Maschine zur Verfügung. Damit nun das Wasser nicht einfach herunterstürzt, das Unterwasser aufwühlt und den Kanal zerstört, können wir uns in der Weise helfen, daß wir es auf dieser letzten Strecke durch ein ganz enges Rohr leiten, das nicht gerade heruntergeht, sondern eine ganze Reihe Windungen macht. In diesem langen, engen Rohr findet das Wasser einen solchen Widerstand, daß das Arbeitsvermögen, das ihm noch innewohnt, vollkommen aufgezehrt, d. h. in Wärme umgesetzt wird und der Wasserstrom ruhig in das Unterwasser mündet.

Steht nun vielleicht außerdem noch eine andere Maschine zur Verfügung, die stark genug ist, um den ganzen Wasserdruck aufnehmen und verarbeiten zu können, und ist noch Betriebswasser übrig, so schließen wir an einer anderen Stelle des Wasserbeckens oder des Leitungskanals, der das Oberwasser zuführt, eine Leitung *B* an und führen durch diese der Leitung *a* parallel gelegte Leitung der stärkeren Maschine, die unmittelbar über dem Unterwasserspiegel angebracht ist, den Wasserdruck zu.

Bei der elektrischen Anlage nach Abb. 88 finden wir hierzu die vollkommenste Analogie. Der Oberwasserkanal wird zur elektrischen Leitung von 220 Volt Spannung, die die Elektrizität von der Stromquelle heranführt. Zwischen diese Leitung und die Rückleitung, in der die Spannung 0 herrscht, sind die Bogenlampen *I* bis *V* geschaltet, die jede 40 Volt, zusammen also $5 \times 40 = 200$ Volt Spannung wegnehmen. 20 Volt bleiben übrig, und um diese Spannung zu vernichten, lassen wir den Strom — ebenso wie dort durch ein enges Rohr — durch einen dünnen Draht hindurchtreten, der vielfach gewunden ist, so daß er die nötige Länge erhält und dem elektrischen Strom den erforderlichen Widerstand bietet. Der Draht wird natürlich heiß, da die ganze elektrische Energie sich in Wärme verwandelt.

Eine Glühlampe, die 220 Volt vertragen kann, legen wir durch den Draht *B* unmittelbar zwischen die beiden Leitungen; wir schalten sie parallel zu den Bogenlampen. Stehen aber nur Glühlampen für 110 Volt Spannung zur Verfügung, so müssen wir, wie bei *C* in Abb. 88, zwei Lampen hintereinander schalten, von denen die eine die ersten 110 Volt und die andere die zweiten 110 Volt verbraucht. Wenn möglich, wird die Parallelschaltung vorgezogen, weil dabei die Lampen voneinander unabhängig sind, während beim Hintereinanderschalten durch Schadhaftwerden einer Lampe auch die Stromzuführung in der zweiten Lampe unterbrochen wird.

Die Dynamomaschine ist die Pumpe, die die 220 Volt-Leitung

immer mit frischem Strom versorgt und zu der der verbrauchte, spannungslose Strom wieder zurückgeführt werden muß, um aufs neue auf die hohe Spannung hinaufgepumpt zu werden. Zwischen diese beiden Leitungskanäle können nicht nur die drei Leitungen *A*, *B* und *C*, sondern beliebig viele parallele Leitungen für Bogenlampen und Glühlampen geschaltet werden, außerdem Elektromotoren für Werkstätten, Straßenbahnwagen usw. Nur ist dafür zu sorgen, daß die Dynamomaschine auch genügend Strom liefern kann, und wenn die eine Maschine nicht mehr ausreicht, so muß sie eine zweite Maschine zur Hilfe erhalten. Reicht z. B. in dem Falle, der auf S. 64 untersucht war, die Wasserkraft nicht aus, um die ganze Arbeit zu leisten, so kann eine Dampfmaschine hinzugenommen werden, vorausgesetzt, daß die Kohle an dem betreffenden Orte nicht zu teuer zu stehen kommt. Die Berechnung auf S. 64 zeigt deutlich, was sich mit den vorhandenen Mitteln leisten läßt.

Sehr oft kommt es vor, daß die Elektrizität nicht an dem Orte erzeugt wird, wo sie verbraucht werden soll, sondern unter Umständen viele Kilometer davon entfernt. In großer Zahl sind ja in den letzten Jahren sogenannte Überlandzentralen entstanden, größere Elektrizitätswerke, die an einer Stelle liegen, wo Wasserkraft oder billige Kohle zur Verfügung steht. Von hier aus wird der Strom in weitem Umkreis verteilt und zu sehr niedrigem Preise geliefert, so daß nicht nur für den Antrieb landwirtschaftlicher Maschinen, sondern sogar für die Beleuchtung der Viehställe Elektrizität benutzt werden kann (vgl. hierzu S. 131 u. f.).

Denken wir uns, um zunächst wieder einen entsprechenden Fall aus dem Gebiete der Wasserwirtschaft heranzuziehen, nach Abb. 89, daß eine Wasserleitungsanlage für eine Stadt eingerichtet werden soll. In einigen Kilometer Entfernung befindet sich ein Wasserfall mit 120 m Gefälle, der aber nicht genug Wasser liefert; dagegen liegt die Stadt an einem Fluß, der reichlich Wasser hat, jedoch muß das Wasser des Flusses zunächst durch eine Pumpe in einen Hochbehälter gehoben werden, von wo aus es durch Leitungen überallhin verteilt werden kann.

Um den Wasserfall auszunutzen, können wir hier folgende Einrichtung treffen. Das Wasser wird abgefangen und unter dem hohen Druck, der den 120 m Gefällhöhe entspricht, nach der Stadt geleitet. Man braucht dazu, da es sich um eine verhältnismäßig geringe Menge Wasser handelt, nur eine ziemlich enge und daher nicht sehr kostspielige Rohrleitung. Hier wird das Wasser nun in eine Maschine geführt, in der es gegen den Kolben *I* in Abb. 89 drückt; dieser Kolben schiebt den Kolben *II* vor sich her, der Wasser aus dem Fluß angesaugt hat und dieses jetzt auf eine Höhe von 30 m befördert. Da diese Druckhöhe nur $^1/_4$ derjenigen ist, die den Kolben *I* vorwärtsschiebt, so kann der Kolben *II* viermal so groß sein als Kolben *I*, und er liefert dementsprechend auch die vierfache Wassermenge. Aus dem Hochbehälter wird das Wasser nun bei *A*, *B*, *C*, *D* usw. entnommen und den einzelnen Verbrauchstellen zugeführt.

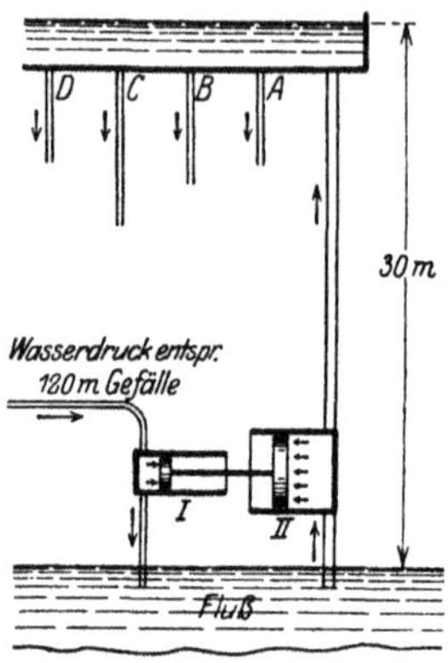

Abb. 89. Umsetzung von hohem zu niedrigem Wasserdruck.

Das Arbeitsvermögen des Wassers von 120 m Druckhöhe ist also dazu benutzt worden, um mit Hilfe der Maschine den vierfachen Betrag an Wasser von 30 m Druckhöhe zu gewinnen. Da Wassermenge mal Druckhöhe das verfügbare Arbeitsvermögen bedeutet, so ist keine Energie verloren gegangen. Daß der Wasserfall nur eine kleine Wassermenge bei hohem Gefälle lieferte, ist uns angenehmer als der umgekehrte Fall, weil es dabei möglich war, mit einer engen, nicht zu teueren Leitung auszukommen.

Bei der Fernleitung der Elektrizität von einer Überlandzentrale aus, Abb. 90, machen sich die gleichen Gesichtspunkte geltend. Es würde nicht richtig sein, an der Erzeugerstation Gleichstrom von der Gebrauchspannung, also von 220 Volt, herzustellen, denn bei einer bestimmten Energiemenge, sagen wir z. B. bei 13000 Watt Maschinenleistung, würde die Stromstärke dann $\frac{13000}{220} = 59$ Ampère betragen, wofür eine Kupferleitung hin und eine zurück von 35 mm Stärke erforderlich wäre, die mehrere Hundert-

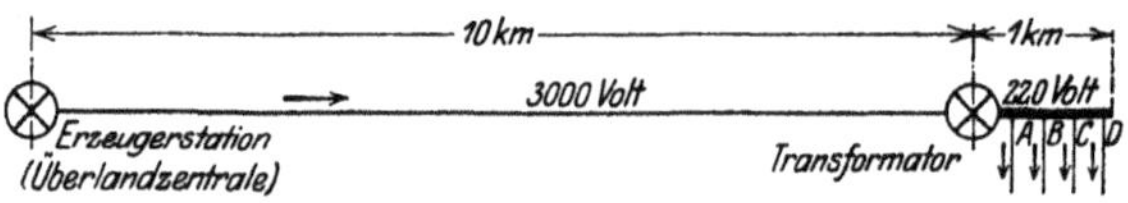

Abb. 90. Schema einer elektrischen Kraftübertragung.

tausend Mark kosten würde. Wird dagegen Strom von 3000 Volt Spannung hergestellt, so ist die Stromstärke nur $\frac{13000}{3000} = 4{,}3$ Ampère, und die 10 km lange Leitung kostet jetzt bei 3 mm Stärke nur noch einige Tausend Mark. Nahe an den Entnahmestellen wird dann, in entsprechender Weise wie vorher beim Wasser, die zugeführte Energie benutzt, um Elektrizität von niedriger Spannung — 220 Volt —

und entsprechend hoher Stromstärke herzustellen. Hierfür ist zwar eine starke, aber dafür nur kurze Leitung notwendig, aus der an den Stellen *A*, *B*, *C*, *D* usw. einzelne Leitungen abgezweigt werden, um Strom für Beleuchtung oder Motorenantrieb zu entnehmen.

Blicken wir noch einmal zurück auf den Weg, der uns zum Verständnis der technischen Anwendung der Elektrizität geführt hatte: die physikalischen Grundlagen, die Anschauungen über das wahre Wesen der elektrischen Erscheinungen spielten kaum noch eine Rolle, sondern es blieb eigentlich nur noch das eine Grundgesetz übrig, der Satz von der Erhaltung der Energie. Er führte uns dazu, das elektrische Arbeitsvermögen mit dem Arbeitsvermögen des Wassers zu vergleichen und uns eine anschauliche Vorstellung davon zu geben, wie die Elektrizität von der „Stromquelle“ aus verteilt und zu Arbeitsverrichtungen verschiedenster Art, zur Erzeugung mechanischer Arbeit, zur reinen Wärmeentwicklung im elektrischen Ofen oder zur Speisung von Lichtquellen ausgenutzt wird. Auch hier haben wir also ein Beispiel, wie der Techniker sich seine Denkmethoden wählt, und wie er die einfachsten und anschaulichsten Mittel aussucht, um eine neue, fremde Sache in den Rahmen seiner Gedankenwelt hineinzufügen.

10. Wärmegefälle.

Wenn der Vergleich mit dem gehobenen Wasser bei der Elektrizität verhältnismäßig nahe lag, weil die älteren Physiker sich bei der Elektrizität tatsächlich einen fließenden Stoff vorgestellt hatten, so ist es schon ein kühnerer Schritt, nun diese Art der Anschauung auch auf die Wärme zu übertragen und sich deren Ausnutzung in den Wärmemotoren, d. h. in Dampfmaschinen, Gas- und Petroleummotoren und dergleichen mit Hilfe derselben Denkverfahren anschaulich zu machen.

Wiederholt war ja schon darauf hingewiesen worden, daß eine gewisse Wärmemenge einer bestimmten Menge Arbeitsenergie entspricht. Z. B. sind 427 mkg mechanische Arbeit nötig, um 1 kg Wasser um 1^0 Celsius zu erwärmen. Anschaulich können wir uns das so vorstellen: Wenn 1 kg, d. h. 1 Liter Wasser aus einer Höhe von 427 m herunterfällt und unten auf eine harte Platte auftrifft, so wird eine Arbeit von 427 mkg geleistet, und diese Arbeit verwandelt sich infolge des Stoßes beim Auftreffen in Wärme. Nun würde sich, wenn wir den Versuch wirklich ausführen könnten und dafür sorgten, daß alle diese Wärme auch im Wasser bleibt und nicht zum Teil an die Unterlage abgeleitet wird, das Wasser, das vorher vielleicht die Temperatur 10^0 hatte, auf 11^0 erwärmen. Umgekehrt kann aber auch im Wasser enthaltene Wärme bei der Abkühlung von 11° auf 10°, **wenn eine geeignete Maschine zur Verfügung steht**, eine Arbeit von 427 mkg leisten, also 1 kg auf 427 m oder, was auf dasselbe hinauskommt, 427 kg auf 1 m Höhe heben.

Wird das Wasser, statt auf 10°, bei der Arbeitsleistung auf 9° abgekühlt, so haben wir 2° Temperaturunterschied und erhalten die doppelte Leistung, nämlich 850 mkg. Je tiefer wir mit der Abkühlung heruntergehen, um so mehr nutzen wir also die im Wasser enthaltene Wärme aus. Bis zum Gefrierpunkt sind es 11°, wir erhalten also 11×427 mkg. Die Abkühlung kann aber noch weiter fortgesetzt werden, und zwar theoretisch bis auf 273° unter Null. In einem Körper, der soweit abgekühlt ist, befindet sich nach der üblichen Anschauung überhaupt keine Wärme mehr, und diese Temperatur wird daher als der „absolute Nullpunkt" bezeichnet, während der Nullpunkt des Celsiussystems ja nur der Gefrierpunkt des Wassers ist und sonst gar keine physikalische Bedeutung hat.

Könnten wir das Kilogramm Wasser von 11° Wärme bis auf 273° Kälte herunterbringen und ihm dabei alle Wärme in Form von mechanischer Arbeit entziehen, so hätte eine Abkühlung um $11 + 273 = 284°$ stattgefunden, und es wäre eine Arbeit von $284 \times 427 =$ ungefähr 120 000 mkg geleistet worden.

Leider ist dieses Ziel nicht entfernt zu erreichen. Wir kommen bei den Maschinen, die heute praktisch eingeführt und brauchbar sind, nicht einmal bis zu 0° Celsius herunter. Bei Dampfmaschinen bleiben wir im besten Falle bei 40° über Null stehen, d. h. also bei einer Temperatur von $273 + 40° = 313°$, vom absoluten Nullpunkt an gerechnet, und bei den meisten anderen Maschinen liegt die Temperatur, mit der das Treibmittel die Maschine verläßt, noch viel höher.

Um überhaupt Arbeit zu leisten, können wir also gar nicht bei einer so niedrigen Temperatur wie 11° Celsius anfangen; es bestehen eben bisher keine praktisch brauchbaren Maschinen, um die Wärme bei so niedriger Temperatur noch nutzbar zu machen. Vielmehr müssen wir z. B. beim Dampf auf über 100° Celsius hinaufgehen, um einen genügenden Temperaturunterschied zu bekommen.

Hier drängt sich nun wieder der Vergleich mit dem Wasser auf. Alles Wasser, das in einer unserer Wasserkraftmaschinen verbraucht wird, findet schließlich über Flüsse und Ströme seinen Weg zum Meer und steigt von da in Form von Dämpfen wieder auf, um als Regen oder Schnee herniederzufallen und die Quellen zu speisen. Nun mag der Spiegel des Wasservorrates 500 m über dem Meere liegen; 1 kg Wasser leistet dann, wenn es bis zum Meeresspiegel heruntersinkt, eine Arbeit von 500 mkg. Leider nützt uns das sehr wenig; denn der Graben oder Fluß, der das Wasser abführen soll, liegt vielleicht selbst 468 m über dem Meer, und der Unterschied beträgt daher nur 32 m. Von dem theoretisch vorhandenen Arbeitsvermögen von 500 mkg werden daher nur 32 mkg, d. h. 6,4 vH, nutzbar gemacht.

Will der Müller, dem die Wasserkraft gehört, das Wasser besser ausnutzen, so muß er dahin streben, das wirklich brauchbare Gefälle zu vergrößern, d. h. das Wasser, statt in 468 m, in 460 m Höhe abzuführen, indem er seinen Abzugsgraben länger macht und ihn nach einer tieferen Stelle des Flüßchens leitet. Das Gefälle steigt damit auf 40 m, und das Arbeitsvermögen des Wassers wird ausgenutzt im Verhältnis 40 : 500, d. h. mit 8 statt mit 6,4 vH.

Diese Denk- und Anschauungsweise bei der Beurteilung einer Wasserkraft läßt sich in gewissem Sinne auf die Verhältnisse bei einer Dampfmaschine oder einem anderen Wärmemotor übertragen und führt zu einer sehr klaren Vorstellung von den Einflüssen, die hier eine Rolle spielen. Es kommt durchaus nicht allein auf die Energiemenge an, die absolut genommen im Dampf enthalten ist, sondern vor allen Dingen darauf, daß diese Energiemenge recht gut ausgenutzt wird, und dies geschieht, indem man das „Temperaturgefälle“ möglichst groß macht, d. h. die Wärme bei recht hoher Temperatur in die Maschine einführt und den Rest bei möglichst niederer Temperatur, nachdem die Arbeit getan ist, wieder entläßt.

Die ideale Forderung, daß alle Wärme bei der höchsten den Verhältnissen nach möglichen Temperatur zugeführt werden soll, ist einer der leitenden Gedanken bei dem Entwurf von Kraftmaschinen und hat auch den Anstoß zu der Konstruktion des Dieselmotors gegeben, durch den die Brennstoffe in einer bisher nicht entfernt erreichten Weise ausgenutzt werden.

Zweiter Abschnitt.

Die Ausnutzung der Energie.

1. Ausnutzung von Wasserkräften durch Wasserräder.

Unter den Energiequellen, die uns von der Natur zur Verfügung gestellt werden, sind Wasserkraft und Wärme die wichtigsten. Wasser ist fast gebrauchsfertig da; die Stoffe dagegen, die Wärme erzeugen, müssen wir erst aus dem Innern der Erde hervorholen, und oft genug haben wir auch noch Veredelungsprozesse mit ihnen vorzunehmen, ehe es möglich ist, sie nutzbar zu machen. Jedes Kilogramm Brennstoff kostet also Arbeit oder Geld, und mit ihm muß daher möglichst sparsam umgegangen werden; wenn dagegen 1000 Kubikmeter Wasser täglich mehr durch eine Maschinenanlage fließen, so kann das, wie es zunächst scheinen will, gleichgültig sein, denn dieses Wasser ist ja ohne Kosten zu haben.

Danach würde es im Sinne technisch-wirtschaftlichen Denkens notwendig sein, die Wärme der Brennstoffe auf das äußerste auszunutzen, mit dem Wasser dagegen könnte man, sobald es nur für den beabsichtigten Zweck reichlich da ist, verschwenderisch umgehen.

Daß diese Schlußfolgerung dem Techniker nicht gefällt, der gewöhnt ist, seine Maschinen so durchzubilden, daß sie möglichst geringe Verluste haben, bedarf kaum der Erwähnung. Und der Techniker hat auch recht, wenn er sich dagegen sträubt, denn dieser Gedanke würde zum technischen Raubbau führen. Die uns von der Natur gespendeten Güter sind nicht Eigentum des einzelnen, auch wenn er durch ein Stück Papier sein ausschließliches Recht zu ihrer Nutzung nachweisen kann, sondern die Allgemeinheit hat ein Recht darauf, daß sie nicht verschwendet werden. Ebenso wie man es dem Landwirt als eine Sünde, nicht nur gegen sich allein, sondern auch gegen seine Mitbürger, anrechnet, wenn er sein Feld schlecht bewirtschaftet, so tut der Besitzer einer Wasserkraft im volkswirtschaftlichen Sinne ein Unrecht, wenn er, um Geld zu sparen, eine

Maschine einbaut, die das Wasser vergeudet, es sei denn, daß es sich um eine vorläufige Anlage handelt, die leicht wieder entfernt werden kann, sobald sich der Bedarf nach einer besseren Ausnutzung herausstellt.

Schärfer vielleicht als auf irgendeinem anderen Gebiete des Maschinenbaues tritt der Unterschied zwischen der technischen „Ausnutzung" einer Naturkraft und der alten handwerksmäßigen „Benutzung", die immer eine ungeheure Energieverschwendung bedeutet, beim Vergleich eines alten und eines neuen Wasserrades hervor. Wir haben wohl alle noch das eine oder andere von den alten romantischen Mühlenrädern gesehen, in die das Wasser sich brausend hineinstürzt, um, nachdem es seine Arbeit getan hat, mit starker Strömung weiterzufließen. Dieses Brausen sollte den, der an technisches Denken gewöhnt ist, sofort stutzig machen. Wasser, das schäumt und durcheinanderwirbelt, besitzt in seinen einzelnen Teilen eine Bewegungsenergie, die unnütz verloren geht und nur dazu dient, das Wasser zu erwärmen. Schnell abfließendes Wasser nimmt gleichfalls Arbeitsvermögen in Form von Bewegungsenergie oder lebendiger Kraft mit. Man darf also hieraus schon schließen, daß ein solches Rad ein großer Kraftvergeuder ist.

Betrachten wir nun einmal schärfer die Wirkung eines „unterschlächtigen Wasserrades" alter Bauart, Abb. 91, wie es früher für kleinere Gefälle von allen Mühlen benutzt wurde. Das Gefälle, das ausgenutzt werden soll, sei $1^1/_2$ m. Das Wasser, das in einem tiefen Graben ankommt, wird durch ein quer gestelltes Brett, eine sogenannte Schütze, zurückgehalten und fließt unter dieser Schütze mit großer Geschwindigkeit aus. Soweit ist alles in Ordnung. Abgesehen von der Reibung beim Durchtritt durch die enge Öffnung ist kein Verlust entstanden, sondern das Arbeitsvermögen des Wassers — Gewicht $\times$ Fallhöhe — hat sich in lebendige Kraft umgesetzt. Nun aber stößt das Wasser mit großer Wucht gegen die Schaufeln. Auf S. 51 war bereits ausgeführt, daß ein Stoß immer einen Verlust bedeutet. Das Wasser kann seine Energie nur zu einem geringen Teil abgeben und der Rest wird, wie schon erwähnt, dazu verbraucht, das Wasser aufschäumen und durcheinanderwirbeln zu lassen. Je langsamer man die Schaufeln sich bewegen läßt, um so heftiger ist der eigentliche Stoß; würden die Schaufeln ganz still stehen, der Wasser-

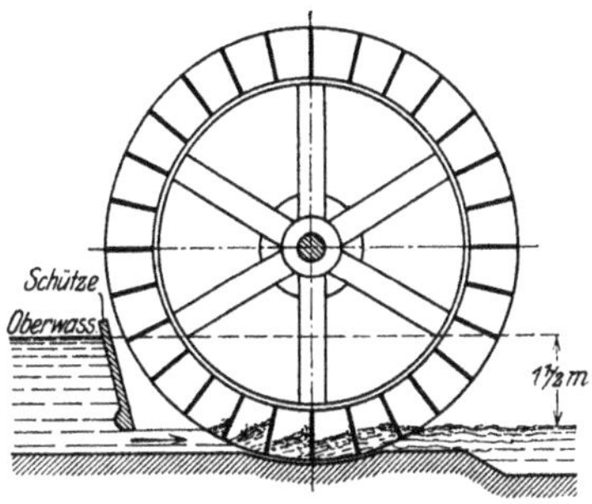

Abb. 91. Unterschlächtiges Wasserrad (TWL 1602).

strahl also gegen eine feste Wand treffen, so fände ja überhaupt keine Arbeitsübertragung statt. Man muß also das Rad, um Arbeit in nennenswertem Maße zu gewinnen, ziemlich rasch laufen lassen, was dann aber zur Folge hat, daß das Wasser mit großer Geschwindigkeit wegströmt. Werden in einem solchen Rade 30 vH des verfügbaren Arbeitsvermögens des Wassers ausgenutzt, so darf man ganz zufrieden sein. Zur Ehre der Müller früherer Zeiten dürfen wir annehmen, daß sie nicht wußten, was für Kraftverschwender sie in ihren Wasserrädern hatten, und wenn sie es wußten, daß sie jedenfalls keinen Weg kannten, um es besser zu machen. Man sagt ja sonst den Müllern nach, daß sie sich auf wirtschaftliches Denken recht gut verstehen.

In der Tat kann nur wissenschaftliche Überlegung, die sich auf das Gesetz von der Erhaltung der Energie gründet, zur Erkenntnis der auftretenden Verluste und zu einer besseren Wasserradbauart führen, wie sie in Abb. 92 dargestellt ist. Es kommt dabei vor allem darauf an, die Verluste beim Eintritt und beim Austritt des Wassers zu vermindern.

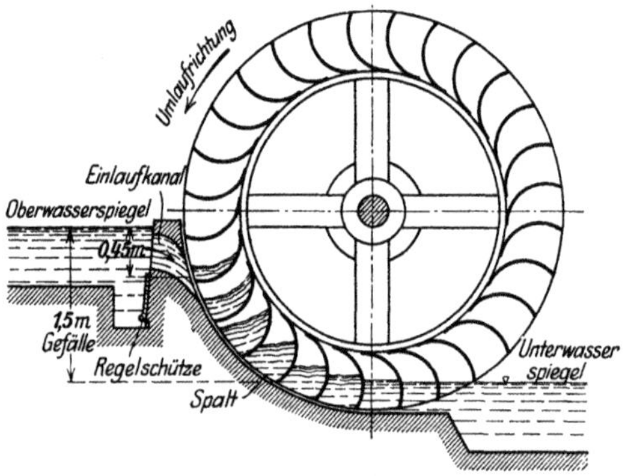

Abb. 92. Richtig gebautes mittelschlächtiges Wasserrad (TWL 1603).

Zunächst der Eintritt ins Rad. Je größer die Geschwindigkeit ist, mit der das Wasser einströmt, um so stärker ist der Stoßverlust. Wir müssen also darauf sehen, die Eintrittsgeschwindigkeit möglichst klein zu machen, und legen deshalb den Eintrittspunkt nicht zu tief unter den Wasserspiegel, in diesem Falle um ungefähr $^1/_3$ der Gefällhöhe. Wenn also das Arbeitsvermögen, das diesen 0,45 m entspricht, ebenso schlecht ausgenützt würde wie beim einfachen Stoßrad, d. h. mit 70 vH Verlust, so würde eine Gefällhöhe von $\frac{70}{100} \times 0{,}45 = 0{,}315$ m verloren gehen, also immerhin nur 21 vH des Gesamtgefälles von 1,5 m. Aber auch davon läßt sich ein großer Teil sparen, indem man das Wasser durch einen Leitkanal so einführt, daß es möglichst stoßfrei auf die Schaufeln trifft.

Das scheint nun allerdings in Abb. 92 durchaus nicht der Fall zu sein. Das Wasser trifft in schräger Richtung auf die Schaufel.

Sollte kein Stoß stattfinden, so müßte doch der Wasserstrahl so geführt werden, daß er sich zu Anfang, beim Auftreffen, in der Richtung der Schaufel bewegt, an ihr entlang gleitet und sich ihr anschmiegt. Später kann ja die Schaufel beliebig gekrümmt und dadurch der Wasserstrahl abgelenkt werden.

Untersuchen wir die Sache näher. In Abb. 93 ist die Eintrittstelle in größerem Maßstabe herausgezeichnet und zunächst einmal angenommen, daß tatsächlich der Eintritt so geändert ist, daß das Wasser in der Richtung AB, also in der Richtung des ersten Schaufelstückchens, in das Rad strömt. Jetzt geht also das erste Auftreffen anscheinend ganz ohne Stoß vor sich — solange die Schaufel still steht. Wie wird es aber, wenn das Rad sich bewegt, die Schaufel also fortschreitet?

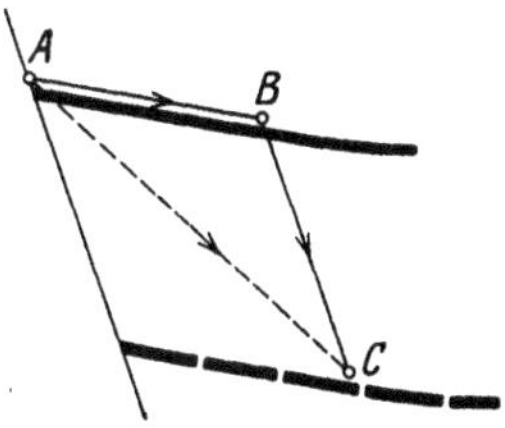

Abb. 93. Eintritt des Wassers beim mittelschlächtigen Wasserrad nach Abb. 92.

Angenommen sei, daß das Wasserteilchen sich in $^1/_{100}$ Sekunde von A nach B bewegt, und daß in dieser Zeit die Schaufel ebenfalls fortschreitet, und zwar in die Stellung, die etwas tiefer punktiert gezeichnet ist. Nach $^1/_{100}$ Sekunde also befindet sich das Wasserteilchen in B, die Stelle der Schaufel aber, auf die es hätte auftreffen sollen, bereits in C. Das Wasser erreicht also in Wirklichkeit die Schaufel gar nicht, sondern strömt in den freien Schaufelraum hinein und wird an irgendeinem Punkt, selbstverständlich mit Stoß, den Schaufelboden berühren.

Daraus ergibt sich ohne weiteres die Folgerung: Der Wasserstrahl ist so zu lenken, daß er sich nicht in der Richtung AB, sondern in der Richtung AC bewegt. Der Schaufel gegenüber oder „relativ zur Schaufel" erhält er dann, wenn diese mit der richtigen Geschwindigkeit umläuft, die Richtung AB. Wir nennen deshalb, wenn AC die wirkliche Eintrittsgeschwindigkeit des Wassers ist, AB die Relativgeschwindigkeit, und sie ist maßgebend für die richtige Wirkung in der Schaufel.

Das Wasser strömt mit dieser Relativgeschwindigkeit an der gekrümmten Schaufelwand in die Höhe und übt bei der Ablenkung einen Druck auf die Schaufel aus, der das Rad drehen hilft. Die lebendige Kraft des Wassers wird also nutzbringend verwandt.

Allerdings ist hier nur der mittlere Wasserfaden ins Auge gefaßt. Aus Abb. 92 geht aber hervor, daß der Teil des Wassers, der aus dem oberen und unteren Teil des Leitkanals ausströmt, nicht in der beabsichtigten Weise stoßfrei auftrifft, und daß somit doch ein Verlust entsteht. Immerhin darf man annehmen, daß der gesamte Verlust beim Eintritt einschließlich der Reibung im Leitkanal nicht größer als etwa 15 vH des Gefälles sein wird.

Das Wasser wirkt weiter durch sein Gewicht, indem es in den Schaufeln heruntersinkt, und gibt dabei sein Arbeitsvermögen fast verlustfrei ab. Ein geringer Verlust entsteht dadurch, daß durch den Spalt zwischen der Schaufelkante und dem Mantel, der das Rad einschließt, beständig etwas Wasser aus den höheren Zellen in die tieferen entweicht. Dieser Spaltverlust beträgt aber nur ungefähr 3 vH des gesamten Arbeitsvermögens.

Das Wasser tritt mit der Geschwindigkeit, mit der die Schaufeln sich bewegen, aus dem Rad aus. Diese Geschwindigkeit ist nach Abb. 93 abhängig von der Eintrittsgeschwindigkeit des Wassers — sie verhält sich zu ihr wie die Strecke BC zu AC. Die Eintrittsgeschwindigkeit aber hatten wir möglichst gering gemacht, indem wir den Eintrittspunkt A nahe unter den Wasserspiegel (nur 0,45 m tiefer) legten. Durch diese Maßnahme wird also nicht nur der Eintritts-, sondern auch der Austrittsverlust verringert, da das abfließende Wasser wenig lebendige Kraft mitnimmt.

Im ganzen werden sich erfahrungsgemäß die Verluste etwa folgendermaßen stellen:

Eintrittsverlust	15 vH
Spaltverlust	3 „
Austrittsverlust	5 „
Zapfenreibung	2 „
zusammen	25 vH.

Durch die Ausführung nach wissenschaftlichen Gesichtspunkten und Regeln ist demnach erreicht worden, daß die Ausnutzung der verfügbaren Wasserenergie jetzt 75 vH beträgt gegen 30 vH bei der handwerksmäßigen Bauweise; aus der Wasserkraft wird also $2^1/_2$ mal so viel herausgeholt! Das ist ein glänzender wirtschaftlicher Erfolg technisch-wissenschaftlicher Arbeit.

In dem Beispiel war ein bestimmtes Gefälle, d. h. ein bestimmter Höhenunterschied zwischen dem Ober- und dem Unterwasserspiegel, als fest gegeben angesehen worden, und es handelte sich darum, dieses Gefälle von 1,5 m so gut wie möglich auszunutzen. Wir müssen uns aber darüber klar werden, daß das Gefälle, wenn man an die Ausnutzung einer Wasserkraft herantritt, auch noch keineswegs festliegt, sondern oft erst künstlich gewonnen werden muß und durch Aufwendung besonderer Mittel erhöht werden kann. In Abschnitt I S. 76 war hierauf bereits kurz hingewiesen worden.

Stellen wir uns einmal gemäß Abb. 94 und 95 das Bett eines Flusses vor, in dem an einer Stelle ein Wehr errichtet wird, das das Wasser im Flußbett aufstaut. Das Gefälle des Flusses ist in der Abbildung natürlich stark übertrieben gezeichnet. Oberhalb des Wehres wird ein Graben abgezweigt, der den größten Teil des Wassers aus dem Fluß entnimmt und einem Wasserrad zuführt, in dem es, der Wassermenge und dem Gefälle entsprechend, Arbeit verrichtet. Unten strömt das Wasser aus dem Rade ab in den Untergraben, der es an einer tieferen Stelle wieder in das Flußbett zurückführt.

Abb. 94.

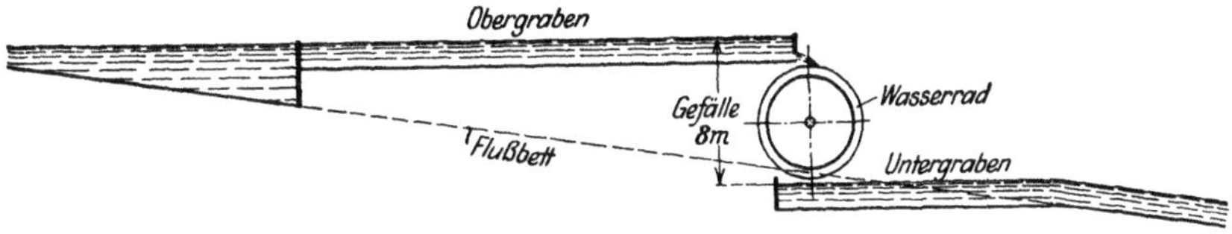

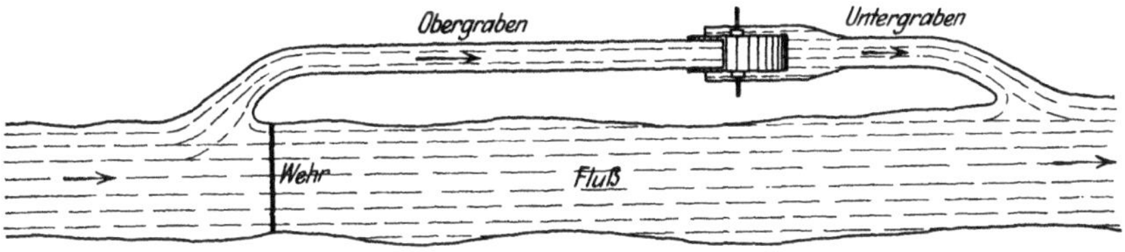

Abb. 95.

Abb. 94 und 95. Grabenanlage für ein Wasserrad (TWL 1604).

Das Gefälle von 8 m, das auf diese Weise erreicht worden ist, ließe sich vergrößern, wenn man entweder das Wehr weiter nach oben setzte und das Wasser höher aufstaute, oder indem man den Untergraben an einer tieferen Stelle in den Fluß münden ließe. Im Flusse vorhanden ist also ein viel größeres Arbeitsvermögen, als im Falle der Abb. 94 wirklich nutzbar gemacht wird. Verlängerte man Ober- und Untergraben um das Doppelte, so käme man auf ungefähr 16 m. Ist aber das Gefälle von 8 m einmal festgelegt, so darf selbstverständlich nicht etwa der Maschine zur Last gelegt werden, daß sie nicht mehr als die 8 m ausnutzt, sondern ihre Nutzleistung läßt sich nur vergleichen mit dem, was ihr geboten ist, und das sind eben diese 8 m Gefälle.

Ob das Gefälle tatsächlich vergrößert wird, hängt zunächst davon ab, ob durch die Verlängerung der Gräben nicht zu hohe Kosten entstehen. Häufig werden die Gräben viele Kilometer weit geführt. Sodann aber fragt es sich, wie weit überhaupt ein Recht an der Wasserkraft besteht. Nehmen wir an, weiter oberhalb am gleichen Flusse befände sich ein anderer Müller. Dieser hatte bisher sein

Wasser ein Stück weit oberhalb unseres Wehres in den Fluß geleitet; dadurch, daß wir den Fluß aufgestaut haben und der Stau sich vielleicht weiter im Flußbett hinauf erstreckt, als angenommen war, steigt der Spiegel seines Untergrabens, und sein Wasserrad, das dem Entwurf entsprechend über dem Wasserspiegel bleiben müßte, hängt ins Wasser hinein. Infolgedessen geht ihm nicht nur ein Stück Gefälle verloren, sondern die Maschine arbeitet auch anders als sie sollte, mit schlechterem Wirkungsgrad, so daß unser Nachbar nicht mehr die nötige Kraft erhält, um seine Mühle voll zu betreiben.

Da die Stauverhältnisse oft schwer zu berechnen sind, so können sich in einem solchen Falle juristisch-technische Fragen von großer Schwierigkeit und Tragweite ergeben.

Eine andere Möglichkeit ist die, daß infolge der Erhöhung des Wasserspiegels im Flusse das Grundwasser in der Umgebung steigt, so daß Wiesen, die vorher trocken waren, versumpfen und die Grundbesitzer eine Vergütung für den Schaden verlangen, der ihnen entstanden ist. — Das Gefälle zu bestimmen, das sich ohne Schädigung fremder Rechte aus einer Wasserkraft gewinnen läßt, kann also eine sehr verwickelte Aufgabe sein, bei der technisch-wissenschaftliche, kaufmännische und juristische Gesichtspunkte eng miteinander verflochten sind.

2. Wasserturbinen.

Alle Wasserräder haben den Nachteil, daß sie sich sehr langsam drehen. Ein Rad, wie oben beschrieben, würde vielleicht 7 Umdrehungen in der Minute machen, während wir Dynamomaschinen für die Erzeugung von Elektrizität gern mit 1000 minutlichen Umläufen bauen und auch allen anderen modernen Arbeitsmaschinen große Umdrehungszahlen geben, damit sie im Verhältnis zu ihrer Größe möglichst viel leisten. Die Umlaufzahl der Dynamomaschine ist also 140 mal so groß als die des Wasserrades, und es müßten 3 Zahnräderpaare dazwischengeschaltet werden, um die richtige Umlaufzahl für den Antrieb der Dynamomaschine herzustellen. Jedes von diesen Zahnräderpaaren nimmt aber durch die entstehende Reibung 10 vH der Energie weg, so daß bei dieser Übertragung große Verluste auftreten. Auch verursachen die Zahnräder erhebliche Anschaffungs- und Instandhaltungskosten, und schließlich nimmt das große Wasserrad mit seinen Vorgelegen viel Platz ein.

Alles dies bringt Verluste, die der Techniker vermeidet, wenn er irgend kann, und die Folge ist, daß die Wasserräder heute größtenteils von den schnellaufenden Turbinen verdrängt worden sind.

Wie eine Turbine arbeitet, ist leicht zu verstehen. Die Wirkung ist ähnlich, wie beim Eintritt des Wassers in das Wasserrad nach

Abb. 92 und 93, doch bleibt das Wasser nicht in der Zelle, sondern strömt ganz hindurch; die Gewichtswirkung fällt fort. Wie in Abb. 96 skizziert[1]), werden zwei Räder benutzt, ein feststehendes Leitrad und ein Laufrad, das sich dreht und die Energie vom Wasser übertragen bekommt. Das Laufrad ist fest mit der Welle verbunden.

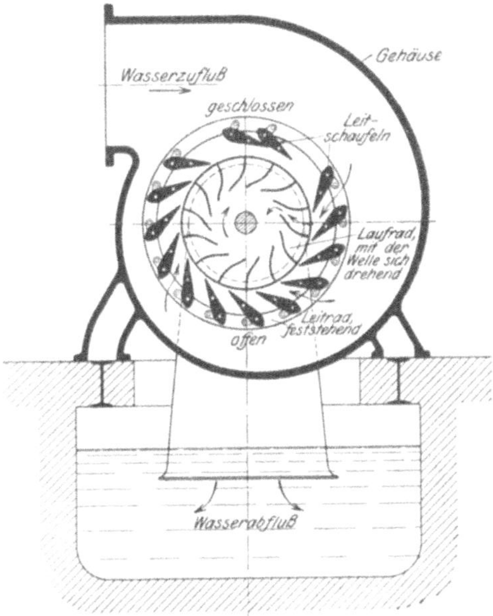

Abb. 96. Wasserturbine (TWL 1605).

Das Wasser wird im Turbinengehäuse, das die ganze Vorrichtung einschließt, den Leitradzellen zugeführt. Es strömt durch sie hindurch und erhält dabei eine bestimmte Richtung. Mit großer Geschwindigkeit trifft das Wasser dann auf die Schaufeln des Laufrades. Es ist bestrebt, das Laufrad in der Richtung zu drehen, wie durch den Pfeil angedeutet, und dabei Arbeit zu leisten. Durch die in eigenartiger Weise gekrümmten Schaufeln wird das Wasser in der Richtung der Achse abgeleitet und durch ein gebogenes Rohr dem Unterwasser zugeführt.

Nun kommt es darauf an, die Verluste so niedrig wie möglich zu halten, und zwar handelt es sich auch hier zunächst um den Stoßverlust beim Eintritt und um die Energie, die das Wasser mit sich fortnimmt, wenn es die Zellen durchströmt hat und durch ein Rohr abgeführt wird. Was den Stoß beim Eintritt anlangt, so kann auf das verwiesen werden, was über das Wasserrad gesagt wurde. In Abb. 97 ist AB die in der Richtung des ersten Schaufelstückes gezeichnete „Relativgeschwindigkeit" und BC die Geschwindigkeit, mit der das Schaufelstück sich bewegt. Damit das Wasser richtig auf die Schaufel trifft, muß es in der Richtung AC in das Rad eintreten, und dementsprechend sind die Leitschaufeln zu formen.

Entsprechend liegen die Verhältnisse beim Austritt des Wassers

[1]) Die sehr anschauliche Darstellung einer Turbine verdanke ich den Herren Geh. Reg.-Rat Prof. E. Reichel und Dr.-Ing. Einsler, Charlottenburg. Wegen der Leitradschaufeln vgl. S. 88.

aus dem Laufrade. Denkt man sich das Laufrad stillstehend, so würde das Wasser bei D mit der Relativgeschwindigkeit DE das Laufrad verlassen. Ein Wasserteilchen würde in $^1/_{100}$ Sekunde von D nach E gelangen. Dreht sich aber das Laufrad mit der ihm vorgeschriebenen Geschwindigkeit, so wird sich in derselben Zeit das Wasserteilchen mit der Schaufel wieder um die Strecke EF zurück bewegen, so daß es in Wirklichkeit von D nach F gelangt.

Während sich also das Wasser bei seinem Eintritt in das Laufrad mit der großen Geschwindigkeit AC in der Drehrichtung bewegt, löst es sich, nachdem es beim Durchströmen der gekrümmten Laufradschaufel seine Wucht verloren hat, in trägem, ruhigem Strom

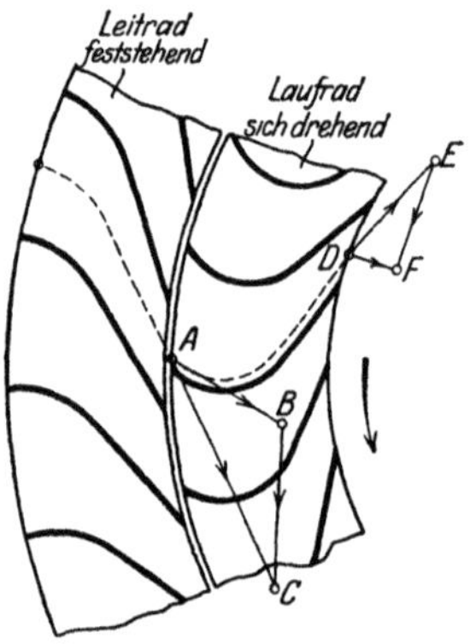

Abb. 97. Ein- und Austritt des Wassers bei der Turbine.

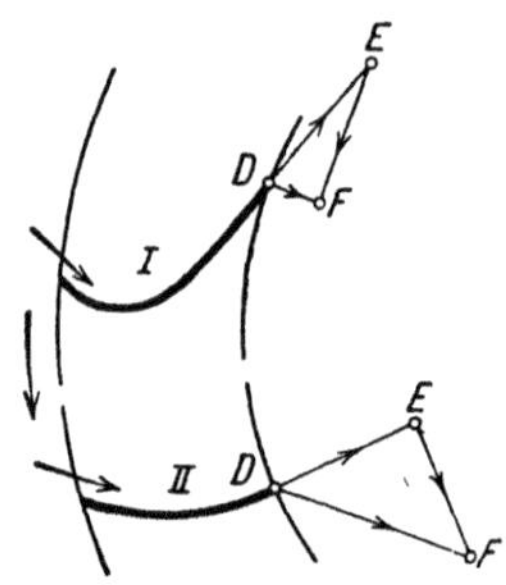

Abb. 98. Austrittsgeschwindigkeiten bei verschiedenen Schaufelformen.

von den Laufradzellen in einer Richtung, in der es weder arbeitend noch hemmend wirksam sein kann[1]).

Es ist ein beinahe geheimnisvoll anmutendes Gesetz, das hier wirkt. Vergleichen wir einmal die beiden Schaufeln *I* und *II* in Abb. 98 miteinander. Auf beide strömt das Wasser mit der gleichen Geschwindigkeit; unser Gefühl sagt uns aber schon, daß der Wasserdruck auf die Schaufel *I*, wo der Wasserstrahl eine starke Ablenkung erfährt, jedenfalls eine viel größere Wirkung hat als der Druck auf die Schaufel *II*. Wirklich zeigt es sich nun beim Auftragen der Wegstrecken, die das Wasser beim Austritt zurücklegt, daß diese Strecken DE und EF sich bei den beiden Schaufeln ganz verschieden

---

[1]) Von einem näheren Eingehen auf die Theorie der Turbine, insbesondere auch auf den Unterschied zwischen Freistrahl- uud Vollturbine, habe ich hier absichtlich abgesehen. Zum genaueren Studium der Vorgänge ist zu empfehlen: E. Reichel, Über Wasserkraftmaschinen (Verlag R. Oldenbourg, München).

zusammensetzen und bei Schaufel *I* eine kleine, bei Schaufel *II* eine große verlorene Austrittsgeschwindigkeit *DF* ergeben. Man kann die Schaufeln formen wie man will, dieser eigenartige Zusammenhang zwischen dem ausgeübten Druck und der Austrittsgeschwindigkeit wird immer bestehen bleiben.

Da das Laufrad sich dreht, so treten immer neue Schaufeln vor die Zellen des Leitrades. Dabei finden Verluste statt, schon deshalb, weil die Schaufeln nicht papierdünn sind, sondern eine gewisse Dicke haben. Man stelle sich vor, daß man ein Brett mit der schmalen Kante gegen einen breiten Wasserstrahl hält. Derjenige Teil des Wassers, der auf das Brett trifft, wird verspritzen und stört auch die Bewegung das Wassers, das zu beiden Seiten des Brettes entlang strömen will. Kann man auch den Stoß durch Zuschärfen des Brettes erheblich kleiner machen, so läßt er sich doch nie beseitigen. Bei der Turbine ist daher im Durchschnitt mit einem Eintrittsverlust von 7 vH der im Wasser enthaltenen Bewegungsenergie zu rechnen. Dazu kommen dann noch die Verluste beim Durchströmen des Leit- und des Laufrades, der oben schon besprochene Austrittsverlust, der bei richtiger Ausführung nur 3 bis 5 vH der Gesamtenergie betragen darf, und die Reibung in den Lagern der Turbinenwelle. Im ganzen muß mit Verlusten von 20 bis 30 vH gerechnet werden, so daß der Wirkungsgrad, d. h. die Energieausnutzung, bei einer richtig gebauten Turbine 70 bis 80 vH beträgt. Bei großen Turbinen erhält man, wie bei größeren Maschinenanlagen überhaupt, bessere Wirkungsgrade als bei kleinen.

3. Regelung der Kraftmaschinen und Feststellung des Wirkungsgrades bei verschiedenen Leistungen.

Beim Wasserrad und bei der Turbine war davon gesprochen worden, daß wir dem Rad eine bestimmte Umlaufzahl geben, so daß z. B. der Punkt, an dem das Wasser eintritt, in $^1/_{100}$ Sekunde von *B* nach *C* gelangt. Es ist wichtig, daß das Rad wirklich diese Geschwindigkeit einhält, denn sonst stimmt natürlich die Berechnung nicht, und größere Stoßverluste beim Eintritt sind unvermeidlich. Außerdem aber würden, wenn das Rad zu rasch oder zu langsam läuft, auch die Müllereimaschinen oder elektrischen Maschinen, die von der Turbine angetrieben werden, rascher oder langsamer laufen, als sie sollen, und nicht mehr richtig arbeiten. Wenn z. B. eine Dynamomaschine etwas langsamer läuft, so ist das, wie schon in Abschnitt I erwähnt, sofort daran zu merken, daß die Glühlampen, die von ihr versorgt werden, erheblich weniger hell brennen. Daher müssen Vorkehrungen getroffen werden, um die Maschine auf der vorgeschriebenen Arbeitsgeschwindigkeit zu halten, d. h. ihre Umlaufzahl zu regeln.

Bei dem Wasserrad nach Abb. 92 geschieht das durch ein recht rohes Mittel. Wenn das Wasserrad weniger zu leisten hat, so wird das als Regelschütze bezeichnete Brett in die Höhe geschoben und dadurch der Zufluß des Wassers in den Einlaufkanal zum Teil abgesperrt.

Auf diese Weise kann wohl verhindert werden, daß das Rad eine ganz verkehrte Geschwindigkeit annimmt; kleineren Änderungen der Umlaufzahl wird dadurch aber nicht vorgebeugt.

Kommt es auf möglichst genaue Einhaltung der Umlaufzahl an, so muß die Maschine sich selbst regeln. Ein selbsttätiger Regler ist in Abb. 99 skizziert. An der senkrechten Welle, die von der Maschine aus getrieben wird und deren Geschwindigkeitsschwankungen genau mitmacht, sind zwei Gelenkstangen *a* angebracht, an deren äußeren Enden Schwungkugeln *b* hängen. Dreht die Welle sich langsam, so stehen die Schwungkugeln, wie mit vollen Linien gezeichnet. Läuft sie schneller, so werden die Kugeln weiter nach außen geschleudert und ziehen dabei die senkrechte Stange in die Höhe, die nun z. B. einen Schieber bewegt, der das Wasser absperrt. Bei der Turbine in Abb. 96, S. 85, ist angenommen, daß die Schaufeln des Leitrades drehbar sind. Bei voller Leistung stehen die Schaufeln so, wie am größten Teil des Rades gezeichnet, d. h. sie geben den vollen Durchtrittsquerschnitt frei. Beginnt die Turbine rascher zu laufen, so dreht der Regler die Schaufeln und kann schließlich, wie an den beiden oberen Schaufeln gezeichnet, den Wasserstrom vollständig absperren. Wird wieder eine größere Arbeit von der Turbine verlangt, so hat das die Wirkung, daß die Maschine anfängt, etwas langsamer zu laufen. Der Regler spürt das sofort, die Schwungkugeln gehen weiter nach unten, und die Laufradzellen werden wieder geöffnet, soweit es nötig ist.

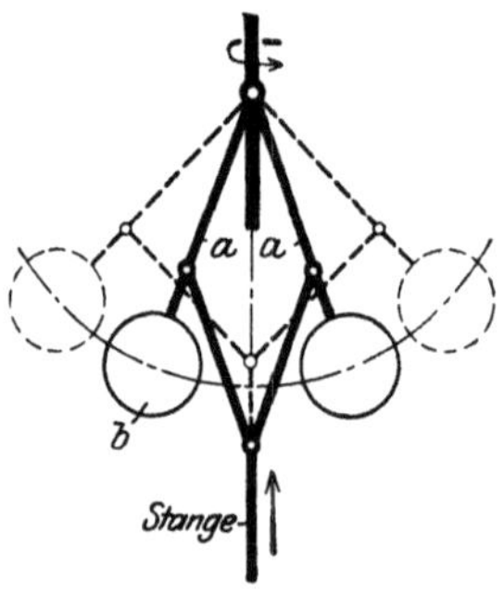

Abb. 99. Regler für eine Kraftmaschine.

Bei der Regelung auf verminderte Leistung sollte die Maschine eigentlich mit ebenso gutem Wirkungsgrad arbeiten wie vorher, d. h. sie sollte für jede abgegebene Pferdekraft nicht mehr Wasser verbrauchen, als wenn sie ihre volle Leistung abgibt. Das ist aber bei fast keiner Maschinengattung zu erreichen. Selbstverständlich wird durch die Absperrung des Zuflusses immer Wasser gespart; aber wenn z. B. bei voller Leistung der Turbine für jede vom Wasser empfangenen 100 mkg Arbeitsvermögen 75 mkg nützlich abgegeben werden, so werden bei halber Leistung — sagen wir bei 25 statt 50 Pferdestärken — vielleicht nur noch 60 mkg von 100 ausgenutzt, oder, technisch ausgedrückt, der Wirkungsgrad sinkt von 0,75 auf 0,60. Da die meisten Betriebe nur vorübergehend mit der größten Leistung arbeiten und meistens die Antriebsmaschine nur teilweise ausnutzen, so ist es für deren Beurteilung von größter Wichtigkeit, zu wissen, wie sie sich bei geringeren Leistungen verhält. Z. B. kann eine Anlage bei voller Belastung einen Wirkungsgrad von 80 vH, eine andere dagegen unter gleichen Umständen nur einen solchen von 77 vH haben. Wenn aber bei der ersten Ausführung der Wirkungsgrad bei der Durchschnittsbelastung auf 60 vH, bei der zweiten nur auf 65 vH sinkt, so ist die zweite Maschine doch vorzuziehen.

In dem Vertrage, den der Käufer einer Maschine mit dem Lieferer macht, wird meistens vereinbart, wieviel Wasser bei einem bestimmten Gefälle und bei bestimmten Leistungen höchstens verbraucht werden darf, d. h. also, welchen Wirkungsgrad die Maschine z. B. bei voller und bei halber Belastung mindestens erreichen muß. Für alle Fabriken, die das Wasser nicht im Überfluß haben und vielleicht neben der Wasserkraft noch eine Dampfanlage zur Aushilfe in den trockenen Sommermonaten aufstellen müssen, ist es von großer Wichtigkeit, daß die Bedingungen eingehalten werden, und es ist daher notwendig, wenn die Maschine geliefert ist, Versuche vorzunehmen, bei denen die zugeführte Energie und die abgegebene Nutzleistung genau gemessen werden.

Die Wassermenge läßt sich in der Weise feststellen, daß man in den Zuleitungskanal ein Flügelrad hineinhängt, das bei bestimmten Wassergeschwindigkeiten eine gewisse Anzahl von Umdrehungen macht. Auf diese Weise wird ermittelt, wieviel Liter Wasser in der Sekunde durch den Kanal strömen. Dann wird das Gefälle, d. h. der Höhenunterschied zwischen Ober- und Unterwasserspiegel gemessen. Man weiß jetzt, wieviel Energie der Turbine zugeführt wird. Beträgt die Wassermenge z. B. 500 Liter, also 500 kg, in der Sekunde und das Gefälle 6,3 m, so stehen sekundlich zur Verfügung $500 \times 6{,}3 = 3150$ mkg. Da aber 75 mkg in der Sekunde gleich einer Pferdekraft sind, so beträgt die verfügbare Leistung $\frac{3150}{75} = 42$ Pferdekräfte.

Ist nun bei dieser Leistung ein Wirkungsgrad von 79 vH gewährleistet, so müssen auf die Turbinenwelle mindestens $\frac{79}{100} \times 42 = 33{,}1$ PS übertragen werden.

Um festzustellen, ob das wirklich der Fall ist, bedient man sich einer „Bremse“, wie in Abb. 100 skizziert. Auf der Welle der Turbine wird eine Scheibe festgemacht und gegen diese Scheibe von oben und unten ein Bremsklotz gesetzt. Die Klötze werden durch ein Paar Schrauben gegen die Scheibe gedrückt, so daß zwischen der Scheibe und den Bremsklötzen Reibung entsteht und eine bestimmte Kraft dazu gehört, um die Scheibe zu drehen, wenn die Klötze festgehalten werden.

Angenommen sei, die Schrauben wären so angespannt, daß an den Wagebalken, der sich an dem unteren Bremsklotz befindet, 94 kg angehängt werden müssen, damit die Bremse sich gerade eben dreht, wenn die Scheibe festgehalten wird.

Denken wir uns nun einmal, daß ein paar Männer, die an dem Wagebalken anfassen, die Bremse einmal ganz herumdrehten, so kommt das auf dasselbe heraus, wie wenn sie an einer großen Scheibe von 2 m Halbmesser anpackten und diese einmal drehten. Sie haben dabei einen Weg ausgeführt gleich dem Umfang dieser Scheibe, nämlich $2 \times 3^1/_7 \times 2 = 12{,}56$ m, und haben auf diesem Wege immer mit der Kraft 94 kg gedrückt, so daß die Arbeit, die sie geleistet haben, $94 \times 12{,}56 = 1180$ mkg beträgt. Diese Arbeit ist vollständig dazu verwandt worden, um die Reibung zwischen der Bremsscheibe und den Bremsklötzen zu überwinden, d. h. sie ist in Wärme umgesetzt; Scheibe und Klötze haben sich erhitzt. Nun stellen wir uns umgekehrt vor, die Bremsscheibe drehte sich und die Männer ständen still. Sie müssen dann auch mit 94 kg gegen den Wagebalken drücken, um zu verhindern, daß die Reibung ihn mit herumnimmt. Die Arbeit, die bei einer vollständigen Drehung der Scheibe geleistet wird, ist offenbar ganz genau dieselbe wie vorher, nämlich 1180 mkg, denn es wird ja wieder, wie vorher, die Reibung am Umfang der Bremsscheibe überwunden. Dreht die Scheibe sich 126 mal in der Minute, also 2,1 mal in der Sekunde, so wird in jeder Sekunde eine Arbeit geleistet von $2{,}1 \times 1180 = 2480$ mkg, oder die abgegebene Leistung beträgt $\frac{2480}{75} = 33{,}1$ Pferdestärken.

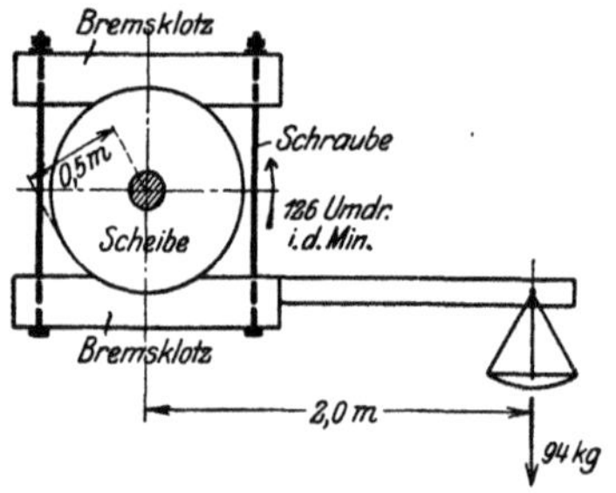

Abb. 100. Bremse zur Feststellung der abgegebenen Maschinenleistung.

Überraschend ist bei dieser Rechnung wieder, was wir ja schon häufiger fanden: Wir brauchen die Zwischenglieder nicht, der Durchmesser der Bremsscheibe ist gleichgültig, und ebensowenig fragen wir nach der Kraft, mit der die Bremsklötze angepreßt werden. Nur der Hebelarm des Wagebalkens und die Umdrehungszahl der Welle sind maßgebend für die Bestimmung der Leistung.

Der Versuch spielt sich praktisch folgendermaßen ab. Die Wagschale wird mit Gewichten belastet, entsprechend der Leistung, die

die Turbine abgeben soll, in unserem Falle also mit 94 kg. Die Turbine wird dann angelassen, so daß die Bremsscheibe sich dreht, und die Schrauben werden so lange angezogen, bis die Reibung imstande ist, die Gewichte eben anzuheben. Jetzt wird die Umdrehungszahl gemessen und die Wassermenge genau festgestellt. Stellt sich dabei heraus, daß die Wassermenge kleiner ist als 500 Liter, so ist der Wirkungsgrad etwas besser, als vereinbart war, die Gewähr ist zum Vorteil des Käufers der Turbine überschritten. Bei größerer Wassermenge ist dagegen die Vereinbarung zum Nachteil des Käufers nicht erfüllt, der nun unter Umständen Ansprüche gegen den Lieferer der Maschine geltend machen kann.

Die Arbeit, die von der Turbine geleistet wird, verwandelt sich vollständig in Wärme. Der Versuchsleiter hat dafür Sorge zu tragen, daß diese Wärme dauernd abgeführt wird, indem er die Scheibe durch einen Wasserstrom kühlt. Geschieht das nicht, so wird das Holz verkohlen und schließlich anfangen zu brennen. Es kommt immer vor, daß die Reibung sich während des Versuches ändert, so daß die Scheibe den Wagebalken mit hochnehmen würde. Deshalb müssen sofort, wenn der Versuchsleiter das merkt, die Schrauben ein wenig gelockert werden, so daß die Reibung wieder auf die richtige Größe zurückgeht.

4. Wärmeentwicklung bei der Verbrennung.

Hatten wir hier ein kleines Beispiel dafür, wie mechanische Arbeit in Wärme verwandelt wird, so bietet das große Feld der Wärmekraftmaschinen unendlich viele Vorgänge, bei denen die Technik umgekehrt die Wärme, die aus den Brennstoffen erzeugt wird, zur Gewinnung mechanischer Arbeit nutzbar macht. Dabei werden wir auch manche von den selbstgeschaffenen wissenschaftlichen Methoden der Technik kennen lernen, mit deren Hilfe es möglich ist, in das Wesen der Vorgänge einzudringen und die Verlustquellen aufzustöbern, die bei der Energieumsetzung durch die Maschine eintreten. Der mit Bezug auf andere Wissenschaften so gern gebrauchte Ausdruck, daß sie dazu verhelfen, der Natur ihre Geheimnisse abzulauschen, läßt sich hier allerdings nicht mehr in dem Sinne anwenden. Denn es handelt sich nicht mehr um ein reines Erforschen natürlicher Vorgänge ohne anderen Zweck als den des Erkennens, sondern darum, festzustellen, wie die Natur sich verhält, wenn wir sie in bestimmter Weise mit den von Menschenhirnen erdachten Konstruktionen in Berührung bringen, mit dem Endziel, sie auf das äußerste auszunutzen.

Kohle, Gas, Öl entwickeln Wärme, indem sie verbrennen. Verbrennung ist bekanntlich nichts anderes als Verbindung mit Sauerstoff. Dieser bildet einen der Bestandteile der Luft, er steht also überall reichlich zur Verfügung. Ist der Zutritt der Luft zum Brennstoff abgesperrt, so kann auch keine Verbrennung stattfinden, weil der Sauerstoff fehlt. Das ist eine von unseren Stubenöfen her bekannte Erscheinung[1]). Bei der Verbrennung von Braunkohlenbriketts z. B. entwickeln sich zunächst bei der Erhitzung, wenn die frischen Briketts auf die Glut gelegt sind, große Mengen von Gas, die mit heller Flamme verbrennen und dazu viel Luft gebrauchen. Schließt man nun die unteren Ofentüren, durch die die Luft hereinströmt, so hört das Gas plötzlich auf zu verbrennen und zieht ungenutzt zum Schornstein hinaus, dringt auch wohl durch die Ritzen des Ofens ins Zimmer und verursacht üblen Geruch. Öffnet man die oberste Ofentür, um nachzusehen, so kann das Gas infolge des Luftzutrittes von oben sich wieder entzünden und eine Flamme bilden, was oft plötzlich, fast explosionsartig, vor sich geht. Ein richtiges Feuer entsteht wieder, sobald die unteren Türen geöffnet werden, so daß die Luft durch die Glut oder darüber weg streichen und sich mit dem Gase mischen kann. Ist das Gas vollständig ausgetrieben, hört also die helle Flamme auf, so bleibt noch glühende Kohle im Ofen. Diese zurückgebliebene feste Kohle verbrennt jetzt weiterhin ohne Flamme, d. h. ihre Teilchen verbinden sich mit dem Sauerstoff der Luft und bilden mit ihm zusammen gasförmige Kohlensäure, die zum Schornstein hinausgeht. Wenn man die Luft ganz frei zutreten läßt, so vollzieht sich die Verbrennung sehr rasch. Die Ofentüren werden deshalb, nachdem das Austreiben der Gase und die Flammenbildung beendet ist, geschlossen, so daß nur die Luft, die noch durch die Ritzen gelangt, die Weiterverbrennung der Kohle und damit die weitere Entwicklung von Wärme ermöglicht. Schließt der Ofen gut, ist also der Luftzutritt gering, so kann es mehr als 24 Stunden dauern, bis die Verbrennung der festen Kohle beendet ist. Im Ofen bleiben nur die unverbrennlichen Stoffe zurück, die jede Kohle beigemengt enthält und die als Asche bezeichnet werden. Die Asche ist für den Verbrennungsprozeß wertlos.

Der Gehalt an Gas ist bei den Kohlensorten sehr verschieden. Braunkohle enthält viel Gas, ebenso manche Steinkohlenarten, Anthracit dagegen sehr wenig, und er verbrennt daher, wie bekannt, fast ohne jede Flammenbildung. Das gilt auch für Koks, der bekanntlich aus gasreicher Steinkohle hergestellt ist[2]). Diese Kohle wird

[1]) Vergl. „Erziehung zur sparsamen Brennstoffverwendung". Verlag der Hauptstelle für Wärmewirtschaft, Darmstadt.

[2]) Vergl. Dünckel, Die Erzeugung des Stadtgases. Verlag der Technisch-Wissenschaftlichen Lehrmittel-Zentrale, Berlin NW 7.

im Gaswerk in einem luftdicht verschlossenen eisernen Gefäß, der sogenannten Retorte, durch eine Feuerung von außen stark erhitzt. Verbrennen kann die Kohle nicht, weil der Sauerstoff abgesperrt ist, indessen wird das Gas ausgetrieben und durch eine Rohrleitung nach dem Gasbehälter geführt, von wo es dann in den städtischen Leitungen als „Leuchtgas“ nach den Verbrauchstellen geführt wird. Der zurückbleibende feste Kohlenstoff ist Koks, der als Heizmaterial für Öfen verkauft wird. Der Verbrauch von Gas zur Beleuchtung und von Koks zum Heizen ist also nichts anderes, als eine Trennung der beiden Vorgänge, die bei der Verbrennung gewöhnlicher Kohle in dem gleichen Raum vor sich gehen. Das Gas und der feste Kohlenstoff werden gesondert ausgenutzt, jedes für den Zweck, für den es am besten geeignet ist.

Von unseren Zimmeröfen wissen wir nun auch, daß Anthrazit sehr viel besser heizt als Braunkohle, daß also die verschiedenen Brennstoffe nicht die gleiche Wärme entwickeln oder verschiedenen Heizwert haben. Ein Kilogramm der besten Steinkohle gibt bei vollständiger Verbrennung ungefähr 8000 Wärmeeinheiten her, d. h. dieses eine Kilogramm wäre imstande, 8000 kg Wasser um 1^0 Celsius, z. B. von 2^0 auf 3^0, oder, was dasselbe bedeuten würde, 1000 kg Wasser um 8^0, von 2^0 auf 10^0, zu erwärmen. Dazu gehört aber, daß auch wirklich alle Wärme ohne jeden Verlust an das Wasser übergeht.

In der Praxis, bei Dampfkessel- oder Herdfeuerungen, ist das natürlich nicht zu erreichen. Wenn wir aber wissen wollen, ob eine solche Feuerungsanlage gut oder schlecht ist, so muß festgestellt werden, wieviel verloren geht, und dazu gehört, daß wir genau wissen, wieviel 1 kg Kohle bei vollkommener Verbrennung und vollkommener Wärmeabgabe zu leisten vermag.

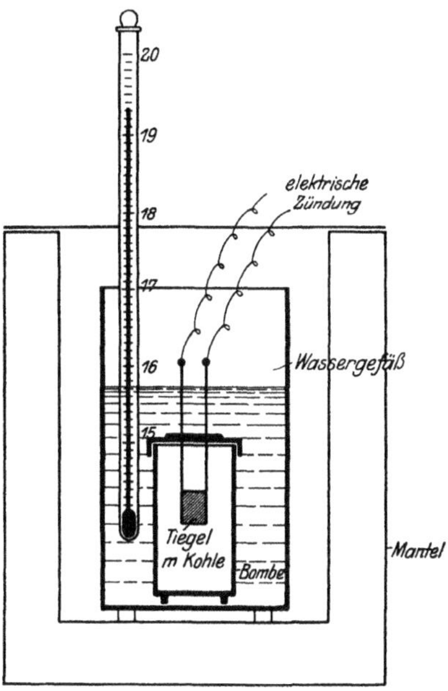

Abb. 101. Bestimmung des Heizwertes von Kohle (TWL 10791).

Um den „Heizwert“ einer Kohlensorte wissenschaftlich genau zu bestimmen, mischen wir eine beliebige Menge der zu untersuchenden Kohle sorgfältig durcheinander, pulvern sie und entnehmen eine Probe von ungefähr 1 g (Gramm), also $^1/_{1000}$ kg Gewicht. Diese bringen wir in einen kleinen Tiegel und schließen, wie in Abb. 101 dargestellt, Drähte zur elektrischen Zündung der Kohle daran an. Der Tiegel wird nun in ein starkwandiges Gefäß, eine sogenannte „Bombe“, hineingehängt, die, nachdem der Deckel fest verschlossen ist, mit reinem Sauerstoff gefüllt wird. Die Bombe steht in einem Gefäß mit Wasser, in das ein Thermometer herunterhängt, und das Wassergefäß schließlich ist von einem äußeren Mantel umgeben, der verhindert, daß das Gefäß mit der freien Luft in Berührung kommt und dahin Wärme abgibt. Durch Einschaltung der elektrischen Zündung wird, nachdem alle Vorbereitungen beendet sind, ein Draht, der durch die Kohlenprobe hindurchgeht, zum Glühen gebracht, die Kohle entzündet sich und verbrennt durch Verbindung mit dem in der Bombe enthaltenen Sauerstoff. Dadurch wird die Bombe erhitzt, die nun weiter ihre Wärme an das Wasser abgibt. An dem Thermometer wird abgelesen, um wieviel die Temperatur steigt, und daraus läßt sich der Heizwert leicht berechnen.

Es sei einmal angenommen, die Steinkohlenprobe, deren Gewicht auf einer sehr feinen Wage bis auf $^1/_{1000}$ g genau bestimmt wird, hätte gerade 1 g und das eingefüllte Wasser 1,70 kg gewogen. Da auch die Bombe und die Wände des Wassergefäßes mit erwärmt werden, so ist vorher durch besondere Versuche zu bestimmen, wieviel Wärme nötig ist, um ihre Temperatur um 1^0 zu erhöhen. Hierbei mag sich herausgestellt haben, daß diese Metallteile ebensoviel Wärme verlangen wie 0,3 kg Wasser; dann können wir so rechnen, als ob statt 1,7 kg im ganzen 2 kg Wasser durch die Verbrennung von 1 g Kohle erwärmt worden wären. Die Temperatursteigerung, die am Thermometer abgelesen wurde, möge $3{,}50^0$ Celsius betragen.

Nun wissen wir also folgendes: 1 g Kohle hat bei seiner Verbrennung 2 kg Wasser um $3{,}5^0$ erwärmt, es kann also 1 kg Wasser um $7{,}0^0$ erwärmen. 1000 g, d. h. 1 kg Kohle, können demnach 1000 kg Wasser um 7^0 oder 7000 kg um 1^0 erwärmen; mit anderen Worten, die Kohle hat einen Heizwert von 7000 Wärmeeinheiten oder Kalorien.

Dieses Ergebnis bildet den Ausgangspunkt für unsere weiteren Untersuchungen. Wir wissen, daß die Wärme sich in Arbeit umsetzen läßt und daß 1 Wärmeeinheit gleichwertig ist mit 427 mkg mechanischer Arbeit. 1 kg von unserer Kohle könnte also, wenn man die ihm innewohnende Energie vollständig ausnutzen würde, $7000 \times 427 = 2\,989\,000$ mkg leisten. Diese Zahl entzieht sich unserem Begriffsvermögen. Etwas besser werden wir sie verstehen, wenn wir bedenken, daß eine Pferdekraft soviel ist wie 75 mkg in der Sekunde, oder $3600 \times 75 = 270\,000$ mkg in der Stunde. Würden wir also jede Stunde 1 kg Kohle verbrennen und vollständig ausnutzen, so ergäbe sich eine Leistung von $\frac{2\,989\,000}{270\,000} = 11$ PS. Da eine Glühlampe von 25 Kerzenstärken, wie wir auf S. 70 gesehen hatten, $\frac{1}{30}$ PS verbraucht, so könnten wir also mit unserem Kilogramm Kohle eine Stunde lang 330 Glühlampen speisen. Leider geht nun bei der Umsetzung in elektrische Energie so viel verloren, daß wir zufrieden sein können, wenn es gelingt, statt 330 nur etwa 25 bis 30 Glühlampen brennend zu erhalten. Rechnen wir das Kilogramm Kohle zu 2 Pfennig, so wären also die reinen stündlichen Brennstoffkosten für eine Glühlampe ungefähr $^1/_{12}$ bis $^1/_{15}$ Pfennig. Dazu kommen aber noch die Kosten für die Verzinsung und Abschreibung der Dampfkessel- und Maschinenanlage und der Leitungen, ferner die Ausgaben für Schmieröl, Ausbesserungen, Bedienung und Verwaltung, die den Preis der Brennstunde sehr erhöhen.

5. Verluste bei der technischen Verwertung der Brennstoffenergie in einer Dampfanlage.

Wodurch entstehen nun diese gewaltigen Verluste? Am besten erkennen wir das, wenn wir die Wärme einmal an Hand von Abb. 102 auf ihrem recht umständlichen Wege von der Kohle bis zur Glühlampe verfolgen.

Wir denken uns also, daß der Heizer ein Stück Kohle, das gerade einen Heizwert von 100 Kalorien oder Wärmeeinheiten hat, auf den Rost wirft, der sich unter dem Dampfkessel befindet und auf dem schon glühende Kohle liegt. Das Kohlenstück erhitzt sich, die Gase werden ausgetrieben und verbrennen mit dem Sauerstoff der Luft, die, genau wie beim Stubenofen, von unten durch den Rost streicht. Auch der feste Kohlenstoff verbrennt, und alle die heißen Gase, die auf diese Weise entstehen, streichen um den Kessel herum und erhitzen ihn. Sie gelangen dann in den Schornstein und entweichen ins Freie.

Hier treten bereits Verluste auf. Durch den Rost fallen kleine glühende Kohlenstückchen hindurch, auch wird die Asche unnötigerweise erhitzt und nimmt also eine gewisse Wärmemenge mit. Viel ist es nicht, was auf diese Weise fortgeht, wir können den Verlust auf 1 Kalorie von den zugeführten hundert schätzen.

Schlimmer ist es mit dem, was zum Schornstein hinausgeht. Die Gase, die anfangs, im Verbrennungsraume, eine Temperatur von durchschnittlich etwa 1000° haben mögen, kühlen sich unter dem Kessel nicht bis auf die Lufttemperatur ab, sondern treten mit ungefähr 200° in den Schornstein ein, nehmen also ziemlich viel Wärme mit. Außerdem ist die Verbrennung nicht immer vollständig. Jedes Atom Kohlenstoff braucht 2 Atome Sauerstoff, um ganz zu Kohlensäuregas zu verbrennen und damit seine volle Energie zu entwickeln. Findet es bei der Eile, mit der die Gase abströmen, zufälligerweise

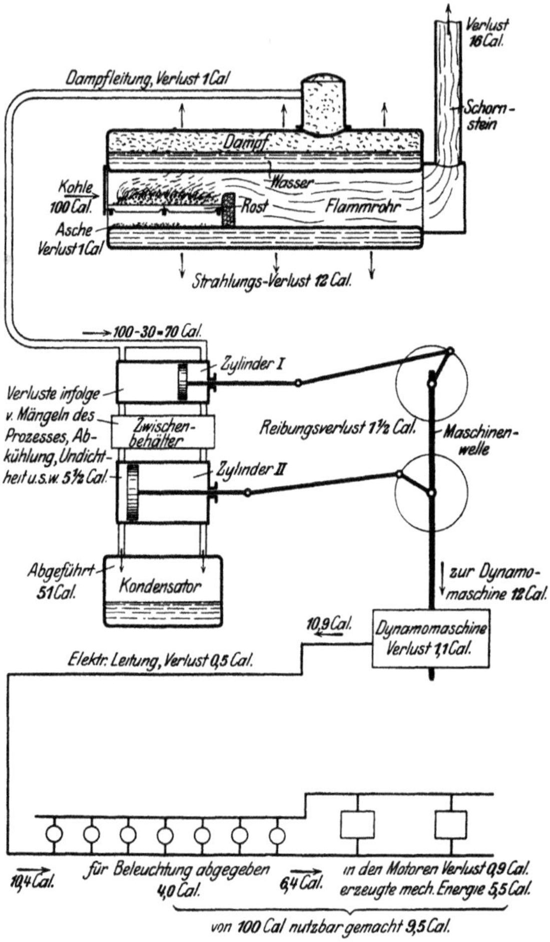

Abb. 102. Ausnutzung der Wärme in einer Dampfanlage zur Erzeugung von Elektrizität (TWL 4338).

nur ein Sauerstoffatom, so verbindet es sich auch damit — zu Kohlenoxydgas —, erzeugt aber dabei nicht so viel Wärme, wie wenn es sich mit zwei Atomen vereinigte. Ja, es kommt sogar vor, daß ganz unverbrannter Kohlenstoff als Ruß im Gasstrom mitgerissen wird. Wenn also schwarz gefärbte Verbrennungsgase entweichen, wenn der Schornstein „raucht", so ist das ein schlechtes Zeichen für die Geschicklichkeit der Heizer. Nicht nur wird die Nachbarschaft durch den Ruß belästigt, sondern es entstehen auch große Betriebsverluste, die bei einer modernen Anlage auf keinen Fall zulässig sind. Für den Maler hat ein industrielles Werk mit rauchendem Schornstein etwas Stimmungsvolles, der Techniker denkt aber, wenn er so etwas sieht, zuerst an die Kalorienverluste.

Will man feststellen, ob eine Feuerung richtig arbeitet, so sind vor allem die abziehenden Gase, die Verbrennungsgase, zu untersuchen, d. h. es ist ihre Temperatur beim Eintritt in den Schornstein zu messen und ferner die Zusammensetzung festzustellen. Letzteres geschieht mit besonderen Apparaten in der Weise, daß Proben aus dem Gas entnommen und in Gefäße gebracht werden, in denen sich Flüssigkeiten befinden, die bestimmte Bestandteile der Rauchgase aufnehmen. Hatte man z. B. 100 ccm Rauchgas in die Flasche gebracht, in der die Kohlensäure zurückgehalten, „absorbiert" wird, und findet, daß nur 89 ccm übrig geblieben sind, so geht daraus hervor, daß 11 vH Kohlensäure in dem Gas enthalten waren. Ist der Anteil an Kohlensäure zu gering, so ist das meistens ein Zeichen dafür, daß zu viel Luft in die Feuerung hineingelassen wird; diese Luft ist unnötigerweise mit zu erhitzen und trägt ihren Anteil an Kalorien mit fort. Findet sich dagegen neben zu wenig Kohlensäure Kohlenoxyd, so zeigt das, daß die Feuerung nicht genügend Luft erhielt, um alle Kohlenstoffteilchen vollständig zu Kohlensäure zu verbrennen. Mißt man eine sehr hohe Temperatur der Abgase, so ist daraus zu schließen, daß von dem Kessel mehr verlangt wird, als er eigentlich leisten kann. Infolge der zu energischen Heizung werden die Gase zu rasch am Kessel vorbei getrieben. Sie haben nicht genügend Zeit, ihre Hitze abzugeben, und nehmen zu viele Kalorien mit fort.

Die mit wissenschaftlicher Gründlichkeit arbeitende Technik begnügt sich nicht damit, bei Neuaufstellung des Kessels oder sonst von Zeit zu Zeit die Wirkung der Feuerung zu prüfen, sondern sie hat Mittel gefunden, um selbsttätig nachzuprüfen, ob der Kessel richtig arbeitet. Der Apparat, der für diesen Zweck konstruiert ist, entnimmt ganz selbsttätig die Rauchgasproben und zeichnet die Menge Kohlensäure, die zu jeder Tageszeit in dem Gas enthalten ist, laufend auf einem Papierstreifen auf, ganz entsprechend wie ein selbstregistrierendes Barometer. Aus der Aufzeichnung in Abb. 103 erkennt man z. B., daß der Kohlensäuregehalt früh von 6 bis 8 Uhr etwas über 10 vH lag und sich mittags und nachmittags auf derselben Höhe gehalten hat, daß er aber einmal, um 9 Uhr, bis auf 7 vH herabgesunken ist.

Aus den Messungen läßt sich berechnen, wie groß der Wärmeverlust durch die Rauchgase ist. Wir wollen in unserem Falle annehmen, daß an dieser Stelle 16 von den 100 Kalorien verloren gehen.

Infolge der Wärme, die in das Wasser des Dampfkessels übergeht, will sich Dampf entwickeln. Wäre der Kessel offen, so würde das Wasser, wenn es sich auf 100° erhitzt hat, anfangen zu kochen, und der Dampf würde entweichen, ohne daß die Temperatur weiter steigt. Da der Kessel aber geschlossen ist, so kann der Dampf nicht fort, das Wasser erhitzt sich immer mehr, und der eingeschlossene Dampf ist immer energischer bestrebt, sich Freiheit zu verschaffen. Dies zeigt sich daran, daß der Druck im Dampfkessel steigt. Während bei 100° der Dampfdruck erst so groß war wie der Druck der äußeren Luft — was sich bei einem offenen Gefäß daran zeigt, daß die Dampfblasen frei aufsteigen —, ist er bei 120° schon doppelt, bei 180° 10mal so groß. Wir sagen, der Dampf hat 2 bzw. 10 Atmosphären (atm) Spannung. Nun ist zufälligerweise bei 1 atm Spannung der Dampfdruck so groß, daß auf jedes qcm Fläche eine Kraft von 1 kg kommt. Wenn z. B. der Dampfkessel in Abb. 102 einen Durchmesser von 1 m oder 100 cm hat, so können wir uns die Kreisfläche des Bodens in Quadratzentimeter geteilt denken, und auf jedes dieser Quadratzentimeter käme bei 8 atm innerem Druck eine Kraft von 8 kg. Da die Fläche 7850 qcm enthält, so ist der gesamte Druck auf den Boden $8 \times 7850 = 62800$ kg. Dagegen wirkt nun allerdings von außen der Luftdruck mit 1 kg auf 1 qcm, so daß 7850 kg abgehen und 54950 kg übrig bleiben, die bestrebt sind, die Wand nach außen zu drücken und zu verbiegen. Das ist so viel wie das Gewicht von 4 voll beladenen Eisenbahn-Güterwagen. Man kann sich leicht vorstellen, daß an den Kesselblechen Risse oder Verbeulungen auftreten können, wenn der Kessel nicht sorgfältig ausgeführt ist und richtig behandelt wird. In Deutschland ist deshalb vorgeschrieben, daß alle Dampfkessel, die hohen Druck auszuhalten haben, in regelmäßigen Abständen sorgfältig nachgesehen werden.

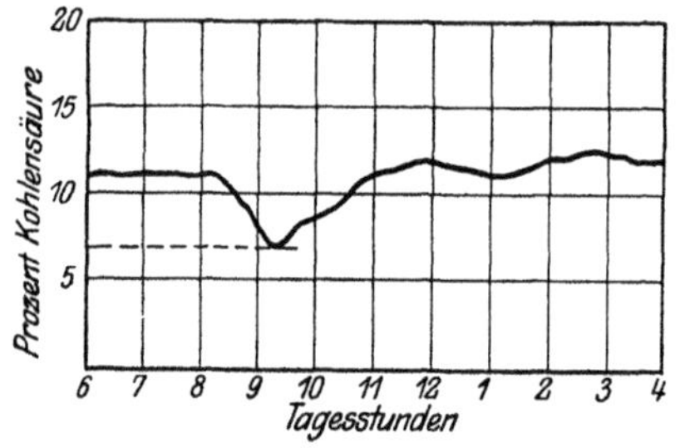

Abb. 103. Aufzeichnung eines selbsttätigen Rauchgasprüfers.

Der ganze Kessel ist eingemauert, und die Flammen und Rauchgase streichen zwischen dem Kessel und dem Mauerwerk her. Wenn nun auch das Mauerwerk nicht so leicht Wärme aufnimmt und überträgt wie die eiserne Kesselwand, so wird es doch selbstverständlich mit erhitzt und schluckt einen Teil der erzeugten Wärme, die es dann nach außen hin ausstrahlt wie ein Ofen. Diese Wärme ist verloren; bestimmen können wir sie auf folgende Weise. Es läßt sich leicht feststellen, wieviel Wasser von Beginn bis zu Ende der Versuchsdauer in den Kessel hineinbefördert ist. Alles dieses Wasser hat sich in Dampf von 8 atm Spannung verwandelt, und dazu gehörte eine bestimmte Wärmemenge, die uns durch physikalische Versuche bekannt ist. Wenn sich nun herausstellt, daß von je 100 in die Feuerung hineingeschickten Kalorien 71 zur Dampferzeugung verwandt sind, so müssen im ganzen 29 Kalorien verloren gegangen sein. Der Verlust durch Verbrennungsrückstände betrug 1 Kalorie, zum Schornstein hinaus gingen 16 Kalorien. Es bleiben also 12 Kalorien übrig, die auf Rechnung der Ausstrahlung des Mauerwerkes gesetzt werden müssen.

Durch ein eisernes Rohr wird der Dampf nach der Maschine geleitet. Auch hierbei treten Verluste auf infolge der Reibung, die der Dampf an den Wänden des Rohres findet, sowie infolge der Abgabe von Wärme an das Rohr und weiterhin an die umgebende Luft. Man packt zwar auch das Rohr gehörig ein, um diesen Verlust einzuschränken. Immerhin aber müssen wir damit rechnen, daß auf dem Wege bis zur Dampfmaschine noch 1 Kalorie verloren geht, so daß der Dampf mit 70 Kalorien Wärmeinhalt in den ersten Zylinder der Dampfmaschine eintritt, wo er seine Wärme in mechanische Arbeit umsetzen soll.

In welcher Weise diese Umwandlung vor sich geht, war bereits auf Seite 36 an Hand von Abb. 58 erläutert worden. Der Dampf steht, wenn er in den Zylinder eintritt, in unmittelbarem Zusammenhang mit dem Dampf im Kessel und hat also dieselbe Spannung, nur etwas verringert infolge der Reibungsverluste in der Leitung. Er drückt also auf jedes Quadratzentimeter des Kolbens mit einer Kraft von beispielsweise 7 kg und schiebt den Kolben vor sich her. Ist der Dampfzutritt abgesperrt, so sucht der Dampf sich trotzdem noch weiter auszudehnen und leistet Arbeit, während seine Spannung nach und nach abnimmt.

Nun treten auch hier, bei der Nutzbarmachung des erzeugten Dampfes, große Verluste auf, und zwar aus verschiedenen Ursachen. Der Hauptverlust rührt daher, daß der Dampf, wenn er aus der Maschine austritt, eine Menge Wärme mit sich führt. Läßt man den Dampf in die freie Luft entweichen, so hat er noch eine Temperatur von 100^0 Celsius und würde dabei von den 70 Kalorien, die er beim Eintritt in die Maschine hatte, wenigstens 60 mitnehmen. Mit anderen Worten, es würden nur 10 Kalorien zur Verfügung stehen, die man in der Maschine auszunutzen versuchen könnte, von denen aber auch noch wieder ein großer Teil verloren geht. Bei größeren Maschinenanlagen, wo es darauf ankommt, Kohle zu sparen, kondensiert man deshalb den Dampf, d. h. man läßt ihn in einen Raum eintreten, in den kaltes Wasser eingespritzt wird. Dabei verwandelt er sich selbst wieder zu Wasser und kommt meist auf eine Temperatur von 35 bis 60^0 herunter, entsprechend einer Dampfspannung von nur $^1/_{16}$ bis $^1/_5$ at[1]). Wir haben also in dem „Kondensator" einen viel geringeren Druck als außerhalb in der freien Luft, wo 1 atm Druck herrscht. Der Zustand ist derselbe, wie wenn aus einem Gefäß durch eine Luftpumpe die Luft zum größten Teil entfernt ist, so daß außen ein größerer Druck herrscht als innen. Um den Vorgang recht anschaulich zu machen, sei wieder auf ein Beispiel aus dem Haushalt verwiesen. Beim Einmachen von Früchten mit dem sogenannten Weck-Apparat werden bekanntlich die Gläser nach Einfüllen der Früchte verschlossen und auf ziemlich hohe Temperatur erhitzt, die alle Keime tötet. Bei dieser Erhitzung bilden sich nun aus der Flüssigkeit Dämpfe, welche die in dem Glase noch enthaltene Luft austreiben. Läßt man dann die Gläser sich abkühlen, so kondensieren die Dämpfe, in dem Glase bleibt nur noch ein ganz niedriger Druck zurück, und der äußere Luftdruck, der sehr viel stärker ist, preßt den Deckel fest auf das Glas bzw. auf den zwischengelegten Gummiring. So entsteht ein dichter Verschluß, ohne daß man eine Klammer oder dergleichen anzuwenden braucht.

Bei der Untersuchung einer Dampfmaschine, die mit einem „Kondensator" arbeitet, brauchen wir uns nun um den äußeren Luftdruck überhaupt nicht zu kümmern, denn der Kolben kommt nur mit dem Dampf und nicht mit der äußeren Luft in Berührung. Für uns kommt also nur der „absolute Dampfdruck" in Frage, nicht der Über- oder Unterdruck gegenüber der Atmosphäre.

Nehmen wir jetzt einmal an, der Dampf träte mit 7 at Druck in den Zylinder der Dampfmaschine ein, und wir ließen ihn frei einströmen, während der Kolben in Abb. 104 sich von *a* bis *b* bewegt, so daß der Druck von 7 at sich im Diagramm, in dem die Spannungen eingetragen sind, nicht ändert. Ist der Kolben im Punkte *b* angekommen, so wird plötzlich der Dampfzutritt unterbrochen, und die Folge ist, daß der Dampf sich ausdehnt, wenn der Kolben weiter vorwärts geht, dabei aber an Spannung verliert, so daß der Druck, der auf den Kolben wirkt, kleiner wird. Wollten wir das Arbeitsvermögen des Dampfes voll ausnützen, so müßten wir es ihm ermöglichen, sich so weit auszudehnen, bis er auf die Spannung von 0,15 at heruntergekommen ist, mit der er in den Kondensator

[1]) 1 at (Atmosphäre) entspricht einem Druck von 1 kg auf jedes Quadratzentimeter (1 kg/qcm oder 1 kg/cm^2).

übertritt, also bis zum Punkte *d* in Abb. 104. Damit bekämen wir aber einen ungeheuerlich langen Zylinder und würden wenig Arbeit gewinnen, weil auf diesem langen Wege verhältnismäßig viel nutzlose Arbeit zur Überwindung der Kolbenreibung zu leisten wäre.

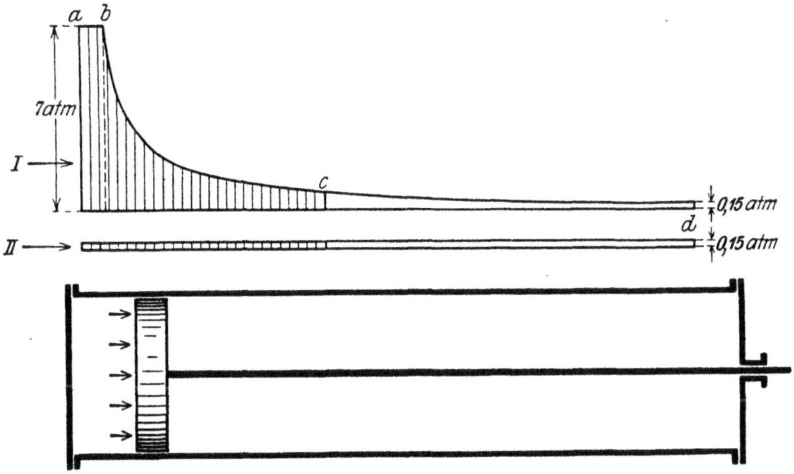

Abb. 104. Arbeitsweise des Dampfes im Zylinder.

Daher schneiden wir einfach ein Stück des Diagrammes ab und lassen den Kolben beispielsweise nur bis zum Punkt *c* gehen. Hier wird der Auslaß des Zylinders geöffnet, und der Dampfdruck fällt plötzlich auf die Spannung von 0,15 at herunter. Mit diesem Verkürzen der Dampfausdehnung ist aber selbstverständlich ein Verlust an Arbeitsenergie verbunden, den zu buchen wir nicht vergessen dürfen.

Auf dem Rückweg findet der Kolben, wie schon erwähnt, einen unveränderten Widerstand, der der Dampfspannung von 0,15 at im Kondensator entspricht (vgl. Diagramm II in Abb. 104). Wie auf S. 39 auseinandergesetzt, gibt der schraffierte Inhalt der Diagrammfläche I ein Maß für die vom Dampf auf den Kolben übertragene, also für die gewonnene Arbeit, der Inhalt der Diagrammfläche II dagegen ein Maß für die Arbeit, die der Kolben hat aufwenden müssen, um den Dampf herauszuschieben und in seine alte Stellung zurückzukehren. Der Einfachheit halber zeichnen wir die Diagramme nicht getrennt voneinander, sondern ziehen die gewonnene und die aufgewandte Arbeit gleich im Diagramm vonein-

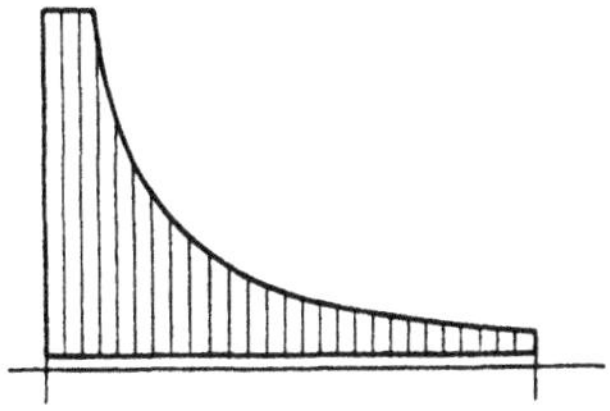

Abb. 105. Dampfdiagramm in einfachster Form.

ander ab, indem wir die Linien untereinander zeichnen. Die schraffierte Fläche in Abb. 105 gibt uns dann die Arbeit, die bei einem Hin- und Rückgang des Kolbens tatsächlich gewonnen worden ist.

In Wirklichkeit sieht nun ein Dampfdiagramm noch ein wenig anders aus. Zunächst ist es nicht möglich, den Kolben so dicht bis an die Rückwand des Zylinders heranzuschieben, daß gar kein freier Raum mehr zwischen beiden bleibt. Dieser freie Raum muß jedesmal zunächst mit Dampf gefüllt werden, ohne daß dabei eine Arbeit geleistet wird. In dem Diagramm der Abb. 106 ist dieser sogenannte „schädliche Raum“, der einen Teil des Dampfes verschluckt, durch die Strecke von 0 bis *a* gekennzeichnet. Allerdings dehnt dieser Dampf sich nachher mit aus, sein Arbeitsvermögen ist also nicht etwa einfach verloren. Außerdem läßt sich die nachteilige Wirkung des schädlichen Raumes dadurch mildern, daß man den Dampf beim Rückgang des Kolbens nicht vollständig in den Kondensator schieben läßt, sondern im Punkt *e* den Austritt zusperrt, so daß der Kolben, wenn er weitergeht, jetzt den Dampf zusammendrücken oder komprimieren wird, wobei seine Spannung bis nahe auf die Eintrittspannung steigen kann. Wenn hierdurch auch die Diagrammfläche, die die Arbeit angibt, verkleinert wird, so wird dafür doch der größte Teil des Dampfes gespart, der sonst zum Auffüllen des toten Raumes notwendig war, so daß im Verhältnis zur geleisteten Arbeit weniger Dampf verbraucht wird. So entsteht das vollständige Diagramm nach Abb. 106.

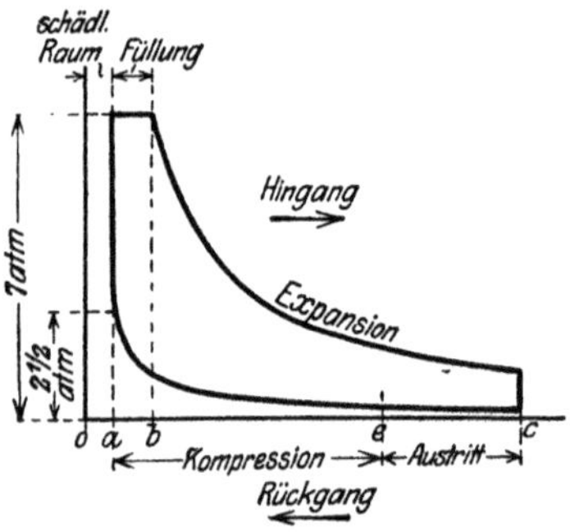

Abb. 106. Vervollständigtes Dampfdiagramm.

Verluste entstehen nun weiterhin noch dadurch, daß der Abschluß der Ein- und Austrittsöffnungen niemals ganz präzise vor sich geht. Die Öffnungen werden allmählich geschlossen, und ehe z. B. der Dampfeintritt ganz abgesperrt ist, hat sich die Zutrittsöffnung schon so verengt, daß die Spannung des eintretenden Dampfes sich erheblich vermindert. Im Diagramm zeigt sich das dadurch, daß die Linie der Dampfspannung schon vor dem Punkt *b* zuerst langsam, dann rascher sinkt und schließlich ganz allmählich in die Ausdehnungslinie übergeht. Ebenso

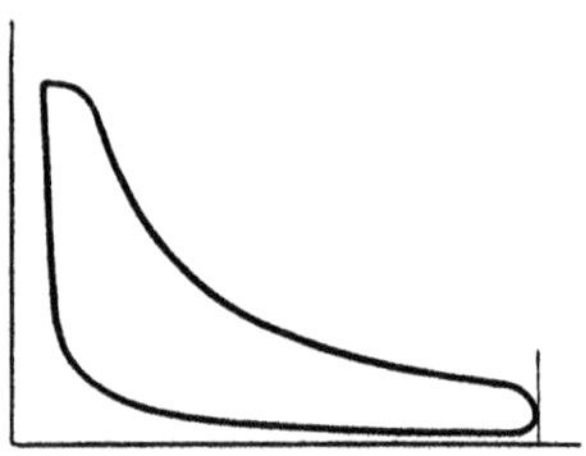

Abb. 107. Praktisch erzielbares Dampfdiagramm.

runden sich auch die übrigen Ecken im Diagramm ab, und man erhält schließlich eine Figur, wie sie Abb. 107 zeigt.

Eins ist bei der Betrachtung unserer Druckdiagramme noch gar nicht besprochen worden, nämlich, nach welchen Gesetzen die Ausdehnung des Dampfes vor sich geht. Frischer Dampf, und damit neue Wärme oder neues Arbeitsvermögen, wird nur auf dem Kolbenwege von *a* bis *b*, Abb. 106, zugeführt; auf dem Wege *bc* müßte also in jedem Augenblick im Dampf noch diejenige Wärme enthalten sein, die nicht in mechanische Arbeit verwandelt ist. Danach ließe sich bestimmen, wie die Expansionslinie *b c* verläuft. Leider aber haben wir bei dieser Überlegung einen Fehler gemacht. Der frische Dampf hat ja eine sehr hohe Temperatur — bei 7 at 164° Celsius —, während der Austrittsperiode dagegen beträgt seine Temperatur nur noch 54°. Die Zylinderwände und der Kolben, die vom Dampf erhitzt werden, müssen eine mittlere Temperatur annehmen, und die Folge ist, daß sie, wenn der frische Dampf eintritt, Wärme aufnehmen, d. h. dem Dampf Wärme entziehen, nachher aber, gegen den Schluß der Expansion und während des Austrittes, Wärme an den Dampf abgeben. Hieraus folgt, daß ein Teil des frisch eintretenden Dampfes infolge der Wärmeentziehung kondensiert, d. h. in Wasser verwandelt wird, und daß die Expansionslinie ganz wesentlich anders verläuft, als sonst der Fall sein würde.

Der Verlust infolge des Wärmeüberganges zwischen dem Dampf und der Zylinderwand ist so groß, daß man vielerlei Mittel angewandt hat, um ihn zu verringern. Das wichtigste ist die Teilung der Expansion, d. h. man läßt den Dampf nicht in einem und demselben Zylinder von der ursprünglichen Spannung — in unserem Falle 7 at — bis herunter auf 0,15 at sich ausdehnen, sondern im ersten Zylinder nur auf eine mittlere Spannung, z. B. auf 2 at, und in einem zweiten Zylinder dann auf die Kondensatorspannung. Das Temperaturgefälle im ersten Zylinder beträgt dann $164 - 120 = 44^0$, und im zweiten Zylinder $120 - 54 = 66^0$. Eine solche Maschine ist auch der Darstellung in Abb. 102 zugrunde gelegt. Der Dampf strömt, nachdem er im Zylinder *I* seine Spannung auf ungefähr 2 at vermindert hat, zunächst in einen Zwischenbehälter und dann in den Zylinder *II*, der erheblich größer sein muß, weil der Dampf sich ja schon ausgedehnt hat und bei dieser geringen Spannung viel mehr Raum einnimmt.

Es mag auf den ersten Blick kaum glaubhaft erscheinen, daß es sich lohnt, die Maschine durch die Teilung der Zylinder so viel komplizierter und teurer zu machen, nur um den Wärmedurchgang durch die Zylinderwände zu verringern und einige andere kleinere Vorteile zu erreichen. Tatsächlich aber zeigt die Erfahrung, daß die

Überlegungen, die zum Bau der Maschinen mit zweifacher Expansion der sogenannten „Verbundmaschinen“, geführt haben, richtig waren. Denn sie verbrauchen 20 bis 30 vH weniger Dampf als gewöhnliche Einzylindermaschinen.

Sowohl den Einzylinder- wie den Mehrzylindermaschinen kommt ein anderes Mittel zugute, die Zylinder-Heizung. Der Zylinder wird mit einem Dampfmantel oder Dampfhemd umgeben, d. h. er erhält eine doppelte Wandung, und der Hohlraum, der auf diese Weise gebildet ist, steht in dauernder Verbindung mit dem Kessel, so daß der im Mantel enthaltene Dampf immer auf der Spannung von 7 at und die Temperatur auf 164^0 bleibt. Infolgedessen wird der Zylinderwand beständig von außen her Wärme zugeführt, so daß sich der Dampf nicht so leicht wie Wasser daran niederschlägt. Erfahrungsgemäß geht die Wärme viel leichter an die Zylinderwand über, wenn diese naß, als wenn sie trocken ist. Obwohl nun für die Zylinderheizung beständig Dampf verbraucht wird — denn durch die Abgabe von Wärme schlägt der Dampf in dem Mantel sich als Wasser nieder —, so haben doch die Versuche eine beträchtliche Ersparnis an Dampf, etwa 10 bis 15 vH, ergeben.

Ähnliche Wirkung hat ein viertes Mittel, durch das die Verluste verringert werden sollen, nämlich die Überhitzung des Dampfes. Erhitzt man den Dampf noch besonders, nachdem er den Kessel verlassen hat, so kann er sich im Zylinder schon ziemlich beträchtlich abkühlen, ohne daß er bis auf die Temperatur herunterkommt, bei der ein Niederschlag von Wasser stattfindet. Gewöhnlich wird der Dampf auf 300 bis 350^0 überhitzt. Man kann sich vorstellen, daß es nicht ganz leicht war, die Dampfmaschine so auszubilden, daß sie durch diese hohen Temperaturen im Betriebe keinen Schaden leidet. Durch unverdrossene Arbeit ist es aber gelungen, alle Schwierigkeiten zu überwinden, und die Folge ist, daß heute fast alle modernen Dampfanlagen mit überhitztem Dampf arbeiten.

Die Anwendung sehr hoch gespannten Dampfes, die neuerdings angestrebt wird, trägt namentlich bei Gegendruckmaschinen zur Verbesserung des Wirkungsgrades bei (vergl. S. 131 u. f.).

Die Mittel, die besonders zur Verringerung des Wärmeüberganges im Zylinder angewandt sind und an deren Verbesserung noch weiter gearbeitet wird, sind so ausführlich besprochen worden, weil gezeigt werden sollte, wie die Technik es sich nicht verdrießen läßt, auch auf schwer gangbaren Wegen und auf mühseligste Weise nach Mitteln zu suchen, um die Verlustquellen zu verstopfen und den Kohlenverbrauch, der stündlich für jede erzeugte Pferdekraft aufzuwenden ist, um einige Zehntel Kilogramm herunterzudrücken. Nur durch streng wissenschaftliche Arbeit ist es möglich, Erfolge zu erreichen. Denn die Ursachen der Verluste sind so zahlreich, daß es gar nicht denkbar wäre, mit einfachen Mitteln, z. B. dadurch, daß man die Menge der verbrauchten Kohle und die erzeugte mechanische Arbeit mißt, der Aufgabe auf den Grund zu kommen. Man kann auf diese Weise wohl feststellen, daß die eine Anlage gut und die andere schlecht arbeitet, doch ist es nicht möglich, aus einem solchen Versuche mit Sicherheit zu folgern, wo der Fehler liegt, oder welche Wirkung die einzelnen Mittel gehabt haben, die angewandt worden sind. Eine große Rolle spielt ja auch noch die Güte der Werkstattausführung. In einer schlecht gearbeiteten Maschine ist nicht nur die Reibung größer, sondern es kommt dazu, daß die Vorrichtungen, durch die der Dampf abgesperrt wird, weniger gut dicht halten, und auch am Kolben vorbei tritt Dampf von der einen Seite, wo hoher Druck herrscht, auf die andere Seite über, wo der Druck niedrig ist, so daß der Dampf unmittelbar in den Kondensator strömt und verloren geht, ohne Arbeit geleistet zu haben.

6. Indizieren der Dampfmaschine.

Wenn man also nicht nur nachprüfen will, ob eine Maschine mit dem Kohlenverbrauch auskommt, den der Lieferer gewährleistet hatte, sondern aus den Versuchsergebnissen Folgerungen zu ziehen wünscht, die für eine weitere Verbesserung der Maschine den Weg weisen, so bleibt nichts übrig, als den Weg der Wärme Schritt für Schritt zu verfolgen und an jedem Punkt mit dem Versuch einzusetzen, wo es nur überhaupt möglich ist, um in der Erkenntnis ein kleines Stück weiter zu kommen.

Wir hatten ja oben schon gesehen, wie die Verluste bei der Erzeugung und Fortleitung des Dampfes bis zur Dampfmaschine gemessen werden können. Nun kommt es darauf an, festzustellen, wie der Dampf im Zylinder der Maschine arbeitet.

Hierzu dient uns ein ganz außerordentlich nützliches und dabei einfaches Instrument, der sogenannte Indikator, der das Diagramm, wie es in Abb. 107 skizziert wurde, selbsttätig aufschreibt, so daß wir nachträglich ablesen können, wie hoch der Dampfdruck bei jeder Stellung des Kolbens gewesen ist.

Wie ein solcher Indikator wirkt, ist nach Abb. 108 leicht zu verstehen. Er besteht aus einem Zylinder, in dem sich ein Kolben bewegt, der grundsätzlich ähnlich wie ein Dampfmaschinenkolben, aber natürlich im Verhältnis sehr klein ist. In der Abbildung ist der Indikator in verzerrtem Maßstab, d. h. viel zu groß, gezeichnet. Durch eine Feder wird dieser Kolben nach unten gedrückt. Bringt man nun durch ein Verbindungsrohr den Zylinder des Indikators mit dem Zylinder der Dampfmaschine in Verbindung, so daß der Dampf frei von dem einen in den andern übertreten kann, so muß in beiden immer die gleiche Spannung herrschen. Oben war angenommen, daß der Dampf mit 7 at in den Zylinder eintritt; er übt dann also auf jedes Quadratzentimeter des Indikatorkolbens von unten her einen Druck von 7 kg aus. Hat der Kolben einen Durchmesser von 2 cm, so ist die Fläche, auf die der Dampf drückt, 3,14 qcm groß, und die Feder wird mit einer Kraft von $3{,}14 \times 7 = 22$ kg zusammengepreßt. Der Kolben geht dabei um ein gewisses Stück in die Höhe und bewegt den Schreibhebel, an

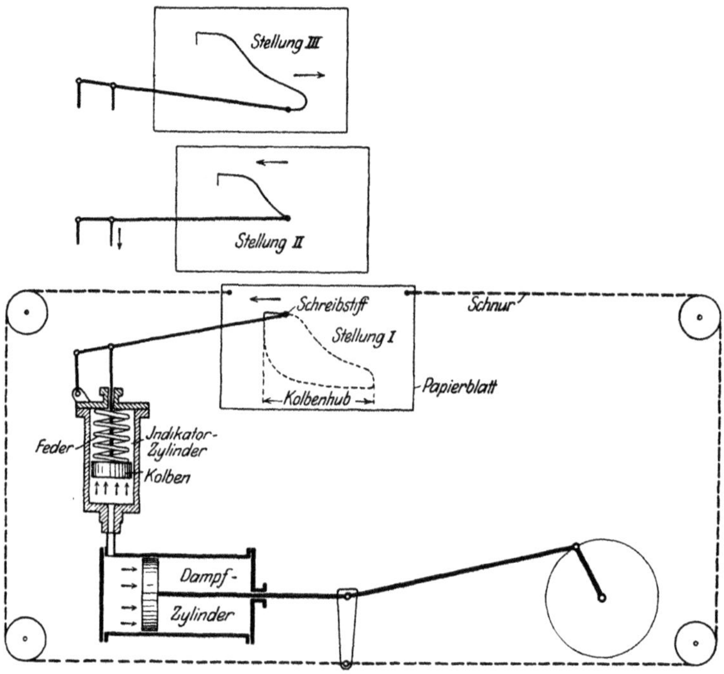

Abb. 108. Untersuchung einer Dampfmaschine mit dem Indikator (TWL 10860).

dessen Ende ein Schreibstift sitzt. Die Einrichtung kann z. B. so getroffen werden, daß eine Atmosphäre mehr den Schreibstift immer um 1 cm höher bewegt. Bei dem Anfangsdruck von 7 at steht dann also der Schreibstift 7 cm höher, als er bei der Spannung 0, d. h. bei vollkommener Luftleere im Zylinder, stehen würde.

Den Schreibstift drücken wir nun gegen ein Blatt Papier, das genau ebenso hin- und hergezogen wird, wie der Kolben hin- und hergeht. Dies läßt sich leicht mit einer Schnur bewerkstelligen, die an einem Arm festgemacht ist, den wir an dem Kreuzkopf der

Dampfmaschine anbringen. Die Schnur läuft über ein paar Rollen nach dem Blatt Papier und zieht es in Abb. 108 nach links, wenn der Kolben sich nach rechts bewegt. Hat sich also der Kolben der Dampfmaschine z. B. um 16 cm bewegt, so hat das Papier denselben Weg gemacht (vgl. Stellung II). In diesem Moment zeichnet der Indikatorkolben vielleicht einen Dampfdruck von 3 at auf. Da der Kolben dauernd an dem Blatt anliegt, so entsteht eine zusammenhängende Linie für den Hingang und ebenso auch für den Rückgang des Dampfkolbens, wir erhalten also von dem Indikator ganz selbsttätig das Dampfdiagramm, das, wie auf S. 39 erörtert, nicht nur den Dampfdruck in jedem Augenblick anzeigt, sondern, wenn wir seinen Inhalt ausmessen, auch sagt, wie groß die Arbeit war, die der Dampf auf den Kolben übertragen hat.

Sodann kann man aber aus dem Diagramm noch vieles andere über das Arbeiten der Maschine lernen. Wir können sehen, an welcher Stelle der Dampf anfängt sich auszudehnen, welchen Weg also der Kolben bereits zurückgelegt hatte, als der Dampf abgesperrt wurde. Daraus ergibt sich, wie groß der Raum ist, der bei jedem Vorwärtsgang des Kolbens mit Dampf gefüllt wird. Da wir gleichzeitig zählen, wie oft die Maschine in einer bestimmten Zeit hin- und hergegangen ist, wie oft sie also diese Füllung empfängt, so läßt sich der Dampfverbrauch der Maschine berechnen. Nun zeigt sich häufig, daß der Dampfverbrauch, der so bestimmt wurde, kleiner ist als die Dampfmenge, welche die Rohrleitung an den Zylinder abgeliefert hat. Daraus ist zu schließen, daß sich ein Teil des Dampfes beim Eintritt in den Zylinder an den Wänden niederschlägt und nicht mehr zur Wirkung kommt, falls er nicht etwa nachträglich während der Expansion wieder verdampft. Auch dieses letztere läßt sich mit einiger Sicherheit feststellen. Wenn nämlich in Abb. 109 die Ausdehnung des Dampfes bei a beginnt, so wissen wir ganz genau, welche Dampfmenge in diesem Augenblick im Zylinder war. Befände sich am Schluß der Ausdehnung noch die gleiche Menge Dampf darin wie vorher, so müßte die Expansionslinie an einem bestimmten Punkt, bei c, endigen. Verläuft sie nun statt dessen weiter oberhalb, wie gestrichelt angedeutet, so daß sie bei g endigt, so können wir daraus schließen, daß der Dampfinhalt des Zylinders sich vermehrt hat, daß also Wasser, das sich vorher niedergeschlagen hatte, nachträglich verdampft sein muß. Zeigt sich anderseits, daß die Linie erheblich tiefer endet, z. B. bei h, so

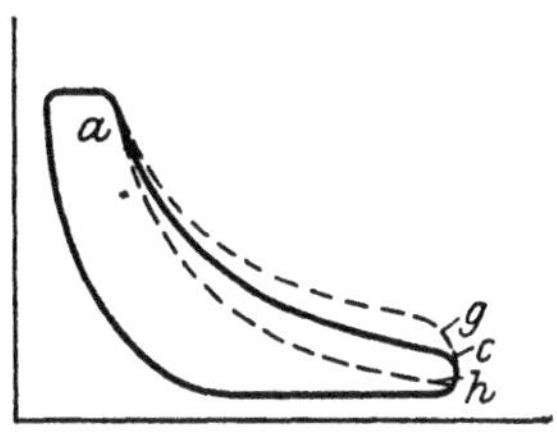

Abb. 109. Anzeichen von Nachverdampfung bzw. Undichtheit des Kolbens im Diagramm.

ergibt sich, daß eine gewisse Menge Dampf verschwunden sein muß, und dies läßt sich nur daraus erklären, daß der Kolben undicht ist, so daß ein Teil des Dampfes daran vorbei auf die andere Kolbenseite strömt. Das Diagramm läßt erkennen, wie groß die Arbeit ist, die auf diese Weise verloren geht.

Auch über andere Fehler an der Maschine gibt das Diagramm Auskunft. Bei dem Diagramm nach Abb. 110 ist der Dampf beim Rückgang des Kolbens bis auf eine Spannung von 9 at zusammengedrückt worden, während die Eintrittspannung nur 7 at beträgt. Die Dampfspannung sinkt plötzlich, wenn die Verbindung nach dem Kessel hin geöffnet wird, und für das Zusammendrücken des Dampfes ist demnach eine ganz beträchtliche Arbeitsmenge unnütz aufgewandt. Die Steuerung der Absperrorgane muß geändert werden, so daß die Kompression, wie gestrichelt angedeutet, erst bei *g* statt bei *d* beginnt und auf 7 at Spannung, endigt. Die Fläche des Diagramms wird dadurch ganz bedeutend, der gestrichelten Linie entsprechend, vergrößert und die vom Kolben geleistete Arbeit vermehrt.

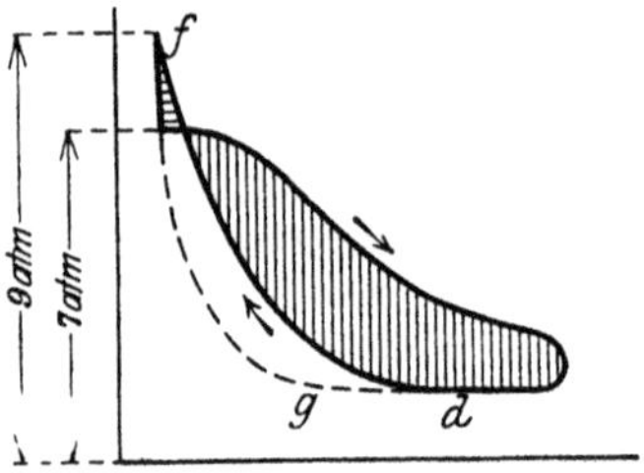

Abb. 110. Diagramm mit zu starker Kompression.

Wir können also mit dem Indikator in die Dampfmaschine hineinblicken und uns über das Arbeiten ihrer inneren Organe Klarheit verschaffen. Über die meisten Krankheiten, an denen eine Maschine leiden kann, läßt sich auf diese Weise rasch und sicher eine Diagnose stellen.

7. Energiebilanz und wirtschaftliche Bilanz einer Dampfkraftanlage.

Selbstverständlich werden auch an allen anderen Stellen die Vorgänge so genau wie möglich verfolgt und die Verluste bestimmt. So wird bei jedem Versuch das niedergeschlagene Wasser abgefangen und gemessen. Z. B. kühlt sich der Dampf, der in den Heizmantel eines Zylinders geschickt wird, fortdauernd ab, schlägt sich nieder und wird durch neuen ersetzt. Die Bestimmung der niedergeschlagenen Menge ergibt den Wärmeverlust an diesem Punkte.

Bestimmt man endlich den Wärmeinhalt, den der Dampf noch hat, wenn er an den Kondensator abgeführt wird, so muß die Rechnung aufgehen. Die an den Kolben abgegebene und durch den Indikator gemessene Arbeit ist gleich der im Dampf zugeführten Energie (70 Kal.) abzüglich der in den Kondensator gehenden Wärme (51 Kal.) und der Verluste bei der Ausführung des Arbeitsprozesses seitens des Dampfes ($5^1/_2$ Kal.). Bei den hier gemachten Annahmen (vergl. Abb. 102, S. 96) bleibt ein Rest: $70 - 5^1/_2 - 51 = 13^1/_2$ Kalorien als durch den Indikator gemessene, vom Dampf tatsächlich geleistete Maschinenarbeit.

Da im vorliegenden Falle die Dampfmaschine eine Dynamomaschine antreibt und elektrischen Strom erzeugt, so sind die weiteren Verluste ziemlich leicht zu bestimmen. Elektrische Arbeit kann nämlich sehr bequem gemessen werden; in Privathäusern, wo elektrisches Licht verbraucht wird, haben wir ja auch sogenannte „Wattmeter“ oder Elektrizitätszähler, die angeben, wieviel elektrische Energie in einer bestimmten Zeit verbraucht ist. Ähnliche Instrumente geben im großen die von der Dynamomaschine erzeugte Arbeit an. Wie groß die Verluste in der Dynamomaschine selbst sind, läßt sich erfahrungsgemäß ziemlich sicher sagen — in dem Beispiel ist angenommen 1,1 Kalorien. Wenn die Dynamomaschine nach den Angaben der Meßinstrumente 10,9 Kalorien in Form von elektrischer Arbeit abgibt, so muß sie also 12 Kalorien empfangen haben. Daraus folgt, daß von den $13^1/_2$ Kalorien, die der Dampf als mechanische Arbeit an den Kolben abgegeben hat, $1^1/_2$ Kalorien zur Überwindung der Reibung in der Dampfmaschine verbraucht worden sind.

In der elektrischen Leitung mögen jetzt noch 0,5 Kalorien verloren gehen. Von dem Rest von 10,4 Kalorien werden 4 für Beleuchtungszwecke verwandt und 6,4 für den Antrieb von Motoren. Da bei der Umwandlung der elektrischen Energie in mechanische Arbeit nochmals ein Verlust von 0,9 Kalorien eintritt, so werden von den Motoren $5^1/_2$ Kalorien nutzbar gemacht.

Nun läßt sich endlich die Bilanz für den ganzen Verlauf der Energieumsetzung aufstellen (siehe die Zusammenstellung auf S. 110).

Von 100 Kalorien sind also nur 9,5, nicht einmal der zehnte Teil, nutzbar gemacht worden! Das ist eigentlich kein glänzendes Ergebnis, und es könnte dazu verleiten, den Stand des technischen Könnens niedrig einzuschätzen, wenn man die Sachlage nur oberflächlich betrachtet. Der Nichtfachmann wird vor allen Dingen geneigt sein, den gewaltigen Kondensatorverlust von 51 Kalorien zu bemängeln, und er wird es für notwendig halten, Mittel und Wege zu finden, um diesen Verlust zu verringern. Technisch richtiges Durchdenken der Verhältnisse führt aber bald dazu, diese Versuche als fruchtlos aufzugeben. Bei dem Wärmegefälle, das zur

Im Brennmaterial sind aufgewandt: **100** Kalorien. Verloren gingen:

durch Verbrennungsrückstände	1	Kalorie
durch Schornsteinverluste	16	Kalorien
durch Ausstrahlung usw. des Kessels	12	"
durch die Leitung zur Maschine	1	"
durch Abführung an den Kondensator	51	"
beim Arbeiten des Dampfes in der Maschine	5,5	"
durch Reibung im Getriebe der Dampfmaschne	1,5	"
bei der Umsetzung in elektrische Energie	1,1	"
bei der Fortleitung der Elektrizität	0,5	"
durch die Energieumwandlung in den Elektromotoren	0,9	"
Gesamtverlust	90,5	Kalorien.
Nutzbar gemacht wurden 4 Kalorien in der Beleuchtung und 5,5 Kalorien durch die Motoren, zusammen	**9,5**	"
	100	Kalorien.

Verfügung steht, läßt sich nun einmal, sogar mit einer vollkommenen und ganz verlustfreien Dampfmaschine, nichts anderes erreichen, als daß etwa $^1/_4$ der im Dampf zugeführten Wärme — in unserem Falle $^1/_4 \times 70 = 17^1/_2$ Kalorien — nutzbar gemacht werden. Etwas anderes zu versuchen, käme auf dasselbe heraus, wie wenn man das Gefälle einer Wasserkraft dadurch künstlich erhöhen wollte, daß man einen Kanal unmittelbar bis zum Meere grübe, damit das Wasser auf dem Wege von seiner natürlichen Abflußstelle bis zum Meer kein Gefälle mehr einbüßte (vergl. S. 76). Das Mittel stände in gar keinem Verhältnis zu dem Erfolge, der zu erzielen wäre! Wohl kann durch einen kurzen, nicht zu teueren Graben das Gefälle etwas vergrößert werden — bei der Dampfmaschine entspricht dem der Kondensator, der den Zweck hat, den Dampf statt mit 100° mit 50° aus dem Zylinder zu entlassen. Eine weitere erhebliche Verringerung des Temperaturgefälles wäre nur möglich, wenn man die Kühlwassermenge ganz ungeheuer vermehrte oder gar statt des gewöhnlich zur Verfügung stehenden Wassers, bei dem man mit einer Temperatur von durchschnittlich 20° Celsius rechnen muß, künstlich gekühlte Flüssigkeiten zum Niederschlagen des Dampfes anwenden wollte, was vom wirtschaftlichen Standpunkt natürlich gar nicht in Frage kommt. Den Dampf sich so weit ausdehnen zu lassen, würde außerdem, wie wir gesehen haben, doch nicht möglich sein, weil dabei die Spannungen und somit die ausgeübten Kräfte so niedrig wären, daß sie nicht einmal die eigene Reibung der Maschine überwinden könnten.

Daß die Technik an der Möglichkeit, das Gefälle zu erhöhen, keineswegs etwa achtlos vorübergegangen ist, beweisen die Versuche, mit dem Abdampf der Dampfmaschine schweflige Säure zu erwärmen, die bei diesen niedrigen Temperaturen schon recht hohe Spannungen hat — bei 50° Celsius etwa 8 at. Damit ist wenigstens die letztgenannte Schwierigkeit überwunden; man erhält Spannungen und Kolbenkräfte, die sich ausnutzen lassen. Die Schwierigkeit, den Dampf der schwefligen Säure noch weiter abzukühlen, bleibt aber bestehen, und man kann deshalb diese „Abwärmekraftmaschinen" nur anwenden, wo kaltes Wasser in sehr großer Menge zur Verfügung steht, so daß man eine Kondensatortemperatur von etwa 20° erreicht. Der „Abzugsgraben", der das Gefälle erhöhen soll, wird unter allen Umständen ziemlich teuer, und für gewöhnliche Verhältnisse kommt das Verfahren daher gar nicht in Betracht, sondern nur dann, wenn die Leistung einer Dampfanlage unbedingt erhöht werden muß, alle anderen Wege aber, die sonst zur Verfügung stehen, aus technischen Gründen nicht gangbar sind.

Es ist demnach richtig, wenn die Hauptarbeit darauf verwandt wird, die Energieverluste, die durch Mängel des eigentlichen Arbeitsprozesses entstehen — in unserem Falle die $5\,^1/_2$ Kalorien —, so niedrig wie möglich zu halten. Allerdings müssen wir heute die Dampfmaschine als ziemlich vollkommen betrachten und dürfen von weiteren Verbesserungsversuchen keine übertriebenen Erfolge erhoffen.

Vielleicht geht man sogar nicht zu weit, wenn man behauptet, daß bei der Arbeit, die immer noch auf die Verbesserung der Dampfmaschine verwandt wird, der Ingenieur leicht mit dem Kaufmann — oder das wissenschaftliche Streben mit dem wirtschaftlichen Denken — durchgeht, so daß sich vielleicht noch ein scheinbar hervorragender Erfolg ergibt, der in Wahrheit nicht im Sinne der Ziele der Technik liegt. Ergebnisse, wie sie in der Bilanz auf Seite 110 angenommen sind, lassen sich nämlich nur bei Probeversuchen, nicht aber im praktischen Betrieb erreichen. Ein Elektrizitätswerk ist immer nur während verschwindend kurzer Zeit an jedem Tage „voll belastet", d. h. es hat die größte Strommenge, die es abgeben kann, vielleicht nur während einer Viertelstunde in die Leitung zu schicken. Im Winter tritt dies etwa um 5 Uhr ein, wenn in Geschäften und Privathäusern bereits überall Licht gebrannt wird, während gleichzeitig in den Fabriken oder Werkstätten, die ihre Kraft von dem Elektrizitätswerk beziehen, noch gearbeitet wird. Die Inanspruchnahme des Werkes nimmt dann sehr rasch ab und beträgt zwischen 2 und 4 Uhr nachts vielleicht nur $^1/_{10}$ oder $^1/_{20}$ der größten Leistung. Die Kesselanlage muß natürlich unter Dampf bleiben, so daß die Abkühlungsverluste der Dampfkessel ebenso hoch sind wie beim vollen Betrieb. Die Dampfmaschinen müssen beim Nachlassen des Stromverbrauches nacheinander stillgesetzt, beim Anwachsen der Leistung wieder eingeschaltet werden, was jedesmal einen Verlust verursacht, da die Maschine kalt ist und ziemlich viel Dampf dazu gehört, um sie zunächst einmal zu erwärmen. Dazu kommt, daß die Maschinen, wenn sie nicht ihre volle Leistung hergeben, im Verhältnis mehr Dampf verbrauchen. Schließlich ist zu berücksichtigen, daß die Bedienung der Anlage, vor allem der Kessel, nicht immer so sorgfältig ist wie bei Probeversuchen. Alle diese Umstände haben zur Folge, daß die im wirklichen Betrieb erreichbare Wärmeausnutzung zu derjenigen, die bei Versuchen festgestellt wird, sich nur etwa wie 6 : 10 zu verhalten pflegt. Oder mit anderen Worten, wir würden im Jahresdurchschnitt bei unserem Elektrizitätswerk von den 100 Brennstoffkalorien statt $9\,^1/_2$ nur etwa 5 bis 6 ausnutzen![1])

Entwirft man eine Dampfanlage also nach richtigen technischen Gesichtspunkten, so muß in allererster Linie dahin gestrebt werden, daß dieser große Jahresverlust heruntergedrückt wird, daß also der Betrieb im Ganzen sich zweckmäßig einrichten läßt und die Bedienung sicher und leicht überwacht werden kann. Ob die beim Versuch zu erzielende Ausnutzung der Wärme 9,5 oder 9,9 vH beträgt, spielt demgegenüber eine geringere Rolle.

Hinzu kommt, daß die Brennstoffkosten überhaupt nur einen Teil der Gesamtausgaben ausmachen. Wir hatten oben gesehen, daß 1 kg Kohle von 7000 Kalorien Heizwert, wenn keine Verluste entstehen, eine Stunde lang eine Leistung von 11 PS oder, wie man zu sagen pflegt, 11 Pferdekraftstunden erzeugen könnte. Wenn nun aber die von der Dynamomaschine im Jahresdurchschnitt abgegebene Leistung $6\,^1/_2$ vH der Brennstoffenergie beträgt, so würde das Kilogramm Kohle nur etwa 0,7 Pferdekraftstunden erzeugen. Kostet, wie oben angenommen, 1 kg Kohle 2 Pfennig,[2]) so beläuft sich also der Brennstoffaufwand für die Pferdekraftstunde auf $\frac{2,0}{0,7}$ = ungefähr 3 Pfennig. Nun mögen für Löhne der Kesselheizer, Maschinenwärter und für Gehälter der anderen Angestellten 2 Pfennig dazukommen, ferner für Ausbesserungen, Schmierstoffe und dergleichen 1 Pfennig. Damit belaufen sich die Betriebsausgaben allein schon auf $3 + 2 + 1$

[1]) Den Ingenieuren unter meinen Lesern, die sich über diese Frage näher unterrichten wollen, rate ich zum Studium des kleinen Buches: „Neuere Kraftanlagen“ von Prof. Josse, Berlin. Vergl. auch Guilleaume, Die Wärmeausnutzung neuerer Dampfkraftwerke und ihre Überwachung (Z. d. Ver. deutsch. Ing. 1915 S. 262).

[2]) Die Zahlenangaben dürfen nur als Beispiele angesehen werden, da die Kosten außerordentlich verschieden sind. Dies gilt auch für die Angaben im Unterabschnitt 8.

= 6 Pfennig. Rechnen wir jetzt noch für die Abschreibung und Verzinsung der Maschinenanlage und Gebäude $3^1/_2$ Pfennig für die tatsächlich abgegebene Pferdekraftstunde, so berechnen sich die Selbstkosten auf $9^1/_2$ Pfennig, während die Brennstoffkosten 3 Pfennig, also nicht einmal ganz $^1/_3$ der Gesamtausgaben waren. Diese Aufstellung zeigt recht deutlich, wie untechnisch es ist, einzig und allein in der Verminderung der Kalorienverluste das Heil zu suchen, und anderseits, wie viele Einflüsse der Ingenieur zu berücksichtigen und wie sorgfältig er zu rechnen hat, um zu dem besten Ergebnis, d. h. zu den niedrigsten Selbstkosten für die erzeugte Pferdekraftstunde zu gelangen, die unter den gegebenen Verhältnissen erreichbar sind.

Vor gar zu einseitiger Betonung des Kostenstandpunktes muß allerdings auch hier gewarnt werden. Wir müssen uns davor hüten, Raubbau zu treiben, also Naturschätze, wie die Brennstoffe, die wir nur in beschränkter Menge besitzen, zu verschwenden, um einen günstigeren Kassenabschluß zu erzielen.

8. Andere Verfahren der Brennstoffausnutzung in Kraftmaschinen. Gasmaschine; Sauggasanlage; Dieselmotor.

Was für Dampfanlagen ausgeführt wurde, gilt auch für alle anderen Verfahren, nach denen die Brennstoffenergie ausgenutzt wird. Verfolgt man den umständlichen Weg, den die Wärme bei der Dampfanlage durchmacht, ehe sie zur Arbeitsleistung gelangt, und sieht man, wie viel auf diesem Wege verloren geht, so drängt sich eigentlich von selbst der Gedanke auf, ob es denn nicht möglich ist, die Brennstoffwärme der Kohle, statt auf dem Umweg über den Dampfkessel, unmittelbar in den Zylinder zu führen. Man hat diesen Gedanken oft erörtert. Es erscheint an sich gar nicht unmöglich, jedesmal, wenn der Kolben vorgeht, eine kleine Menge Kohlenstaub in den Zylinder zu bringen und zu verbrennen, wodurch die Luft hoch erhitzt wird, so daß sie sich ausdehnt und den Kolben vor sich hertreibt. Praktisch ist das Verfahren nicht ausführbar, weil die nicht verbrannten Teile den Zylinder derartig verschmutzen würden, daß der Motor sehr bald aufhören müßte zu arbeiten.

Nun gibt es aber andere Stoffe, die leichter und vollständiger verbrennen als Kohle. Dazu gehören vor allem Leuchtgas, wie es von den Gasanstalten geliefert wird, und andere brennbare Gase, sodann eine ganze Reihe von flüssigen Brennstoffen, wie Petroleum und andere Ölsorten, Benzin, Spiritus und die bei der Erhitzung aus ihnen entstehenden Dämpfe.

Man kann z. B. eine kleine Menge Leuchtgas mit Luft mischen, das Gemenge in den Zylinder der Maschine einführen und es in dem Augenblick, wo der Kolben vorangehen will, durch einen elektrischen Funken entzünden. Aus der Erfahrung ist uns bekannt, daß bei der Entzündung eines Gemenges von Gas und Luft eine Explosion auftritt. Dies bedeutet aber nichts anderes, als daß die Gase sich infolge der plötzlich erzeugten Verbrennungswärme heftig ausdehnen. Sind sie in dem engen Raume des Zylinders eingeschlossen, so üben sie dabei einen starken Druck auf den Kolben aus. Während der Kolben weiter vorangeht, dehnen sich die Gase aus und ihre Spannung nimmt ab, genau wie bei der Arbeitsleistung des Dampfes im Zylinder der Dampfmaschine. Am Schluß des Kolbenweges, unmittelbar ehe der Kolben umkehrt, wird der Auslaß für die Gase geöffnet, und der Kolben schiebt nun beim Rückgang das Gasgemisch aus dem Zylinder heraus ins Freie. Das Diagramm kann z. B. die in Abb. 111 wiedergegebene Form haben. Die schraffierte Diagrammfläche gibt wieder ein Maß für die Arbeit, die auf den Kolben übertragen ist.

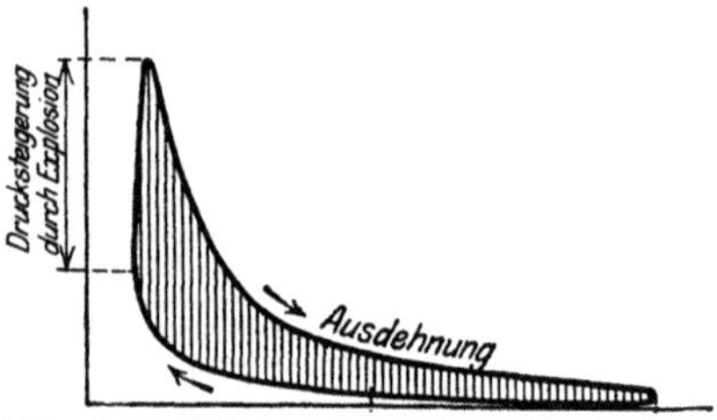

Abb. 111. Diagramm einer Zweitakt-Gasmaschine.

Verschiedene Vorteile werden bei diesem Verfahren erreicht. Zunächst fallen die Verluste fort, die sich bei der Dampfanlage schon infolge der Dampferzeugung in den Kesseln ergeben und die im praktischen Betrieb wenigstens etwa 30 bis 40 vH der zugeführten Wärme betragen. Sodann erhält man im Zylinder viel höhere Anfangstemperaturen. Wenn nun auch die Temperatur, mit der die Gase entweichen, nachdem sie ihre Arbeit getan haben, höher ist als bei der Dampfmaschine, so ist doch der Temperaturunterschied, das Temperaturgefälle, auf das es vor allen Dingen ankommt, ganz bedeutend größer, so daß auch aus diesem Grunde die Wärme besser ausgenutzt wird. Die beiden Einflüsse haben zur Folge, daß bei Gasmaschinen ungefähr 25 vH der Brennstoffenergie in mechanische Arbeit umgesetzt werden können, gegenüber bestenfalls 12 bis 15 vH bei einer Dampfanlage!

Eine Wärmebilanz läßt sich hier ebenso wie bei den Dampfmaschinen aufstellen, indessen ist sie weit einfacher. Nehmen wir wieder an, daß durch die Verbrennung 100 Kalorien zugeführt werden. Da die Temperatur, die bei der Verbrennung entsteht, so groß ist, daß die Maschine auf die Dauer nicht dabei arbeiten könnte, sondern sich sehr schnell abnützen würde, so muß ein großer Teil der Wärme so rasch als möglich abgeführt werden, und zwar geschieht das in der Weise, daß man den Zylinder mit einem Mantel umgibt, durch den beständig Kühlwasser hindurchgepumpt wird. Sodann entweicht ein großer Teil der Wärme mit den immer noch heißen Gasen, die der Kolben beim Rückgang aus der Maschine herausschiebt. Die Wärmebilanz ist je nach Ausführung und Betrieb der Maschine außerordentlich verschieden, doch kann wenigstens als Beispiel folgendes gelten:

Zugeführte Wärme **100** Kalorien, davon

mit dem Kühlwasser abgeführt	45	Kalorien
mit den Abgasen ausgestoßen	30	„
in mechanische Arbeit umgesetzt	**25**	„

Die geringen Verluste, die dadurch entstehen, daß die Maschine Wärme ausstrahlt, sind dabei nicht besonders berücksichtigt.

Wärmetechnisch genommen ist hiernach der Gasmotor der Dampfmaschine um das Doppelte überlegen. Während eine ziemlich große, gut ausgeführte Dampfmaschine unter günstigen Umständen vielleicht 5000 Brennstoffkalorien für 1 PS verbraucht, kommt die Gasmaschine unter den gleichen Verhältnissen mit 2500 Kalorien aus. Noch viel günstiger stellt sich der Vergleich für die Gasmaschine, wenn es sich um geringe Arbeitsleistungen handelt, weil bei einer kleinen Gasmaschine die Brennstoffausnutzung nicht sehr viel schlechter ist als bei einer großen, während kleine Dampfmaschinen sehr ungünstige Resultate ergeben. Bei Leistungen von etwa 20 Pferdestärken arbeitet der Gasmotor in bezug auf die Wärmeausnutzung ungefähr 4 mal so gut wie eine Dampfmaschine.

Diese Zahlen entscheiden indessen den Wettstreit zwischen Dampf- und Gasmaschine noch keineswegs; sie haben zunächst nur wissenschaftlichen Wert, solange man nicht weiß, wieviel die im Brennstoff zugeführte Kalorie in dem einen und in dem anderen Falle kostet!

Stellt man die Frage in dieser Weise, so kommt allerdings etwas ganz anderes heraus. Da der Geldbetrag für 1 Kalorie zu klein ist, so wollen wir mit 10000 Kalorien rechnen. Diese kosten in Kohle, mittlere Entfernung vom Verwendungsort vorausgesetzt, ungefähr $2\frac{1}{2}$ bis 3 Pfennig, in Leuchtgas dagegen 20 bis 30 Pfennig, d. h. also das 8- bis 10 fache! Da die Ausnutzung unter den oben gemachten Annahmen nur 2- bis 4 mal so gut ist, so steht hiernach, was die reinen Brennstoffkosten anlangt, die Dampfmaschine viel günstiger da!

Wenn also nicht andere Vorteile zugunsten der Gasmaschine sprechen, so würde sie sich trotz ihrer weit besseren Wärmeausnutzung nie eingeführt haben. Nun sehen wir aber schon aus dem Beispiel der Dampfanlage auf S. 113, daß die reinen Brennstoffkosten noch längst nicht gleichbedeutend sind mit den Kosten für die wirklich erzeugte Arbeitsmenge, also für die während einer Stunde abgegebene Pferdekraft. Dort betrugen sie nur $^1/_3$ der Gesamtausgaben!

Wie steht es also in dieser Beziehung mit Gasmaschine und Dampfmaschine? Die Dampfmaschine braucht einen besonderen Raum für die Kesselanlage und außerdem Platz für die Lagerung von Kohle. Beides fällt bei der mit Leuchtgas betriebenen Maschine fort; sie kann im Arbeitsraum aufgestellt werden und entnimmt das Gas einfach aus der Leitung der Gasanstalt. Der Kaufpreis für die Maschine selbst wird meist etwas niedriger sein als für die vollständige Dampfanlage, indessen muß man damit rechnen, daß sie sich rascher abnutzt und mehr Ausbesserungen erfordert. Auch verbraucht die Gasmaschine etwas mehr Schmieröl. Während aber die Dampfmaschinenanlage wenigstens einen Mann zur ständigen Bedienung und Überwachung nötig hat, arbeitet die Gasmaschine, nachdem sie in Gang gesetzt ist, weiter, ohne daß sich, außer gelegentlichem Nachsehen, jemand um sie zu kümmern braucht.

Alles dies zusammengenommen, wird man z. B. für eine Dampfmaschine und eine Gasmaschine von 20 Pferdestärken etwa zu folgenden Ergebnissen kommen. Vorausgesetzt ist dabei, daß 1 kg Kohle 2 Pfennig, 1 cbm Gas 12 Pfennig kostet, und daß die Maschine 10 Stunden täglich voll arbeitet, bei 300 Arbeitstagen im Jahr.

Kosten für eine abgegebene Pferdekraftstunde bei 20 PS

	Dampfmaschine	Gasmaschine
Brennstoffverbrauch	4 Pfennig	7 Pfennig
Verzinsung und Abschreibung der Anlagekosten	2 "	$1^1/_2$ "
Bedienung	$2^1/_2$ "	1 "
Schmierung usw.	$^1/_2$ "	$^3/_4$ "
Zusammen für die PS-Stunde	9 Pfennig[1])	$10^1/_4$ Pfennig

[1]) Dieses Ergebnis darf auf keinen Fall mit den Zahlen verglichen werden, die auf S. 113 für die verhältnismäßig große Kraftanlage eines Elekrizitätswerkes gegeben wurden, denn hier ist angenommen, daß die Maschine dauernd vollbelastet arbeitet, während dort die Anlage schlecht ausgenutzt ist. Außerdem beziehen sich die $9^1/_2$ Pfennig, die dort ausgerechnet wurden, nicht auf die von der Dampfmaschine, sondern auf die von der Dynamomaschine abgegebene Pferdekraftstunde, die infolge des in der Dynamomaschine auftretenden Verlustes und der Anschaffungs-, Ausbesserungs- und Bedienungskosten der elektrischen Anlage selbstverständlich teurer ist. Würde man für eine große

Die Dampfmaschine gibt demnach die Pferdekraftstunde um $1^1/_4$ Pfennig billiger her, indessen ist dieser Unterschied so gering, daß das Bild sich bei Zugrundelegung etwas geänderter Verhältnisse sehr leicht zugunsten der Gasmaschine verschieben kann. Wenn z. B. der Gaspreis nicht 12 Pfennig, sondern 10 Pfennig für 1 cbm betrüge, so würden die Brennstoffkosten für eine Pferdekraftstunde 6 Pfennig statt 7 Pfennig sein, und die Gesamtkosten wären bei der Gasmaschine nur noch $9^1/_4$ Pfennig gegenüber 9 Pfennig bei der Dampfmaschine.

Bei ganz kleinen Leistungen, unter 10 Pferdestärken, kann die Dampfmaschine nicht mehr gut mitkommen, sondern der Leuchtgasmotor wird in der Regel die Oberhand haben. Die Brennstoffkosten fallen dann eben weniger ins Gewicht, und der Unterschied in den Kosten für die Bedienung macht sich stärker geltend.

Auch hier zeigt sich wieder, wie grundverkehrt es ist, wenn man in der Technik aus einseitigen Rechnungsergebnissen praktische Folgerungen ziehen will. Bei dem Vergleich von Gasmotor und Dampfmaschine sind wir in unseren Ansichten mehrmals hin und her geworfen worden. Die rein wissenschaftliche Untersuchung über die Ausnutzung der Brennstoffwärme führte zunächst dazu, die Gasmaschine als weitaus überlegen zu betrachten. Brachten wir aber die Brennstoffpreise in Ansatz, so senkte sich die Wage umgekehrt zugunsten der Dampfmaschine. Erst eine Rechnung, die alle Einflüsse, vor allem die Anlagekosten und die Bedienung einbezog, konnte die richtigen Aufschlüsse geben, indem sie zeigte, daß es vor allen Dingen von der Größe der abgegebenen Leistung abhängt, welche von beiden Maschinenarten billiger arbeitet.

Nun hat sich aber die Technik mit diesen Ergebnissen keineswegs beruhigt. Daß die Kalorie im Leuchtgas so außerordentlich teuer ist, rührt daher, daß die Gewinnung des Gases in der Gasanstalt und die Fortleitung zur Verbrauchstelle hohe Kosten verursacht. Außerdem muß das Gas solche Zusammensetzung haben, daß es sich für Beleuchtungszwecke eignet; Gas, das nur für den Antrieb von Maschinen bestimmt wäre, könnte man viel billiger herstellen. Es ist also ein wirtschaftlicher Verlust, eine Vergeudung von Werten, wenn man das Leuchtgas in der Maschine verbrennt. Diese Überlegung führt von selbst zu der Frage, ob es nicht möglich ist, daß sich der Besitzer einer Gasmaschine ein Gas, wie er es

1000 pferdige Dampfmaschine die Kosten unter denselben Annahmen berechnen, wie hier für die 20pferdige Maschine geschehen, so käme man auf ungefähr $3^1/_2$ bis 4 Pfennig für die Pferdekraftstunde. Eine solche große, vollkommene Anlage arbeitet also ungleich billiger als eine kleine. Wegen der Zahlenangaben vergl. im übrigen die Fußnote [2]) auf S. 112.

gebraucht, auf billigere Weise selbst herstellt. Die Gaserzeugungsverfahren der Gasanstalten lassen sich allerdings nur im großen anwenden; aber man ist auf einen anderen, sehr einfachen Weg gekommen, um Gas zum Maschinenbetrieb für den Kleinbedarf zu erzeugen.

Dies kann geschehen mit den sogenannten Sauggasanlagen, Abb. 112, deren Hauptbestandteil eine Art von Füllofen ist, der als Gaserzeuger dient. Die Kohle wird in den Fülltrichter hineingeschüttet, nachdem die Klappe aufgehoben ist, und rutscht von hier aus in dem Maße, wie unten durch die Verbrennung Raum frei wird, langsam in den eigentlichen Verbrennungsraum nach, der, wie bei jedem Ofen, mit feuerfesten Steinen ausgemauert ist. Unten liegt die Kohle auf einem Rost auf, oben befindet sich in einem besonderen abgeschlossenen Raum Wasser, das, ebenso wie bei den Wasserschalen in unseren Stubenöfen, erhitzt wird und daher rasch verdunstet. Nun tritt aber die Luft nicht, wie bei gewöhnlichen Öfen, einfach durch den Rost in die Feuerung ein, um nachher durch den Schornstein abzuziehen, sondern der Raum unter dem Rost ist abgeschlossen, und die Luft kann daher nur durch das Rohr *b* unter den Rost gelangen. Ehe sie in das Rohr *b* kommt, muß die Luft, die durch das Rohr *a* eintritt, infolgedessen über den Wasserspiegel der Verdunstungsschale streichen. Dabei nimmt sie ziemlich viel Wasserdampf auf, so daß ein Gemisch von Luft und Dampf unter den Rost und in die Feuerung gelangt.

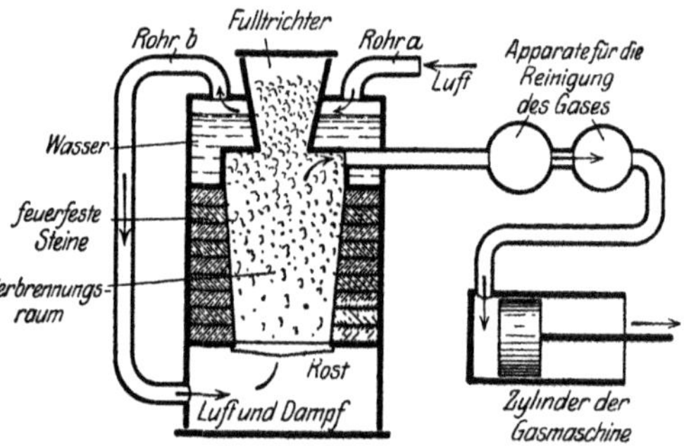

Abb. 112. Sauggasanlage (TWL 10790).

Hier vollzieht sich nun ein eigentümlicher chemischer Vorgang. Zunächst zersetzt sich bei der Hitze, die in der Feuerung herrscht, der Wasserdampf in seine zwei Bestandteile, Wasserstoff und Sauerstoff. Der frei werdende Sauerstoff und ebenso der Sauerstoff der zugeführten Luft verbindet sich mit der Kohle. Während man aber bei den Stubenöfen und Dampfkesselfeuerungen[1]) dahin strebt, daß die Kohle vollständig verbrennt und Kohlensäuregas bildet, führt man hier nur so viel Sauerstoff zu, daß jedes Atom Kohlenstoff statt 2 nur 1 Atom Sauerstoff findet und sich mit ihm zu Kohlenoxydgas verbindet.

---

[1]) Vergl. S. 96

Was bleibt also bei diesem Vorgang übrig? Zunächst Wasserstoff, der bei der Verbrennung eine sehr große Hitze entwickelt, und sodann Kohlenoxydgas, von dem jede Molekel sich noch mit einem Atom Sauerstoff verbinden, d. h. verbrennen und dabei Wärme entwickeln kann. Schließlich ist noch der Stickstoff da, der ja einen Bestandteil der Luft bildet, aber unverbrennlich ist und einfach durch den Ofen hindurch geht. Das fertige Gas enthält also, abgesehen von Unreinigkeiten und kleinen Beimischungen anderer Gase, ein Gemisch aus Stickstoff, Kohlenoxydgas und Wasserstoff, von denen die beiden letzteren hohen Heizwert besitzen. Wir jagen nun nicht, wie bei gewöhnlichen Feuerungen, diese Verbrennungsgase zum Schornstein hinaus, denn sie bilden eben das wertvolle Erzeugnis des ganzen Vorganges, das, nachdem es noch durch einige Reinigungsapparate hindurchgegangen ist, unmittelbar in den Zylinder der Gasmaschine geführt wird.

Verluste entstehen bei diesem Verfahren natürlich sowohl bei der Gaserzeugung wie bei dem Arbeiten des Gases in der Gasmaschine. Für mittlere Verhältnisse wird sich die Wärmebilanz ungefähr folgendermaßen stellen:

Im Brennmaterial zugeführt 100 Kalorien

Verluste bei der Gaserzeugung	25	Kalorien
Verluste in der Maschine	60	„
in mechanische Arbeit umgesetzt	15	„

Schon bei einer Maschine mittlerer Größe wird also die Wärme mit 15 vH ebenso gut ausgenutzt, wie bei den allergrößten und vollkommensten Dampfmaschinenanlagen. Vergleicht man die Einrichtung mit einer 20 pferdigen Dampfanlage, wie auf S. 116 untersucht, so darf angenommen werden, daß die Brennstoffkosten für die Pferdekraftstunde etwa die Hälfte oder den dritten Teil betragen. Die Anschaffungskosten sind höher, die Bedienung ungefähr dieselbe, und die Nebenausgaben etwas größer. Die Rechnung wird sich für eine Anlage gleicher Leistung etwa folgendermaßen stellen:

Brennstoffverbrauch	1,7	Pfennig
Verzinsung und Abschreibung der Anlagekosten	2,8	„
Bedienung	2,5	„
Schmierung usw.	1,0	„
Zusammen für die PS-Stunde	8,0	Pfennig

Wir kommen also besser weg als bei Dampf- oder Leuchtgasbetrieb, aber der Unterschied ist keineswegs so groß, daß namentlich die Dampfmaschine sich einfach besiegt geben müßte. Änderungen der Rechnungsannahmen und Rücksichten auf bestimmte praktische Verhältnisse können das Bild schon erheblich anders gestalten. Namentlich pflegt beim Vergleich aller dieser Betriebsarten die Frage von großem Einfluß zu sein, ob Dampf für andere Zwecke, z. B. zur Heizung der Arbeitsräume, nötig ist. Nimmt man eine Gasmaschine, so muß für die Heizung unter Umständen ein besonderer Kessel aufgestellt werden, der auch wieder seine Bedienung fordert. Es kommt also jetzt nicht mehr darauf an, die Kosten für die Pferdekraftstunde so niedrig wie möglich zu halten, sondern man muß die Anlage so einrichten, daß die Unkosten des gesamten Fabrikbetriebes so niedrig als möglich werden. In die Rechnung kommen dadurch neue Einflüsse hinein, so daß sie unter Umständen recht verwickelt und schwierig werden kann. Immer mehr zeigt es sich, wie sehr die kaufmännischen Erwägungen in den Vordergrund treten und wie die Technik sich in den Dienst wirtschaftlicher Aufgaben stellt.

Es ist sehr merkwürdig, zu verfolgen, wie eben durch diese wirtschaftlichen Gesichtspunkte dafür gesorgt ist, daß die Bäume nicht in den Himmel wachsen. Wie oft hat man an technische Neuerungen schon die größten Hoffnungen geknüpft! Regelmäßig zeigte sich aber im Laufe der Jahre, daß das Alte sich doch nicht verdrängen läßt. Nach und nach ergab sich dann von selbst eine Abgrenzung zwischen den Anwendungsgebieten auf Grund praktischer Erfahrungen, die erst zuverlässige Unterlagen darüber liefern konnten, wo das eine und wo das andere die höhere Wirtschaftlichkeit ergab.

Ein ungewöhnlich interessantes Beispiel dafür, welche Schwierigkeiten zu überwinden sind, bis eine in ihren Grundgedanken gesunde Neuerung weit genug entwickelt ist, um sich endgültig einzuführen, und wie ihre Beurteilung im Laufe der Jahre schwankt und schwanken muß, bietet der Dieselmotor[1]), der eine noch erheblich bessere Wärmeausnutzung ergibt als die Gasmaschine. Während wir dort im Durchschnitt mit 25 vH rechneten, können hier bis zu 35 vH der Brennstoffenergie in mechanische Arbeit umgesetzt werden. Die Luft wird in dieser Maschine beim Rückgang des Kolbens sehr stark zusammengedrückt und erhält dabei eine so hohe Temperatur, daß brennbare Flüssigkeiten, die fein zerstäubt in den Zylinder hineingespritzt werden, sich entzünden und verbrennen. Zu der vortrefflichen Wärmeausnutzung kommt noch hinzu, daß billige Öle, die sonst gar nicht für Motorenbetrieb zu gebrauchen sind, verwertet werden können. Rechnet man, daß solche Öle für 10 Pfennig das Kilogramm zu haben sind und daß 1 kg 10000 Ka-

[1]) Vergl. S. 77.

lorien erzeugen kann, so würden bei der 20 pferdigen Dieselmaschine, wenn wir bei Annahme bester Ausführung des Motors 30 vH Wärmeausnutzung zugrunde legen, für 10 Pfennig 3000 Kal. Nutzenergie oder ungefähr $4^1/_2$ Pferdekraftstunden zu haben sein. Das ergibt für die Pferdekraftstunde einen Brennstoffaufwand von 2,2 Pfennig. Die Anschaffungskosten sind höher als bei der Dampfanlage, die Bedienungskosten dagegen gering. Die Rechnung stellt sich etwa folgendermaßen:

Brennstoffverbrauch	2,2	Pfennig
Verzinsung und Abschreibung des Anlagekapitals	2,5	„
Bedienung	1,1	„
Schmierung usw.	0,7	„
Zusammen für die PS-Stunde	6,5	Pfennig,

während die Kosten bei der Leuchtgasmaschine $10^1/_4$, bei der Dampfmaschine 9 und bei der Kraftgasanlage 8 Pfennig waren. Die Ersparnis ist also bedeutend. Dazu kommt noch, daß der Brennstoffverbrauch für die Pferdekraftstunde, wenn von dem Motor nur die halbe Leistung verlangt wird, im Verhältnis nicht so stark steigt wie bei Dampf- und Gasmaschinen.

Im allgemeinen werden Dieselmaschinen erst für Leistungen von 30 bis 50 PS aufwärts gebaut. Der Wirkungsgrad und dementsprechend der Ölverbrauch ist für größere Maschinen natürlich noch besser, so daß der Ölverbrauch bis auf 0,18 kg für die Pferdekraftstunde heruntergeht; auch können häufig noch billigere Öle verwendet werden.

Infolge der geringen Betriebskosten hat die Verwendung des Dieselmotors einen sehr starken Aufschwung genommen. Zu beachten ist jedoch, daß allen hier aufgestellten Vergleichsrechnungen mehr oder minder willkürliche Annahmen zugrunde liegen. Bei Dampfanlagen z. B. sinkt der Brennstoffverbrauch mit zunehmender Maschinengröße noch stärker als bei Dieselmaschinen, außerdem steht die Kohle oft weit billiger zur Verfügung, als oben angenommen. Bei Leistungen bis etwa 5000 oder 10 000 PS kann daher nicht allgemein gesagt werden, daß die eine oder die andere Maschinenart vorzuziehen wäre. Über 10 000 PS hinaus beherrscht im allgemeinen die Dampfanlage (Dampfturbine) das Feld. Aber auch hier gibt es Ausnahmen; im Kraftwerk Neuhof der Hamburgischen Elektrizitätswerke ist kürzlich eine Dieselmaschine von 15 000 PS in Betrieb gekommen, die besonders die „Spitzenbelastungen“ aufnehmen, d. h. dann eintreten soll, wenn zeitweise der Strombedarf besonders hoch ansteigt[1]). Die Dieselmaschine ist für diesen Zweck besonders gut

[1]) Vgl. Zeitschrift des Vereines Deutscher Ingenieure 1926, S. 818 u. 1409.

geeignet, weil sie innerhalb weniger Minuten in Betrieb gesetzt werden kann, während das Anheizen von Kesseln bei Dampfanlagen viel Zeit erfordert.

Bei mittleren und kleineren Leistungen darf nicht vergessen werden, daß der Dieselmotor weniger einfach im Bau und in der Wirkungsweise ist als die Dampfanlage und zwar nicht viel, aber sorgfältige Bedienung verlangt.

In großem Umfange haben sich Dieselmaschinen u. a. für den Schiffsbetrieb eingeführt. Nach Angabe von Goos[1]) haben sorgfältige Vergleiche an drei Schwesterschiffen von ungefähr 10000 t Tragfähigkeit ergeben, daß die Gesamtkosten des Dieselmotorenantriebes — reine Betriebskosten einschließlich Kosten für Instandhaltung sowie Verzinsung und Abschreibung — sich zu den Kosten des Dampfantriebes mit Kohlefeuerung wie 80:100 verhielten. Ein weiterer Vorteil dieser Antriebsart ist, daß infolge des geringeren Brennstoffverbrauchs die Dieselmotorenschiffe ungleich länger mit ihrem Brennstoffvorrat auskommen; der „Aktionsradius" beträgt bei den erwähnten Schiffen ungefähr 26000 gegen 6300 Seemeilen, also ungefähr das Vierfache. Das macht die Dieselschiffe besonders wertvoll für lange Reisen, auf denen die Beschaffung von Kohlen schwierig ist.

Neuerdings beginnt der Dieselmotor sich auch für den Antrieb von Lokomotiven und Kraftwagen einzuführen.

Mit dem guten Wirkungsgrad der Verbrennungskraftmaschinen haben sich übrigens die Konstrukteure noch nicht zufrieden gegeben, sondern sie haben sich bemüht, auch noch die Abfallwärme, die mit den Abgasen ins Freie geht, auszunutzen. Da die Gase mit hoher Temperatur (etwa 400 bis 600°) aus dem Zylinder austreten, so kann man sie benutzen, um heißes Wasser, z. B. für Heizungszwecke, oder Dampf zum Antrieb von Dampfmaschinen zu erzeugen. Auch das ablaufende Kühlwasser, das eine Temperatur von etwa 40 bis 50° hat, kann noch weiter ausgenutzt werden, so daß man bis zu einer Gesamt-Wärmeausnutzung von 50 bis 60 vH, ja sogar 80 vH kommt[2]). Eine englische Schiffsmaschinenbauart arbeitet auf der einen Kolbenseite als Dieselmotor, auf der anderen als Dampfmaschine, wobei der Dampf durch die Abgase des Dieselmotors erzeugt wird,

Andere Motoren, die flüssige Brennstoffe verbrauchen, arbeiten meistens in der Weise, daß der Brennstoff zunächst in einem „Vergaser" erwärmt wird, wobei er verdunstet. Er bildet dann ein Gas, das genau wie beim Leuchtgasmotor mit Luft gemischt und in den Zylinder der Maschine eingeführt wird. In Frage kommen

---

[1]) Zeitschrift des Vereines Deutscher Ingenieure 1924, S. 435.

[2]) Vergl. Barth, Wahl, Projektierung und Betrieb von Kraftanlagen, 4. Auflage 1925. Berlin: Julius Springer.

hauptsächlich Benzin und Benzol, daneben Spiritus. Ganz besonders eignen sich diese Stoffe für den Betrieb von Kraftfahrzeugen, Motorbooten und Flugzeugen, die ihren Brennstoffvorrat mitführen müssen, aber so wenig wie möglich dadurch belastet werden sollen. Vor allem Benzinmotoren haben für diesen Zweck weiteste Verbreitung gefunden. Der Brennstoff ist für diese Motoren jedoch ungefähr viermal so teuer als für Dieselmaschinen, so daß sie bei ortsfester Aufstellung, z. B. für Werkstättenbetrieb, nur bei ganz kleinen Leistungen in Frage kommen können.

Nach und nach sind also die meisten brennbaren Stoffe, die als rohe Naturprodukte oder als verfeinerte Erzeugnisse vorkommen, für den Motorbetrieb herangezogen worden. Aber die Technik, die unermüdlich bestrebt ist, alle Verluste zu vermeiden, hat sich damit nicht begnügt. Es war ein genialer Gedanke, die Gase, die aus den Hochöfen unserer Hüttenwerke entweichen, in Gasmaschinen zu verwerten. Diese Hochofengase oder Gichtgase enthalten sehr viel unvollständig verbrannten Kohlenstoff; 1 cbm besitzt einen Heizwert von etwa 900 Kalorien, nicht viel weniger als das auf S. 119 besprochene Generatorgas. Gereinigt ist dieser Stoff infolgedessen ein sehr brauchbares Treibmittel. Heute haben fast alle großen Hüttenwerke riesige Gasmaschinenanlagen von vielen Tausenden von Pferdekräften und erzeugen damit die Kraft zum Antrieb ihrer Gebläse und Walzwerke ganz bedeutend billiger als mit den Dampfmaschinen, die sie früher hatten.

9. Dampfturbinen.

Wir waren dermaßen daran gewöhnt, bei der Ausnutzung zu Kraftzwecken an Maschinen zu denken, bei denen ein Kolben durch den Druck des Gases in einem Zylinder vorwärtsgeschoben wird, daß es höchst überraschend kam, als der Schwede De Laval den Gedanken aufbrachte, den im Kessel erzeugten Dampf ebenso auszunutzen wie das Wasser in einer Turbine, d. h. also, ihn frei ausströmen und gegen Flächen drücken zu lassen, die an einem Rad befestigt waren. Dies war der Grundgedanke der „Dampfturbine". Vor der wissenschaftlichen Feststellung, daß Arbeit und Wärme einander gleichwertig sind, wäre man schwerlich ernsthaft einem solchen Gedanken näher getreten, denn wenn man sich auch recht wohl vorzustellen vermag, daß das Wasser vermöge seiner „Schwere" einen ganz beträchtlichen Druck ausüben kann, so erscheint es doch im ersten Augenblick ganz unglaubhaft, daß ein so „leichter" Stoff, wie Dampf, imstande sein sollte, rein dadurch, daß er beim freien Ausströmen gegen eine gekrümmte Fläche stößt, große Kräfte hervorzubringen und dasselbe zu leisten, wie wenn er in einem geschlossenen

Raum auf den beweglichen Kolben drückt. Die Vorstellung liegt nahe, daß Dampf, der aus seinem Behälter ins Freie entweicht, verpufft ist und jedenfalls keine Arbeit mehr verrichten kann.

Die wissenschaftliche Überlegung belehrt uns anders. Der ausströmende Dampf hat eine gewisse Geschwindigkeit und daher auch eine bestimmte Energie, ein genau berechenbares Arbeitsvermögen. Solange keine Verluste eintreten, ändert sich dieses Arbeitsvermögen nicht, sondern steht immer zur Verwendung bereit; es gehören nur geeignete Maschinen dazu, um die Arbeit nutzbar zu machen. Strömt der Dampf verlustlos aus, so entspricht seine Bewegungsenergie, seine lebendige Kraft, genau der Wärmemenge, die er beim Aus-

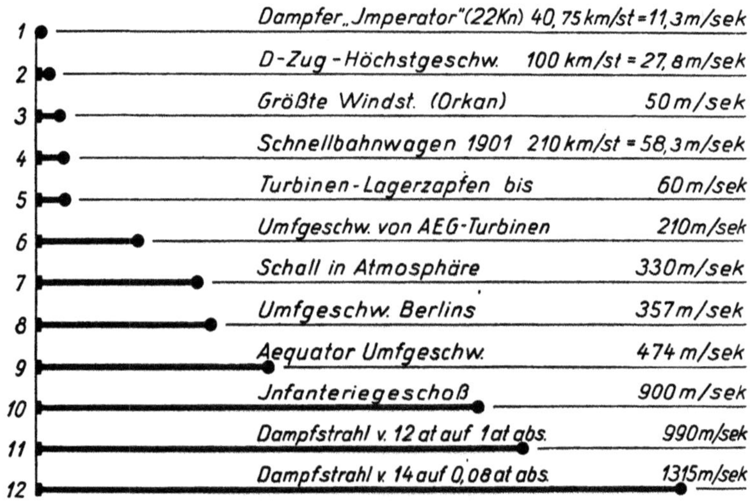

Abb. 113. Vergleich verschiedener Geschwindigkeiten (TWL 42).

strömen verloren hat. Allerdings ist die Kraft, die ein Dampfteilchen, verglichen mit einem Wasserteilchen vom gleichen Rauminhalt, ausüben kann, außerordentlich gering, entsprechend seinem niedrigen Gewicht. Aber wir müssen uns vergegenwärtigen, daß bei Wasserturbinen eine Wassergeschwindigkeit von 20 m in der Sekunde schon hoch ist, während bei den ersten Dampfturbinen mit Dampfgeschwindigkeiten von 1000 m in der Sekunde und mehr gearbeitet werden mußte; d. h. man ließ die Dampfteilchen so ins Freie treten, daß, wenn sie ihren Weg eine volle Sekunde lang verfolgt hätten, sie in dieser Zeit eine Strecke von 1 km durchflogen haben würden, mehr als eine Kanonenkugel, die beim Verlassen des Laufes ungefähr 500 bis 800 m sekundliche Geschwindigkeit hat. Infolge dieser gewaltigen Geschwindigkeit kommen in einer einzigen Sekunde ungeheuer viele Dampfteilchen mit dem Turbinenrad in Berührung und geben ihr Arbeitsvermögen ab, so daß die von dem einen Dampfteilchen geleistete Arbeit sich entsprechend vervielfacht. Abb. 113 gibt eine von der AEG stammende sehr anschauliche Zusammenstellung verschiedener Geschwindigkeiten, die erkennen läßt, daß die Austrittsgeschwindigkeit eines Dampfstrahls noch über der Umfangsgeschwindigkeit des Äquators und der Geschwindigkeit eines Geschosses liegt, daß aber die Umfangsgeschwindigkeit der Dampfturbine auf 210 m/s herabgesetzt werden konnte.

Allerdings lassen sich die mit solchen Geschwindigkeiten dahinstürmenden leichten Dampfteilchen viel schwerer als die Teile der strömenden Wassermasse bändigen und in die richtigen Bahnen lenken, auf denen sie ihre Arbeit verrichten sollen. Sie sind immer geneigt, von dem vorgeschriebenen Wege abzuweichen und ihre Energie in unnützem Durcheinanderwirbeln zu verschwenden. Die Folge ist, daß an eine so hohe Energieausbeute, wie bei Wasserturbinen, gar nicht gedacht werden kann. Dort lassen sich die Verluste, wie wir gesehen haben, bei guten Anlagen auf 20 bis 25 vH beschränken, so daß die Energieausbeute 75 bis 80 vH beträgt. Vergleichen wir dagegen die Wärmeausnutzung der Dampfturbine mit dem, was von einer verlustfreien Maschine geleistet werden könnte, die innerhalb eines bestimmten Temperaturgefälles arbeitet, so zeigt es sich, daß die Verluste bei Maschinen bis zu 1000 Pferdestärken mindestens 40 vH betragen, noch mehr als bei Kolbendampfmaschinen, wo sie bei guten Anlagen dieser Größe auf 30 vH der theoretisch möglichen Leistung beschränkt werden können.

Doch ehe wir hierauf näher eingehen, sei die Wirkungsweise der Dampfturbine, wie sie De Laval geschaffen hat, an Hand von Abb. 114[1]) kurz erläutert. Die vier Rohrstücke oder Düsen, wie man sie mit dem technischen Ausdruck zu bezeichnen pflegt, denke man sich an ein gemeinsames Rohr angeschlossen, das zum Kessel führt, so daß der Dampf mit vollem Druck in die Düsen eintritt. In der Düse kann er sich frei ausdehnen, und seine Teilchen nehmen dabei eine sehr hohe Geschwindigkeit an. Sie strömen in die Schaufeln des Turbinenrades und suchen dieses Rad — in der Abbildung rechts herum — zu drehen. Durch die Schaufeln wird der Dampf aus seiner Richtung abgelenkt; er strömt auf der anderen Seite wieder aus dem Rade heraus, und zwar in die freie Luft oder in den Kondensator.

---

[1]) Das Bild ist entnommen aus Perry-Meuth, Die Dampfmaschine, einem Buch, das wegen seiner einfachen, leicht faßlichen Darstellung der Dampfmaschinentheorie namentlich Anfängern zu empfehlen ist.

Ein richtiges Bild davon, wie die Turbine arbeitet, gibt Abb. 114 übrigens noch nicht. Denn es hat dort den Anschein, als ob der Dampf in der Richtung, welche die Schaufelenden ihm geben, mit großer Geschwindigkeit ins Freie entwiche. Das ist aber nur richtig, wenn das Turbinenrad festgehalten wird. Der Dampf übt dann wohl einen Druck auf die Schaufeln aus, da aber die Schaufeln still stehen, so leistet dieser Druck keine mechanische Arbeit. Stellen wir uns den Kolben einer Dampfmaschine vor. Hält man den Kolben fest, so ist die Kraft, die der Dampf darauf ausübt, sozusagen tot, es

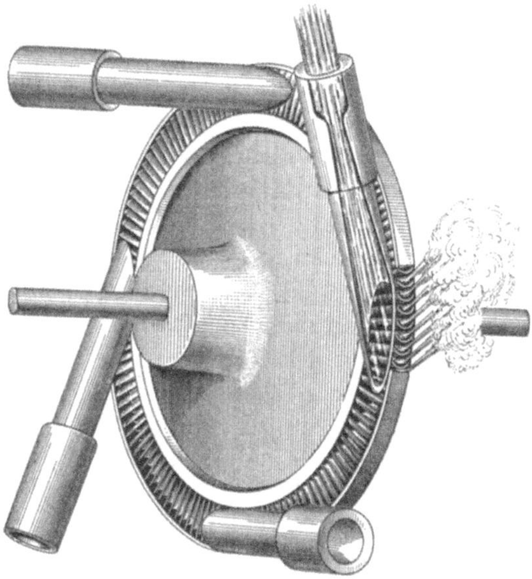

Abb. 114. Wirkungsweise einer Dampfturbine.

wird keine Arbeit geleistet und natürlich auch kein Dampf verbraucht. Hier, bei der Turbine, strömt nun allerdings Dampf durch die Schaufeln hindurch, aber es liegt, von Reibungsverlusten abgesehen, kein Grund vor, warum er bei diesem Durchströmen seine Geschwindigkeit ändern sollte. Da er also seine Geschwindigkeit behält, so ändert sich sein Arbeitsvermögen nicht. Das Gesetz von der Erhaltung der Energie bleibt demnach auch hier in Geltung.

Den wirklichen Vorgang beim Arbeiten der Turbine zeigt Abb. 115. Er deckt sich so vollständig mit dem bei der Wasserturbine[1]), daß es sich erübrigt, eine Erläuterung hinzuzufügen; nur sind die Geschwindigkeiten ganz andere als dort. Die Eintritts-

[1]) Vergl. S. 86, Abb. 97.

geschwindigkeit beträgt 1000 m, die Geschwindigkeit, mit welcher der Laufkranz sich bewegt, 400 m und die Austrittsgeschwindigkeit des Dampfes 200 m in der Sekunde. Verfolgen wir 1 kg Dampf — denn den Dampf oder irgendein anderes Gas können wir genau so gut nach Kilogramm messen wie das Wasser —, so hat dasselbe beim Eintritt ein Arbeitsvermögen von $\frac{1}{20} \times 1000 \times 1000 = 50000$ mkg, beim Austritt $\frac{1}{20} \times 200 \times 200 = 2000$ mkg. Der Verlust, der daraus entsteht, daß der Dampf eine gewisse Bewegungsenergie mitnimmt, beläuft sich also hier auf $\frac{1}{25}$ oder 4 vH des beim Eintritt vorhandenen Arbeitsvermögens.

Noch etwas anderes können wir unmittelbar aus Abb. 115 entnehmen. Die Schaufel legt in der Sekunde einen Weg von 400 m zurück, indem sie sich beständig um die Welle des Turbinenrades dreht. Hat nun die in Abb. 115 angenommene Turbine einen Durchmesser von 0,4 m, so ist der Weg einer Schaufel bei jeder Umdrehung des Rades ungefähr $1^1/_4$ m, und die Turbine muß sich also $\frac{400}{1^1/_4} = 320$ mal in der Sekunde drehen, wenn sie die Dampfenergie vollständig ausnutzen will. Das ist eine Umlaufzahl, wie sie sonst im Maschinenbau nirgends vorkommt. Ist das Material, aus dem das Rad hergestellt ist, nur ein wenig ungleichmäßig, so muß das Rad zerspringen, und auch auf die Welle würden ungeheure Kräfte wirken, sobald das Rad nicht nach allen Seiten hin im vollkommensten Gleichgewicht ist. De Laval setzte das Rad deshalb auf eine ganz dünne Welle, damit die auftretenden Schleuderkräfte die Welle ohne Schaden etwas verbiegen und das Rad richtig einstellen könnten. Anderen Konstrukteuren ist es gelungen, die Umlaufzahlen ganz erheblich zu vermindern, indem man den Dampf nacheinander durch mehrere Räder hindurchtreten läßt und in jedem Rade nur einen Teil der Dampfenergie ausnutzt.

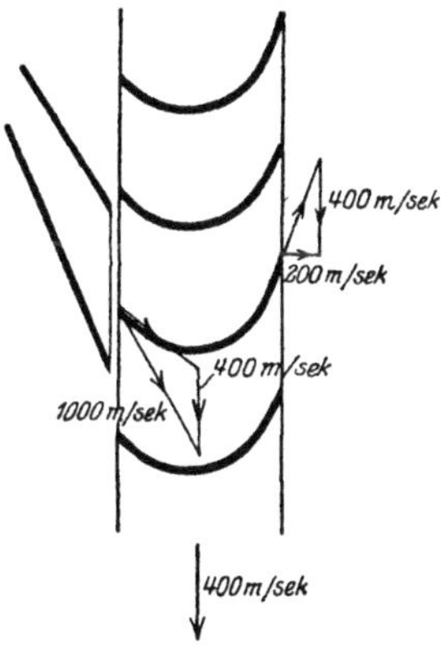

Abb. 115. Geschwindigkeitsverhältnisse bei einer Dampfturbine.

Was für Verluste treten nun, abgesehen von dem Austrittsverluste, auf? Nehmen wir wieder einmal an, daß, wie bei der schematischen Darstellung der Dampfmaschinenanlage in Abb. 102, von 100 Brennstoffkalorien 30 bei der Erzeugung und Fortleitung des Dampfes verloren gehen und 70 bis zur Maschine gelangen. Nun war dort angenommen, daß 51 Kalorien von den 70 durch den aus dem Zylinder ausströmenden Dampf in den Kondensator mitgenommen werden. Der Austrittsverlust würde nicht ganz so hoch sein, wenn es möglich wäre, den Dampf bis auf die Spannung im Kondensator herunter sich ausdehnen zu lassen; dabei würde der Dampf aber zuviel Raum einnehmen und geradezu ungeheuerlich große Zylinder erfordern. Bei der Dampfturbine liegt die Sache anders. Da der Dampf sehr rasch durch die Schaufeln hindurchströmt, so macht es keine Schwierigkeit, auch mit einer Dampfmenge von großem Rauminhalt fertig zu werden und das vorhandene Temperaturgefälle wirklich auszunutzen. Unter den Umständen lohnt es sich auch, die Spannung im Kondensator recht niedrig, auf etwa $\frac{1}{25}$ atm, zu halten. Infolge dieser besseren Ausnutzung des Gefälles stehen für die Ausnutzung in der Dampfturbine etwa 10 vH mehr Kalorien zur Verfügung als bei der Kolbenmaschine. Wenn also dort $70 - 51 = 19$ Kalorien in der Maschine auszunutzen waren, so dürfen wir hier unter gleichen Verhältnissen mit etwa 21 Kalorien rechnen.

Oben war gesagt, daß bei einer großen Dampfturbine von 500 bis 1000 PS ungefähr 40 vH dieser Wärmemenge beim Arbeiten des Dampfes in der Maschine verloren gehen. Das wären also $8^1/_2$ Kalorien, gegen $5^1/_2$ bei der Kolbenmaschine. Die Verluste sind aber hier ganz anderer Art. Während dort die Hauptschuld dem Umstande zuzuschreiben war, daß dieselben Flächen einmal von abgekühltem, das andere Mal von heißem, frischem Dampf berührt werden, wodurch diesem Wärme entzogen wird, tritt bei der Dampfturbine etwas Ähnliches nicht ein, denn der Dampf strömt gleichmäßig durch die Schaufeln. Dieselben Flächen werden immer nur von Dampf im gleichen Zustande berührt. Die Verluste sind hier, worauf schon oben hingewiesen war, hauptsächlich der Abweichung der strömenden Dampfteilchen von ihrem richtigen Lauf, den Wirbelungen im Dampfstrom, zuzuschreiben. Die Laufräder finden beim Umlaufen Reibung am Dampf; sie erfahren dadurch selbst einen Bewegungswiderstand und reißen gleichzeitig Dampfteilchen mit, so daß sie die richtige Strömung stören. Dazu kommen der Reibungsverlust in den Düsen, die den Dampfstrahl auf die Laufräder leiten, die Reibung beim Durchströmen der Laufräder selbst und endlich die beim Austreten noch im Dampf enthaltene lebendige Kraft.

Sehr viel geringer als bei Dampfmaschinen ist dagegen die Reibung der mechanischen Teile aneinander, denn es kommt hier nur der Reibungswiderstand der Welle an den Lagern und Dichtungen in Betracht.

Stellen wir nun die Energie-Bilanzen der Dampfturbine und der

Kolbenmaschine von etwa 500 bis 1000 PS einander gegenüber, so ergibt sich Folgendes:

	Kolbenmaschine	Dampfturbine
Zugeführt	70 Kal.	70 Kal.
Abgeführt	51 „	49 „
In der Maschine verfügbar	19 Kal.	21 Kal.
Verluste beim Arbeiten des Dampfes	$5\,^1/_2$ Kal.	$8\,^1/_2$ Kal.
Verlust infolge Reibung	$1\,^1/_2$ „	$^1/_4$ „
Zusammen	7 Kal.	$8\,^3/_4$ Kal.
In mechanische Arbeit verwandelt	$19-7=12$ Kal.	$21-8\,^3/_4=12\,^1/_4$ Kal.

Es ist höchst überraschend, daß die Wärmeausnutzung bei den beiden Arten von Maschinen sich kaum merklich unterscheidet. Obwohl die Verluste auf ganz andere Weise zustande kommen, haben sich doch praktisch die gleichen Endziffern ergeben. Wir haben

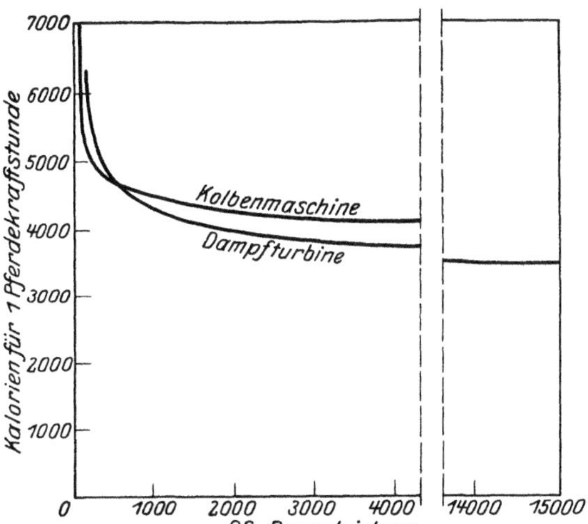

Abb. 116. Wärmeverbrauch von ortsfesten Kolbenmaschinen (12 at, 300°) und Dampfturbinen (12 at, 300°, 94 vH Luftleere am Kondensator), bezogen auf die abgegebene Leistung.

also wieder ein Beispiel dafür, daß nach einer Art von natürlichem Gesetz eine an sich gute Neuerung doch selten das Alte ganz darniederwirft, sondern sich mit ihm in eine Art von Gleichgewicht einstellt.

Abb. 116[1]) läßt erkennen, daß der Wärmeverbrauch, auf die Pferdekraftstunde bezogen, bei kleineren Maschinen unter etwa 500 PS für die Kolbenmaschine geringer ist als für die Dampfturbine. Gewisse Bauarten von Kolbenmaschinen arbeiten sogar noch günstiger als dort angegeben. Über etwa 1000 PS hat aber die Dampfturbine unbestritten den Vorrang, so daß sie hier das Feld im wesentlichen beherrscht. In elektrischen Kraftwerken sind bereits Maschinen bis zu 60000 PS Leistung im Betrieb.

Bei mittleren Leistungen streiten sich Kolbenmaschinen und Dampfturbinen nicht selten um den Vorrang. Unter Umständen kann ausschlaggebend sein, daß die Dampfturbine weniger Platz beansprucht. Abb. 117 zeigt in sehr anschaulicher Weise, welchen Einfluß die Erhöhung der Umlaufzahl von $n = 1000$ bis auf $n = 3000$ in der Minute auf die Abmessungen der Maschine hat, wie das Konstruktionsgewicht, d. h. das Gewicht des in die Maschine hineingebauten Materials, von 17,5 auf 7,5 kg für 1 Kilowatt Leistung (1 kW = 1,36 PS) heruntergegangen ist. Dies gilt für Turbodynamos, d. h. für Dampfturbinen, die mit Dynamomaschinen (Stromerzeugern) zusammengebaut sind, von 16000 Kilowatt Leistung. Die größten Kolbenmaschinen sind bis etwa 4000 Kilowatt gebaut worden, bei 83 Umdrehungen in der Minute. Hier betrug das Konstruktionsgewicht für die Dampfmaschine mit Stromerzeuger nicht weniger als 177 kg für 1 Kilowatt. Die erhöhten Umlaufgeschwindigkeiten der Turbodynamos fordern aber eine sehr sorgfältige Konstruktion aller Teile unter Verwendung besten Materials[2]), so daß nicht etwa angenommen werden darf, daß die Kosten im gleichen Verhältnis heruntergehen. Im Gegenteil, eine Dampfturbine pflegt in der Anschaffung teurer zu sein als eine Kolbenmaschine von gleicher Leistung.

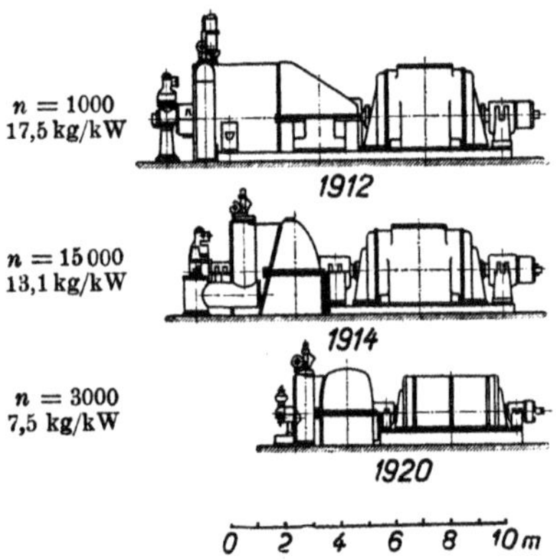

Abb. 117. Vergleich von Gewicht und Abmessungen von Turbodynamos verschiedener Umlaufzahlen bei 16000 Kilowatt Leistung (TWL 44).

Der Techniker ist an sich geneigt, der Dampfturbine für die Zukunft die größeren Aussichten zu geben. Auf allen anderen Ge-

[1]) Nach Barth: Wahl, Projektierung und Betrieb von Kraftmaschinen. 4. Aufl. Berlin: Julius Springer 1925.

[2]) Vgl. Lasche-Kieser, Konstruktion und Material im Bau von Dampfturbinen und Turbodynamos. 3. Aufl. Berlin: Julius Springer 1925.

bieten des Maschinenbaues kämpfen die Maschinen, die gleichmäßig umlaufend arbeiten, erfolgreich gegen die Maschinenbauarten mit hin- und hergehender Bewegung. Auch für den Nichtfachmann ist es leicht zu verstehen, daß es eigentlich ein Unding ist, wenn man, wie bei einer Kolbendampfmaschine, große Gewichtsmassen abwechselnd in der einen und in der anderen Richtung bewegt und dazwischen immer wieder zum Stillstand bringt, statt sie fortdauernd laufen und arbeiten zu lassen. Man möchte deshalb auch gern Turbinen für Gasbetrieb an Stelle der heutigen Kolbengasmaschinen bauen, wie sie oben ausführlich besprochen wurden. Die Verwirklichung dieses Gedankens begegnet indessen noch Schwierigkeiten, und auch die Dampfturbine wird noch schwer kämpfen und ihrem Gegner Schritt für Schritt den Boden abringen müssen. Ehe sie ihn ganz besiegt, muß sie einen noch höheren Grad von Vollkommenheit erreichen, als sie gegenwärtig hat.

Die Regelung aller Arten von Wärmekraftmaschinen wird, wie bei Turbinen beschrieben, von der Maschine selbst besorgt und dadurch die Umlaufzahl angenähert unverändert gehalten. Der Regler, vgl. Abb. 99, kann in ganz verschiedener Weise wirken. Bei den Dampfmaschinen verringert oder vermehrt er die Menge Dampf, die jedesmal in den Zylinder strömt, bei Diesel- und Gasmaschinen die Menge Brennstoff, die zugeführt wird. Kleine Gasmaschinen werden auch in der Weise geregelt, daß die Brennstoffzufuhr, z. B. bei jedem vierten Hub, ganz ausfällt; dann leistet die Maschine vorübergehend um $^1/_4$ weniger. Auch dies führt der Regler selbsttätig aus. Dampfturbinen kann man durch Absperrung der Düsen regeln.

Wie schon früher erwähnt, ist es bei allen Arten von Kraftmaschinen wichtig, nicht nur festzustellen, wie hoch die Energieausnutzung bei der vollen Leistung der Maschine ist, sondern auch, wie sie sich bei geringerer Leistung stellt. Die meisten Maschinen werden ja nicht beständig voll in Anspruch genommen und arbeiten oft sogar fast durchweg mit geringerer als der höchsten Leistung. Zwei Maschinen, die bei voller Belastung ungefähr den gleichen Wärmeverbrauch haben, können aber unter Umständen ganz verschieden arbeiten, wenn sie nur mit $^1/_2$ oder $^1/_4$ der Normalleistung betrieben werden. Dadurch kann der wirtschaftliche Vergleich ganz wesentlich beeinflußt werden.

10. Neue Wege der Energiewirtschaft.

Die Forderung höchster Sparsamkeit beim Verbrauch von Energie in irgendeiner Form, mag es sich um mechanische Energie, um Wärme für Heizzwecke oder um Beleuchtung handeln, ist auf zweierlei Weise zu begründen.

Zunächst vom privatwirtschaftlichen Standpunkt aus. An dem Preise jedes Erzeugnisses haben die Energiekosten einen gewissen Anteil. Mag er auch klein sein, wie z. B. bei der Herstellung von Maschinen, so spielt er doch eine Rolle, wenn es sich um die Wettbewerbfähigkeit auf dem Weltmarkt und um die Verzinsung des in die Fabrikation hineingesteckten Kapitals handelt. Die Verzinsung ergibt sich ja aus dem Überschusse des Erlöses über die Kosten, und diese Spanne ist oft recht gering. Wenn also durch Ersparnisse

Abb. 118. Walchensee-Kraftanlage (TWL 6913).

an Kleinigkeiten die Selbstkosten z. B. um 1 vH sinken, so kann dadurch der Überschuß und damit die Dividende, die etwa eine Aktiengesellschaft auszahlt, ganz wesentlich gesteigert werden. Dies ist überall zu berücksichtigen, wo es sich um „Abfallwirtschaft" handelt, also darum, kleine Werte, wie z. B. gebrauchtes Schmieröl, Metallabfälle u. dgl., zu retten. Wir werden sehen, daß man heute auch über die Verwertung abfallender Energiemengen ganz anders denkt als früher.

Sodann dürfen wir den volkswirtschaftlichen Gesichtspunkt nicht vergessen, daß die Zukunft unseres Landes zum großen Teil auf seinen Bodenschätzen beruht und daß schon aus diesem Grunde jede Verschwendung von Energie eine Versündigung bedeutet.

Von diesem letzteren Gesichtspunkt aus betrachtet, ist in erster Linie die vollständige und sparsame Ausnutzung der verfügbaren Wasserkräfte eine volkswirtschaftliche Notwendigkeit[1]). Diese Aufgabe ist denn auch in Deutschland tatkräftig in Angriff genommen worden, und zwar unter Führung von Oskar von Miller besonders in Bayern, wo einerseits die Entfernung von den großen Kohlenlagerstätten Deutschlands, anderseits die Nähe der Alpen mit ihren reichen verfügbaren Wasserkräften den stärksten Anreiz gaben.

Von den bayrischen Wasserkraftanlagen ist am bekanntesten das Walchenseewerk. Die Isar ist hier aus ihrem Lauf gezwungen; ihr Wasser wird durch einen Kanal dem Walchensee zugeleitet, der ein mächtiges natürliches Staubecken bildet (Abb. 118). Mittels eines 1,2 km langen Stollens wird das Wasser vom Walchensee aus durch den Kesselberg hindurch geführt. Es tritt oberhalb des Kochelsees aus, geht durch mächtige Druckleitungen in die Turbinen des Kraftwerkes, fließt von da, nachdem es seine Arbeit getan hat, in den Kochelsee ab und wird endlich dem Bett der Isar weiter unten wieder zugeleitet. Auf der Strecke zwischen der Wasserentnahme bei Krünn und der Wiederzuleitung des Wassers ist also das Bett der Isar, außer bei Hochwasser, ziemlich wasserleer.

Der Plan — fast möchte man eine Vergewaltigung der Natur durch die Technik darin sehen — ist außerordentlich kühn. Als charakteristisch für technische Arbeit darf eines besonders betont werden: es handelt sich nicht um ein aus logischen Erwägungen heraus entstandenes Projekt, auch nicht um einen auf der natürlichen Bahn der technischen Entwicklung liegenden Gedanken, sondern wir haben es mit der genialen Ausnutzung zufällig vorhandener Umstände zu tun, die vielleicht in keinem zweiten Fall sich wieder in ähnlicher Weise darbieten. Wer aus der Erfahrung heraus weiß, wie schwer die Loslösung vom Bekannten und die praktische Durchsetzung eines ganz neuen Gedankens ist, wird die Tat Oskar von Millers zu würdigen wissen.

In kleinerem Maßstab ist diese Ausnutzung günstiger Umstände bei jeder neuen Fabrik- oder Maschinenanlage notwendig, und es kommt nicht selten vor, daß ein im Wettbewerb eingereichter Vorschlag infolge genialer Verwertung irgendeines von anderen über-

---

[1]) Vgl. hierzu, was auf S. 78 und 79 über die Ausnutzung von Wasserkräften gesagt ist.

sehenen zufälligen Zusammenhanges sich weit über alle anderen Projekte erhebt.

An die großen Kraftanlagen schließt sich ein umfangreiches von der Bayernwerk A.-G. erbautes Fernleitungsnetz an, das einen großen Teil Bayerns mit elektrischer Energie versorgt. Die Gesamtlänge des Netzes beläuft sich z. Zt. auf ungefähr 1000 km.

Leider vermögen unsere Wasserkräfte, selbst wenn sie vollständig nutzbar gemacht würden, nur einen bescheidenen Teil des Energiebedarfes Deutschlands zu decken. Nach wie vor bleiben wir also auf die Kohle und deren wirtschaftliche Ausnutzung angewiesen. Neben die Steinkohle ist neuerdings die Braunkohle getreten, die meist wenig unter der Erdoberfläche liegt und daher nach Abräumen der Deckschicht im „Tagebau“ durch einfaches Baggern gewonnen werden kann, so daß sich die Gewinnungskosten weit niedriger stellen als bei Steinkohle. Allerdings ist der Heizwert von 1 kg Braunkohle viel geringer als der von 1 kg Steinkohle (etwa 3000 bis 5000 gegen 7000 bis 8000 Kalorien), man braucht also viel mehr Kohle, um eine bestimmte Energiemenge zu erzeugen. Die Folge ist, daß die Beförderung der Braunkohle, die zur Erzeugung einer bestimmten Energiemenge nötig ist, oder, wie wir auch sagen können, die Beförderung von Energie in Form von Rohbraunkohle bzw. Braunkohlenbriketts sich verhältnismäßig teuer stellt, und hieraus ergibt sich dann weiter, daß es lohnender ist, große Braunkohlen-Kraftwerke in nächster Nähe der Braunkohlengruben zu erstellen und von da aus die Energie in Form von Elektrizität zu verteilen. Das wichtigste Beispiel hierfür sind die Kraftwerke des Rheinisch-Westfälischen Elektrizitätswerkes, das ein Gegenstück zum Bayernwerk bildet, und dessen einzelne Kraftwerke zum Teil mit Braunkohle, zum Teil mit Steinkohle betrieben werden. Die Leitungslänge des Verteilungsnetzes beträgt z. Zt. etwa 1300 km. Die Zusammenfassung der Energieerzeugung an wenigen Punkten hat den technischen Fortschritt gezeitigt, daß man Dampfturbinen mit Dynamomaschinen gekuppelt — sogenannte Turbodynamos — bauen konnte, die bis zu 60000 PS in einer Maschine leisten. Hierbei kommt die Kolbendampfmaschine natürlich nicht mehr mit. Die Ausnutzung der Energie — der Wirkungsgrad — ist bei so gewaltigen Anlagen verhältnismäßig recht hoch, so daß dieser Vorteil zu dem der billigen Kohlenbeschaffung hinzutritt und beide zusammen den Nachteil weit aufwiegen, daß bei der Zusammenfassung an wenigen Punkten die elektrische Energie auf weitere Strecken befördert werden muß. Es ist indessen keineswegs einfach, die wirtschaftlichen Zusammenhänge bei so ausgedehnten Anlagen klar zu übersehen, und man muß sich also davor hüten, zu sehr zu verallgemeinern und aus dem einen

Beispiel zu schließen, daß nur noch die Erzeugung von Energie an den Gewinnungsstellen der Kohle und in Großkraftwerken vorteilhaft sein könnte. Gegen eine zu große Ausdehnung der Fernversorgung spricht u. a. der Umstand, daß dadurch der einzelne Verbraucher in höherem Maße von zufälligen Störungen abhängig wird.

Dann kommt aber noch etwas anderes hinzu. Wir benötigen ja Energie nicht nur in Form von mechanischer Arbeit, sondern auch in Form von Wärme. Die Rückgewinnung von Wärme aus dem elektrischen Strom ist aber verhältnismäßig kostspielig, weil bei der Umsetzung von Wärme in elektrische Energie ja sehr große Verluste

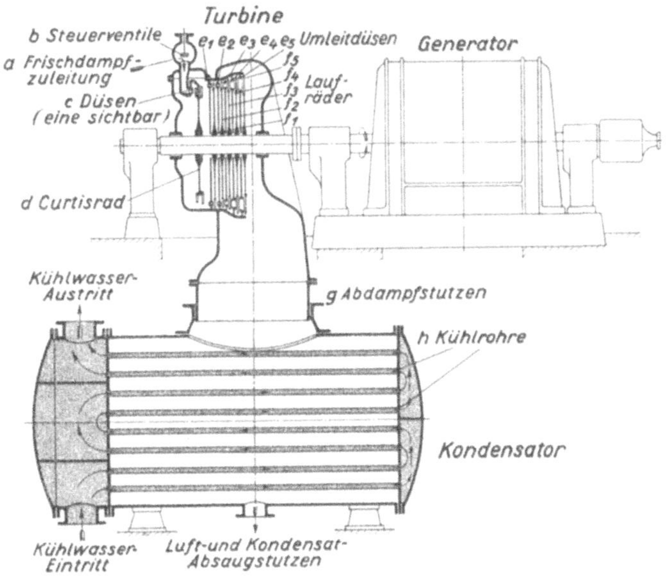

Abb. 119. Schematische Darstellung einer Dampfturbinenanlage mit Kondensation (nach Tannenbaum, AEG). TWL 2522.

eingetreten sind. Daher hat elektrisches Heizen oder Kochen sich einstweilen nur im Kleinen einführen können, außer wo die Elektrizität in großem Maßstabe aus Wasserkraft gewonnen wird, wie in der Schweiz und Skandinavien.

Es ist ein Zeichen dafür, wie schwer man sich auch auf technischem Gebiet vom Hergebrachten loslöst, daß der Gedanke, die Erzeugung von mechanischer und Wärmeenergie in möglichst vorteilhafter Weise zu verbinden, erst langsam Boden gewonnen hat. Die Ausnutzung der Kohle läßt sich dadurch oft außerordentlich verbessern. Ein Beispiel: Abb. 119 gibt die Skizze einer Dampfturbinenanlage mit Kondensator, die rein auf Krafterzeugung abgestellt ist.

Wie das Wärmediagramm, Abb. 120, zeigt, werden von der in der Kohle verfügbaren Wärme 55 vH in den Kondensator abgeführt und

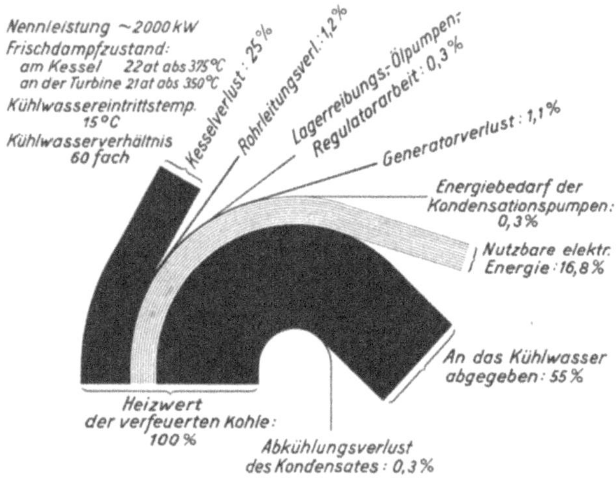

Abb. 120. Wärmebilanz der Dampfturbinenanlage nach Abb. 119 für etwa 3000 PS Leistung (TWL 2521). Verluste schwarz, nutzbare Energie schraffiert.

16,8 vH nutzbar gemacht. Bei der Anlage nach Abb. 121 läßt man dagegen den Dampf statt auf die niedrige Kondensatorspannung nur

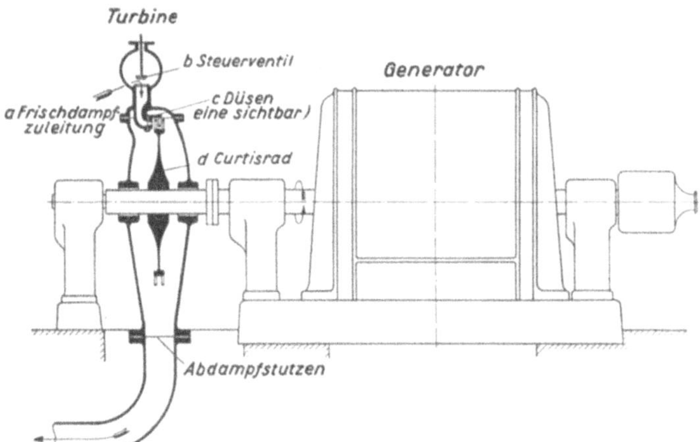

Abb. 121. Schematische Darstellung einer Gegendruck-Dampfturbinenanlage (nach Treitel, AEG). TWL 2. 24.

bis zu 3 at herunter sich ausdehnen. Dadurch erhält man eine sehr viel einfachere Anlage, gewinnt allerdings nach Abb. 122 statt 16,8 vH nur 6,7 vH an nutzbarer elektrischer Energie. Aber man hat eine große Menge Dampf von 3 at Spannung zur Verfügung, der noch für industrielle Aufgaben irgendwelcher Art, z. B. für Kochzwecke in chemischen Fabriken, zum Trocknen in Textil- und Papierfabriken, zur Raumheizung usw. benutzt werden kann. Ist die Anlage so eingerichtet, daß man auf diese Weise die Wärme des aus der Turbine tretenden Dampfes voll ausnutzen kann, so beträgt die gesamte Ausnutzung 6,7 + 66,3 = 73 vH.

Die neueren Bestrebungen, sehr hoch gespannten Dampf bis zu 60 oder 100 at für den Betrieb von Dampfanlagen zu verwenden,

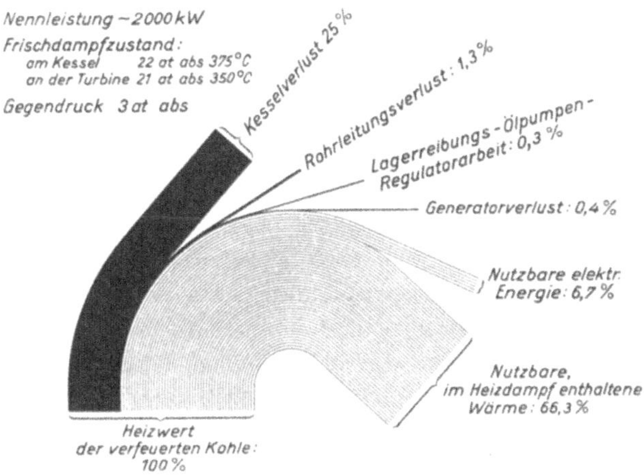

Abb. 122. Wärmebilanz der Dampfturbinenanlage nach Abb. 121 für etwa 3000 PS Leistung (TWL 2523). Verluste schwarz, nutzbare Energie schraffiert.

zielen vor allem dahin, solche „mit Gegendruck" arbeitenden Anlagen noch wirtschaftlicher zu machen.

Bei ungleichmäßigem Dampfverbrauch kann die Wärmewirtschaft eines industriellen Werkes noch wesentlich verbessert werden durch Einschaltung eines Dampfspeichers nach der von dem schwedischen Ingenieur Ruths entwickelten Bauart. Der „Ruths-Speicher" ermöglicht eine gleichmäßige Dampferzeugung im Kessel, da er die Wärme des zuviel erzeugten Dampfes durch Erwärmung seines Wasserinhaltes aufspeichert und bei Bedarf Dampf abgibt.

Man darf aber nie vergessen, daß keinesfalls ein allgemeines Schema für eine richtige Dampfwirtschaft gegeben werden kann. Die besonderen Verhältnisse müssen in jedem Falle genau geprüft und die Einrichtungen ihnen angepaßt werden. Die Wärmewirtschaft bildet also ein großes Feld für weitschauende Ingenieurarbeit unter geschickter Ausnutzung zufälliger glücklicher Umstände.

Aber die Arbeit des „Wärmewirtschaftlers" — man darf in diesem großen Zusammenhang eigentlich nicht mehr von „Wärmeingenieur" sprechen, wenn auch die Arbeit nur von erfahrenen Ingenieuren geleistet werden kann — geht weiter. Wir kennen ja noch andere Möglichkeiten, um die in der Kohle steckende Energie zu verwerten. Auf S. 113 u. f. war schon von der Herstellung von Gas durch „Entgasung" der Kohle, wie in den Gasanstalten üblich, oder durch „Vergasung" im Generator die Rede. Auch diese Gebiete sind in lebhafter Entwicklung begriffen. Während die Gaswerke bisher nur einen ziemlich geringen Umkreis versorgten, ist heute von „Gasfernversorgung" auf Hunderte von Kilometern die Rede. Und dann ist ein ganz neuer Weg der Kohleverwertung aufgetaucht, das Schwelen. Statt die Kohle auf 1000 bis 1100^0 zu erhitzen, wobei etwa 15 bis 18 vH der Kohle in Gas verwandelt werden, treibt man beim Schwelen die Temperatur nur auf etwa 400 bis 500^0. Dabei treten aus der Kohle in Gasform diejenigen Stoffe aus, die leicht flüchtig sind, wie Benzol. Gewisse Bestandteile aber, bei denen Kohlenstoff und Wasserstoff nach anderen chemischen Formeln zusammengesetzt sind, werden bei dieser Temperatur noch nicht gasförmig, sondern nur flüssig, und können daher aus dem Teer, der sich ausscheidet, in Form von Öl gewonnen werden. Man erhält auf diese Weise sowohl wertvolle Schmieröle wie auch Heizöle und Treiböle für Motoren, was bei der Ölknappheit Deutschlands von allergrößter volkswirtschaftlicher Bedeutung ist. Jede Ersparnis an fremdem Öl trägt ja dazu bei, den heute vorhandenen Überschuß der Einfuhr über die Ausfuhr zu verringern.

Ganz besonders interessant ist hier wieder der Zusammenhang mit technischen Fortschritten auf benachbarten Gebieten. Schon vor Jahrzehnten hat man sich mit der Aufgabe beschäftigt, die Kohle nicht mehr in Form von mehr oder weniger groben Stücken auf einem Rost zu verfeuern, sondern sie fein zu mahlen und in die Feuerung einzublasen, wo sie sich mit Luft mischt und sofort verbrennt. Bei dieser Kohlenstaubfeuerung haben sich indessen eine Unzahl technischer Schwierigkeiten ergeben, so daß die Arbeit nicht recht voran kam, bis sich herausstellte, daß für die Riesenleistungen, die heute in modernen Kraftwerken verlangt werden, die alten Kessel mit Rostfeuerung nicht mehr recht ausreichen. Nunmehr ging man — besonders in Amerika — notgedrungen zur Kohlenstaubfeuerung über und entwickelte unter dem Zwang der Verhältnisse diese Bauart weiter. Infolgedessen ist heute die Aufgabe, wenn auch nicht endgültig, doch immerhin so weit gelöst, daß Kessel mit Kohlenstaubfeuerung auch für die größten Leistungen betriebsicher gebaut werden können.

Der Zusammenhang mit dem neuen „Schwelverfahren“ liegt nun im Folgenden. Bei der niedrigen Schweltemperatur backt die übrig bleibende entgaste Kohle nicht so fest zusammen wie bei hoher Temperatur, es entsteht ein viel weniger fester Koks, sogenannter „Halbkoks“, der zur Verfeuerung weniger gut geeignet ist. Dagegen läßt sich dieser Halbkoks leicht zu Staub vermahlen und demnach ebenso gut ausnutzen, wie der Koks der Gas- oder Hüttenwerke. Die Entwicklung der Kohlenstaubfeuerung trägt demnach dazu bei, die Erzeugnisse des Schwelverfahrens wertvoller zu machen und damit das Verfahren selbst auf eine bessere wirtschaftliche Grundlage zu stellen.

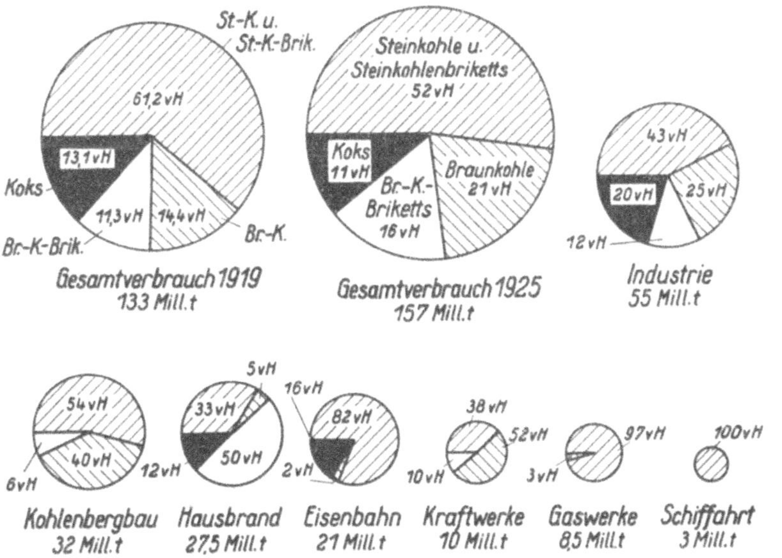

Abb. 123. Anteil der einzelnen Verbrauchergruppen am Kohlenverbrauch Deutschlands (TWL 15801). Koks schwarz, Steinkohle und Steinkohlenbriketts rechts steigend, Braunkohle links steigend schraffiert, Braunkohlenbriketts weiß.

Auch für die Kohlenwirtschaft im allgemeinen hat die Staubfeuerung die wichtige Bedeutung, daß Kohlengrus, der bisher schlecht verwertbar war und nur zu sehr niedrigem Preise abgesetzt werden konnte, ganz bedeutend an Wert gewinnt. Nicht nur der Steinkohle, sondern auch der Braunkohle kommt dieser Umstand zugute. Es ist eine wichtige Aufgabe der Kohlenwirtschaft, einen gleichmäßigen Verbrauch aller bei der Förderung entfallenden Sorten zu erzielen[1]).

[1]) „Sortengleichgewicht“ nach der von Dipl.-Ing. F. zur Nedden, Geschäftsführer der technisch-wirtschaftlichen Sachverständigenausschüsse des Reichskohlenrates, geprägten Bezeichnung. Auf das Buch: „Zur Nedden: Wie

Abb. 123 zeigt, welchen Anteil am Kohleverbrauch Deutschlands die einzelnen Verbrauchergruppen haben und an welchen Stellen deshalb besonders angesetzt werden muß, um Kohle zu sparen. Besonders schwierig ist es, den Hausbrand zu erfassen, weil die Feuerung hier meist von Personen ohne technisches oder physikalisches Verständnis bedient wird. Es ist vor allem eine Aufgabe der allgemeinbildenden Schulen, bis zur Volksschule herab, hier Wandel zu schaffen. Die von der „Hauptstelle für Wärmewirtschaft“ herausgegebene kleine Schrift: „Erziehung zur sparsamen Brennstoffverwendung“ [1]) gibt eine vorzügliche Anleitung für die Einbeziehung wärmewirtschaftlichen Lehrstoffes in den naturwissenschaftlichen Unterricht. Daneben sind die sorgfältig durchgearbeiteten Lichtbilder über Wärmewirtschaft zu nennen, die von der Technisch-Wissenschaftlichen Lehrmittelzentrale, Berlin NW 7, herausgegeben sind. Abb. 123 gibt eine Probe davon. Interessant ist es übrigens, an Hand dieser Darstellung zu verfolgen, welche Arten von Kohle von den einzelnen Verbrauchergruppen bevorzugt werden, welche Rolle z. B. beim Hausbrand das Braunkohlenbrikett spielt, und wie bei der Eisenbahn, der Gaserzeugung und der Schiffahrt die Steinkohle überwiegt.

---

spare ich Kohle?“ (VDJ-Verlag) sei besonders hingewiesen, ferner auf die wertvollen Arbeiten der von Prof. Eberle, Darmstadt, geleiteten „Hauptstelle für Wärmewirtschaft“.

[1]) Vgl. Fußnote 1 auf S. 92.

Dritter Abschnitt.

Die Ausnutzung des Materials und die Entwicklung der Form.

1. Dehnung und Arbeitsvermögen der Stoffe.

In das Verständnis des Verhaltens der Baustoffe, die wir zur Herstellung unserer Maschinen und Bauwerke benutzen, und in die wissenschaftlichen Verfahren, die zu ihrer Untersuchung und Berechnung benutzt werden, führt am besten ein einfacher kleiner Versuch ein, den jeder selbst ausführen kann.

Wir hängen ein kleines Gummibändchen über einen Stift oder an einen Haken, Abb. 124, messen seine Länge und belasten es dann zunächst mit einem kleinen, nach und nach dann mit schwereren Gewichten. Das Gummiband wird länger und reißt endlich, nachdem es sich auf ein Mehrfaches seiner ursprünglichen Länge ausgedehnt hat. Bei einem solchen Versuche fanden sich folgende Zahlen:

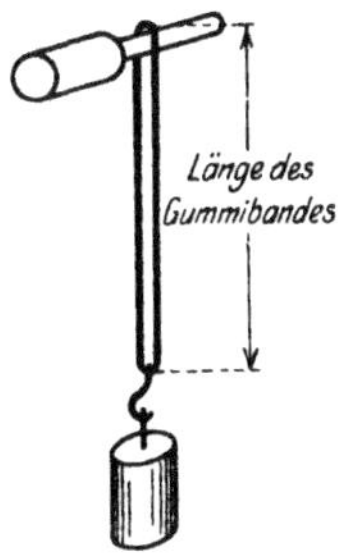

Abb. 124. Ausdehnungsversuch mit einem Gummiband.

Belastung	100	200	300	400	500	600	620 Gramm
Verlängerung	6,0	16,8	24,4	29,9	34,8	39,1	40,4 cm (Bruch)
Also Zunahme der Verlängerung gegenüber der jeweils vorhergehenden Belastungsstufe	6,0	10,8	7,6	5,5	4,9	4,3	—

Die ursprüngliche Länge des Gummibändchens — bei Belastung 0 — war 10,0 cm. Beim Anhängen von 100 g verlängerte sich das Band um 6,0 cm, wurde also 16,0 cm lang, beim Anhängen von 200 g war die Länge 26,8 cm usw. Bei einer Belastung von 620 g riß das Band, nachdem es sich von 10 cm auf 50,4 cm, also auf mehr als das Fünffache, gedehnt hatte.

In Abb. 125 sind nun die Ergebnisse des Versuches in einem Diagramm zusammengestellt, wie wir es bereits für die Berechnung von Dampfmaschinen benutzt hatten. In wagerechter Richtung sind die Verlängerungen aufgetragen, die bei den verschiedenen Belastungen entstehen, und senkrecht dazu die Belastungen selbst. So haben wir 6 cm Verlängerung (in der Zeichnung auf 6 mm verkürzt) und dazu senkrecht 100 g als zugehörige Belastung. 10 g sind immer als 1 mm gezeichnet, so daß 100 g in der Zeichnung als 10 mm dargestellt werden. Bei 16,8 cm Verlängerung beträgt die Belastung 200 g, bei 24,4 cm 300 g usw. Wir erhalten auf diese Weise, indem wir jedesmal die Belastung senkrecht zur Verlängerung eintragen, eine Reihe von Punkten, die wir durch eine Linie verbinden. Aus der Tabelle sowohl wie aus Abb. 125 geht hervor, daß durchaus nicht etwa jedesmal, wenn wir 100 g mehr anhängen, die Verlängerung einen bestimmten gleichmäßigen Betrag ausmacht. Die ersten 100 g ergeben nur 6, die zweiten 10,8, die dritten dann wieder nur 7,6 cm und die folgenden jedesmal noch weniger Verlängerungszunahme. Würde das Anwachsen der Verlängerungen ganz gleichmäßig dem Anwachsen der Kraft entsprechen, so ergäbe sich eine gerade Linie; bei dem Versuch mit dem Gummiband kommen wir aber zu einer Kurve, die in verschiedenen Richtungen gekrümmt ist.

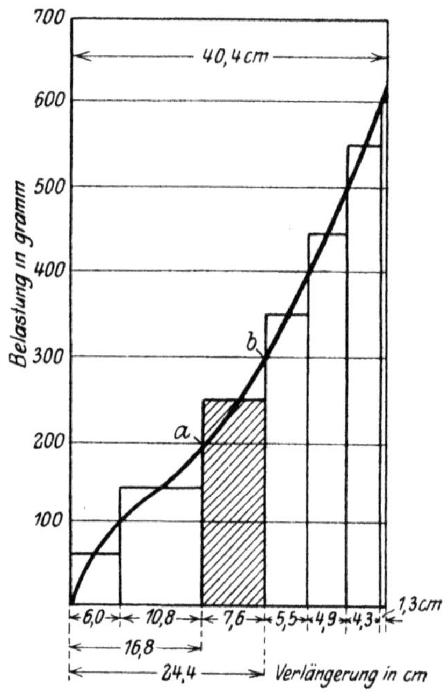

Abb. 125. Dehnungskurve eines Gummibandes.

Die Linie zeigt nicht nur in anschaulicher Weise an, um wieviel der Gummifaden sich bei jedem Belastungszuwachs verlängert, sondern sie hat noch eine besondere Bedeutung. Betrachten wir einmal das Stück zwischen 16,8 und 24,4 cm Verlängerung. Die Strecke, um die das Belastungsgewicht sich hierbei bewegt hat, ist $24{,}4 - 16{,}8 = 7{,}6$ cm. Die Belastung war anfangs 200, zum Schluß 300 g, im Mittel also 250 g. Somit ist Kraft $\times$ Weg : $250 \times 7{,}6 = 1900$ Gramm-Zentimeter die Arbeit, die von der Verlängerungskraft geleistet und von dem Gummibändchen aufgenommen worden ist. Diese Arbeit ist der Inhalt des schraffierten Rechtecks oder, was auf dasselbe herauskommt, der Inhalt der Fläche unter dem Kurvenstück zwischen *a* und *b*. Was hier gefunden ist, gilt auch für die anderen Teile der Kurve. Die Fläche unter dem betreffenden Kurvenabschnitt gibt jedesmal die von dem Verlängerungsgewicht geleistete und vom Gummiband aufgenommene Arbeit. Nehmen wir alle diese Flächenstücke zusammen, so erhalten wir die Fläche unterhalb der ganzen Kurve, und diese Fläche ist gleich der gesamten Arbeit, die vom Beginn der Verlängerung bis zum Bruch von dem Gummiband verzehrt worden ist, das „Arbeitsvermögen“ des Gummibändchens bei der Dehnung bis zum Bruch.

Vielleicht wird mancher Leser nicht recht verstehen, warum hier bei der Besprechung der Baustoffe der Technik mit Gummi begonnen wird. Aus Gummi kann man keine Maschinen bauen — und die Stoffe, die wir gebrauchen, vor allem Eisen und Stahl, sind doch sozusagen vollkommen starr, geben „überhaupt nicht“ nach!

Diese Meinung ist bei einem Laien, der an die gewaltigen, massig gebauten Maschinen denkt, nur natürlich. Wie falsch sie aber ist, davon kann sich jedermann leicht überzeugen, wenn er sich auf eine Brücke stellt, über die Fuhrwerke und Straßenbahnen verkehren. Bei manchen Brücken ist es fast beängstigend, wie das Bauwerk schwankt, wenn ein Wagen darüber rollt. Das ist aber nicht etwa ein grundsätzlicher Fehler der Bauweise. Ja, man kann sogar sagen: Eine Brücke, die sich überhaupt gar nicht biegen würde, müßte bei jedem kleinsten Stoß, wie ihn das Wagenrad beim Überfahren eines Steines verursacht, zusammenfallen.

Um darüber recht klar zu werden, wollen wir uns einmal einen runden Gummistab und einen Glasstab vorstellen, die jeder 2 cm dick und 1 m lang sind. Beide Stäbe sind am einen Ende aufgehängt, und am anderen Ende können Gewichte angebracht werden. An den Glasstab kann man viel mehr Gewicht anhängen, ehe er bricht; er wird 1000 kg tragen, während der Gummistab schon bei 60 kg reißen würde. Aber der Glasstab dehnt sich dabei nur um $^1/_2$ mm, also um ein ganz verschwindend kleines Stück, während der Gummistab, wenn er sich ebenso verhält wie der vorher untersuchte Faden, um 4 m länger werden müßte, ehe er reißt.

Beim Glasstab war die Belastung zu Anfang 0, zum Schluß dagegen 1000 kg, im Mittel also 500 kg, bei einem Dehnungsweg von $^1/_2$ mm oder $^1/_{20}$ cm. Die aufgenommene Arbeit, das Arbeitsvermögen bis zum Bruch, ist also $500 \times {}^1/_{20} = 25$ cmkg. Rechnen wir beim Gummistab ebenso, so erhalten wir das Arbeitsvermögen als 30 kg $\times$ 400 cm $=$ 12000 cmkg. Das Arbeitsvermögen ist also fast 500 mal so groß!

Welche Nutzanwendung läßt sich hieraus ziehen? Nehmen wir einmal ein Belastungsgewicht von 20 kg an, das jeder von den beiden Stäben bequem tragen kann, und stellen wir uns vor, daß dieses Gewicht nicht vorsichtig angehängt wird, sondern aus einer Höhe von 2 cm herunterfällt, ehe es auf den Haken am Ende des Stabes trifft. Dann hat das Gewicht vor dem Auftreffen eine gewisse Geschwindigkeit angenommen und besitzt ein Arbeitsvermögen Gewicht $\times$ Fallhöhe, also 20 kg $\times$ 2 cm = 40 cmkg. Beide Stäbe dehnen sich. Ehe der Glasstab sich nun um $^1/_2$ mm verlängert, hat er, wie wir oben sahen, erst eine Arbeit von 25 cmkg aufgenommen; die lebendige Kraft des fallenden Gewichtes ist somit noch nicht vernichtet, vielmehr sind noch 15 cmkg übrig. Das fallende Gewicht sucht daher den Glasstab weiter zu dehnen, und die Folge ist, daß er zerspringt. Ganz anders beim Gummistab. Die 40 cmkg machen gegenüber den 12000 cmkg, die der Stab an Arbeitsvermögen besitzt, gar nichts aus, der Stab gibt einfach elastisch nach, bis die Energie des fallenden Gewichtes vernichtet ist, und federt dann wieder zurück.

Das Ergebnis ist ja nicht überraschend. Wir wissen alle, daß das „spröde" Glas gegenüber Schlag und Stoß keine Widerstandsfähigkeit hat. Der Vergleich erläutert aber in anschaulicher Weise die Verfahren, nach denen die Wissenschaft das Verhalten der Baustoffe erforscht und auf Grund deren sie Vorschriften darüber aufstellt, was für Eigenschaften die Baustoffe haben müssen. Es ist überraschend, daß hier wieder, wie so oft schon, die Messung der Arbeit als besonders bequemes Hilfsmittel auftritt.

Die Vernichtung der lebendigen Kraft des fallenden Gewichtes kann man sich recht anschaulich klar machen, wenn man an das Gummibändchen in Abb. 124 gleich von vornherein ein größeres Gewicht, z. B. 100 g, anhängt und die beiden Enden des Bändchens so festhält, daß das Band geradegestreckt, aber noch nicht belastet und ausgedehnt ist. Läßt man das Gewicht jetzt plötzlich los, so hat das Band zunächst noch nicht die nötige Spannung, um das Gewicht zu halten, so daß dieses zu fallen beginnt. Ist das Band um 6 cm verlängert, so ist die Gegenspannung im Band auch 100 g, und das Gewicht würde also ruhig hängen bleiben, wenn man es hier festhielte. Tatsächlich hat es aber durch den Fall aus 6 cm Höhe eine gewisse lebendige Kraft erhalten, die noch nicht ganz aufgezehrt ist, und es fällt daher weiter, obwohl die Spannung des Gummibandes, also die Kraft, die das Gewicht am Fallen verhindern und nach oben ziehen will, größer ist, als das Gewicht selbst. Allmählich wird nun durch diese immer mehr wachsende Spannung die Fallenergie aufgezehrt, und das Gewicht kommt zur Ruhe —

allerdings nur einen Augenblick. Denn die stärkere Spannung des Gummibandes kommt jetzt zur Wirkung und zieht das Gewicht wieder in die Höhe, oder mit anderen Worten: die im Gummiband aufgespeicherte mechanische Arbeit wird frei und wird zum Heben des Gewichtes verwandt. Das Gewicht schwingt einige Male hin und her und kommt dann zur Ruhe, da schließlich die Arbeit durch die Reibung zwischen den kleinsten Teilchen des Gummibandes, die sich bei der Dehnung beständig gegeneinander verschieben, aufgezehrt wird.

Noch viel besser läßt sich der Vorgang verfolgen, wenn man statt des Gummibandes eine dünne Spiralfeder nimmt. Die Arbeit wird hier nicht so schnell vernichtet, und das Gewicht schwingt viele Male auf und ab, bis es zur Ruhe kommt.

Dabei läßt sich auch der folgende merkwürdige Vorgang beobachten, der sich aber nur bei einer ganz bestimmten Belastung einstellt, die bei jeder Feder erst ausprobiert werden muß. Zieht man bei dieser Belastung, wie in Abb. 126 angedeutet, das Gewicht nach unten in die Stellung 2 und läßt es dann los, so schwingt es zunächst lotrecht auf und ab. Sehr rasch aber stellen sich außerdem seitliche Schwingungen ein, in der Weise, daß die Feder mit dem Gewicht wie ein Pendel zwischen den Stellungen 3 und 4 hin- und herschwingt. Diese seitlichen Schwingungen werden immer stärker. Während ganz kurzer Zeit hören die senkrechten Schwingungen überhaupt auf, so daß die Feder mit dem daranhängenden Gewicht wie ein Pendel schwingt; sie beginnen dann aber wieder, nehmen zu und verdrängen endlich die seitlichen Schwingungen ganz. Dann wiederholt sich dasselbe Spiel von neuem. Diese Abwechslung zwischen den beiden Arten von Schwingungen beruht auf eigentümlichen physikalischen Vorgängen, die zu untersuchen hier zu weit führen würde, und die Erscheinung wird hier nur erwähnt, um zu zeigen, in wie verschiedenartiger Weise die einmal erzeugte Energie auftreten kann. Ihre Größe ist immer dieselbe, ob sie nun als innere Energie der gespannten Feder, als Fallenergie des Gewichtes, als Geschwindigkeitsenergie bei der lotrechten oder als Geschwindigkeitsenergie bei der seitlichen Pendelschwingung von Feder und Gewicht auftritt.

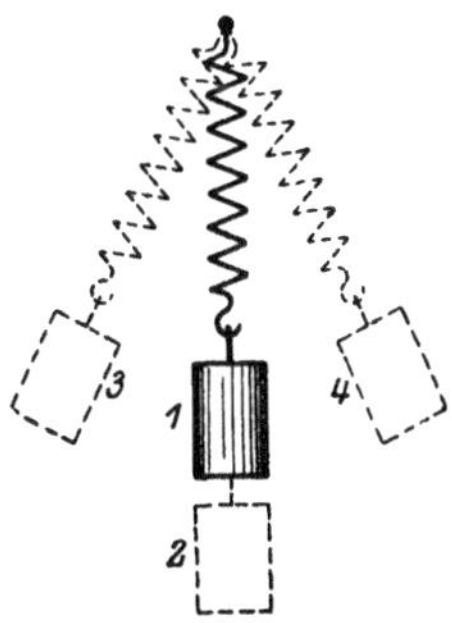

Abb. 126. Schwingungserscheinungen bei einer gewichtsbelasteten Feder.

2. Das Verhalten von Eisen und Stahl bei verschiedenen in der Technik vorkommenden Belastungsarten.

Grundsätzlich ähnliche Unterschiede, wie zwischen Gummi und Glas, finden sich auch bei den Baustoffen, die in der Technik hauptsächlich verwandt werden. Jeder weiß aus Erfahrung, daß eine harte Nadel oder eine Messerklinge schon durch geringe Biegung, durch einen leichten Schlag, zerbrochen werden kann, daß es dagegen oft sehr viel Mühe macht, einen Draht zum Brechen zu bringen. Man muß einen solchen weichen Draht viele Male hinherbiegen, ehe er abbricht. Daraus ergeben sich anschauliche Beziehungen zu dem, was vorher gesagt wurde. Es gehört sehr viel mehr „Arbeit“ dazu, um den Draht, als um die spröde Stahlnadel zu brechen, obwohl die „Festigkeit“ des Stahles ganz bedeutend höher ist. An einen harten Stahldraht von 1 qmm Querschnittsfläche können wir 180 kg anhängen, ehe er bricht, während ein weicher Eisendraht schon bei 30 bis 40 kg zerreißen wird.

Mit einem Draht in ähnlicher Weise einen Versuch anzustellen, wie mit dem Gummifaden, ist weniger einfach, weil die Verlängerungen viel kleiner sind und deshalb mit einfachen Maßstäben nicht genau genug gemessen werden können. Mit besonderen Prüfmaschinen

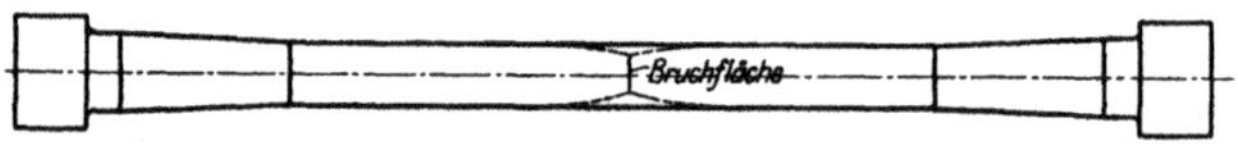

Abb. 127. Normalstab für Zerreißversuche.

läßt sich aber ebenso wie für den Gummifaden eine Kurve aufstellen, die z. B. für den in Abb. 127 skizzierten 15 cm langen Rundstab aus Schmiedeeisen ungefähr verläuft, wie in Abb. 128 angegeben. Die Querschnittfläche ist genau 1 qcm.

Das Bild ist hier ein ganz anderes als bei dem Gummifaden. Anfangs sind bei wachsender Belastung die Verlängerungen ganz außerordentlich klein. Da diese Verlängerungen in dem Diagramm als wagerechte Strecken aufgetragen werden, so geht die Linie ganz steil in die Höhe, und selbst bei 2000 kg ist, wie aus Abb. 128 ersichtlich, erst eine Verlängerung um $^1/_7$ mm erreicht (Punkt a der Kurve). Bei 1000 kg hatten wir hiervon die Hälfte, $^1/_{14}$ mm, usw. Jetzt ändert sich aber plötzlich der Verlauf des Vorganges. Die Dehnungen werden stärker, und bei 2050 kg Belastung geht die Linie wagerecht. Der Stab dehnt sich um $1^1/_2$ mm, ohne daß ein größeres Gewicht als 2050 kg angehängt zu werden braucht. Dies ist eine ganz eigentümliche Erscheinung, die auch nur bei Schmiedeeisen so ausgeprägt auftritt. Man muß sich vorstellen, daß unter dieser Spannung die kleinsten Teile des Eisenstabes leicht gegeneinander verschiebbar geworden, gewissermaßen in flüssigen Zustand geraten sind, und man bezeichnet den Vorgang deshalb als „Fließen“ des Materials. Nun steigt die Spannung allmählich wieder, bis zur Höchstbelastung von 3800 kg, während gleichzeitig eine starke Dehnung auftritt. Der Stab ist jetzt in seinem Gefüge so weit gelockert, daß es nicht einmal mehr nötig ist, diese Belastung aufrecht zu erhalten. Man kann die Belastung allmählich abnehmen lassen; trotzdem wird der Stab sich weiter dehnen und schließlich zerreißen. Die gesamte Dehnung beträgt $^1/_7 + 1\,^1/_2 + 42$ mm, also rund 44 mm. Wie beim Gummifaden wahrzunehmen ist, daß er mit zunehmender Dehnung dünner wird, so findet man auch beim Eisenstab, daß er sich an der Stelle, wo er brechen will, „einschnürt“, wie in Abb. 127 mit gestrichelten Linien angedeutet ist.

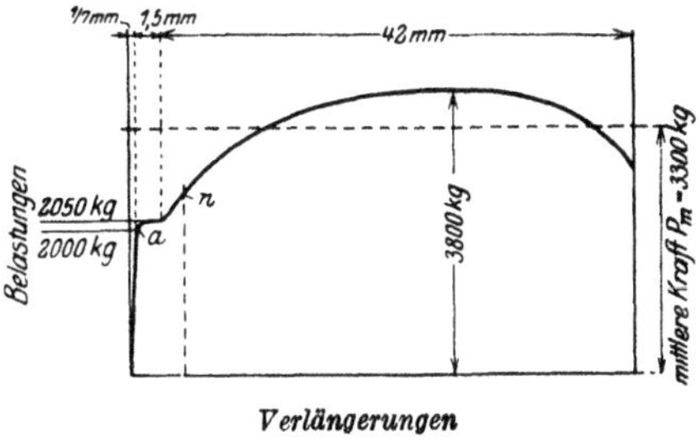

Abb. 128. Dehnungskurve für Schmiedeeisen.

Aus Abb. 128 geht hervor, daß das Arbeitsvermögen, das ja durch den Inhalt der Fläche unterhalb der Kurve gekennzeichnet wird, bis zum Punkte *a* ziemlich gering ist, daß sich dann aber infolge der starken Dehnung eine große Arbeitsfläche anschließt. Die mittlere Kraft während des ganzen Verlaufes der Dehnung ergibt sich aus Abb. 128 zu ungefähr 3300 kg, so daß bei einem Verlängerungsweg von 4,4 cm das Arbeitsvermögen $3300 \times 4{,}4 = 14\,520$ cmkg ist. Bei technischen Konstruktionen geht man nie so hoch hinauf, daß ein Fließen des Materials eintritt, sondern bleibt sogar immer noch erheblich darunter, so daß eine gewisse Sicherheit gegen Bruch bei zufälliger Mehrbelastung entsteht. Nehmen wir z. B. an, daß der Stab unter normalen Umständen 1000 kg zu tragen hat, und es würde sich infolge irgendeines Zufalles ereignen, daß das Gewicht nicht vorsichtig angehängt wird, sondern, ähnlich wie vorher beim Glasstab und Gummistab angenommen, aus einer Höhe von $^1/_2$ cm herunterfällt, so daß ein gehöriger Stoß entsteht. Die Arbeit, die vernichtet werden muß, ist dann $1000 \times \frac{1}{2} = 500$ cmkg. Bis zum Punkt *a* ist das Arbeitsvermögen des Stabes zu gering, das Material beginnt also zu fließen, aber nach wenigen Millimetern Dehnung, etwa bei dem Punkt *n* in Abb. 128, ist die Energie des fallenden Gewichtes vernichtet und der Stoß aufgenommen, ohne daß ein Bruch erfolgt ist. Allerdings darf man dem Stab eine solche Beanspruchung nicht häufiger zumuten, sonst ist sein Arbeitsvermögen bald erschöpft und der Zusammenhang der kleinsten Teile so weit gelockert, daß schließlich ein Bruch eintritt. Bei Maschinen, an denen im Betriebe regelmäßig Stöße eintreten, dürfen daher die Konstruktionsteile nur ziemlich niedrig belastet werden, wenn die Maschine nicht bald unbrauchbar werden soll.

Noch anschaulicher ist folgendes Beispiel. Denken wir uns, daß eine Lokomotive entgleist, während sie mit voller Geschwindigkeit über eine Brücke fährt. Sie fällt dabei mit ihrem vollen Gewicht plötzlich mindestens um Schienenhöhe herunter und übt außerdem durch die lebendige Kraft, die sie infolge der raschen Bewegung besitzt, einen gewaltigen Stoß auf die Brücke aus. Diese gesamte Energie muß durch die Formänderungsarbeit des Baumaterials der Brücke aufgenommen werden. Stellen wir uns vor, die Konstruktionsteile, auf welche die Lokomotive zunächst stößt, der Brückenbelag und die Querträger, wären aus sehr hartem, wenig nachgiebigem Stoff, so daß sie sich nur ganz unbedeutend verbiegen können, so würde die Stoßenergie fast unvermindert auf die Hauptträger der Brücke übertragen werden, und diese müßten so weit nachgeben, daß die Stoßenergie vernichtet wird. Das ist unter allen Umständen für die Brücke schädlich, weil dabei das Material — ebenso wie bei der Stoßbelastung des Stabes — übermäßig gedehnt wird. Sind auch die Hauptträger aus zu sprödem Material, so würde die ganze Brücke einstürzen. Deshalb ist es außerordentlich wichtig, daß alle wichtigen Teile, aus denen die Brücke besteht, sich genügend dehnen können, ohne zu brechen. Der Stoß wird dann schon durch die ersten Konstruktionsglieder aufgenommen; sie verbiegen sich so stark, daß die Stoßarbeit größtenteils vernichtet wird und nur ein geringer Teil davon in die wichtigen Hauptträger gelangt. Die Nebenteile lassen sich dann mit mäßigen Kosten ersetzen, während bei den Hauptteilen die Spannungen wahrscheinlich nicht über die zulässige Grenze hinausgekommen sind, eine Schädigung des Materials also nicht stattgefunden hat.

In allen Fällen, wo Stöße befürchtet werden müssen, die die Konstruktion nicht auszuhalten vermag, sorge man also dafür, daß leicht ersetzbare Teile da sind, an denen die Stoßenergie sich verzehren, sozusagen ihren Zerstörungstrieb befriedigen kann, so daß die lebenswichtigen Teile der Maschine oder des Bauwerkes nicht in Mitleidenschaft gezogen werden.

Noch auf andere Weise als durch Stöße, lediglich durch Schwingungen, können übermäßige Spannungen in den Konstruktionsteilen einer Maschine entstehen. Man fasse einmal eine schwache Spiralfeder, die am einen Ende mit einem nicht zu kleinen Gewicht belastet ist, am anderen Ende an und bewege die Finger, die die

Feder halten, um eine ganz kleine Strecke, vielleicht 1 cm, rasch auf und nieder. Dann bleibt das Gewicht ruhig unten hängen, und die Feder wird nur in dem Maße, wie die Hand bewegt wird, etwas mehr oder weniger gedehnt. Verlangsamt man die Bewegung aber mehr und mehr, so wird plötzlich das Gewicht in starke Schwingungen geraten, und zwar tritt das in dem Augenblick ein, wo die Hand in demselben Takte bewegt wird, wie die Feder mit dem anhängenden Gewicht ihrer Natur nach, d. h. wenn man sie frei schwingen ließe, auf und ab schwingt. Denn jetzt addiert sich jedesmal zu dem Arbeitsvermögen, das in dem schwingenden Gewichte aufgestapelt ist, die kleine von der Hand erzeugte Arbeit; die freie Energie wird also immer größer und verstärkt fortlaufend die Schwingungen des Gewichtes, die mit entsprechenden Dehnungen der Feder verknüpft sind. Da nun auch jedes Konstruktionselement federt, gleichgültig, aus welchem Stoff es besteht, so können heftige Schwingungen und Dehnungen eintreten, sobald die jedesmaligen Anstöße, mögen sie auch an und für sich nicht groß sein, in dem Takte der natürlichen Schwingungen des betreffenden Gliedes aufeinander folgen. Das hat sich namentlich bei langen Schiffswellen geltend gemacht, die mit großer Geschwindigkeit von Dampfmaschinen gedreht werden. Jedesmal, wenn der Kolben unter der Wirkung des frisch eintretenden Dampfes der Welle einen neuen starken Antrieb gibt, wird, falls die Umdrehungszahl der Maschine mit der „Eigenschwingungszahl“ der Welle zusammenfällt oder dazu in einem bestimmten Verhältnis steht, die elastische Schwingung der Welle verstärkt, so daß schließlich Dehnungen eintreten, die zum Bruche führen.

Bekannt ist, daß Brücken von marschierenden Abteilungen nicht „im Tritt“ begangen werden dürfen, da der Gleichschritt gefährliche Schwingungen hervorrufen kann.

Wir haben hier gesehen, daß eine starke Schiffswelle sich grundsätzlich ebenso verhält, wie ein Gummifaden oder eine Feder. Die Dehnungen sind sehr klein, treten aber sonst in derselben Weise auf und haben dieselben Erscheinungen zur Folge. Wenn vollkommene Elastizität herrscht — und das ist bei Eisen und Stahl regelmäßig der Fall, solange noch kein „Fließen“ des Materials eingetreten ist —, so sucht der gedehnte Körper immer mit derselben Kraft wieder in den ursprünglichen Zustand zurückzugehen, die nötig war, um die Verlängerung hervorzurufen. Natürlich tritt diese elastische Gegenkraft auch auf, wenn der Stab nicht durch eine äußere Kraft, sondern durch Erwärmung verlängert war und nun, bei der Wiederabkühlung, sich auf die ursprüngliche Länge zusammenziehen will; es ist ja eine bekannte Erscheinung, daß alle Stoffe sich ausdehnen, wenn ihre Temperatur sich erhöht. Technisch wird diese Erscheinung u. a. für das Aufziehen der Radreifen auf Eisenbahnwagenräder ausgenutzt. Der Reifen wird so bearbeitet, daß er innen einen etwas kleineren Durchmesser hat, als der Radkörper außen, z. B. in Abb. 129 nur 999 gegen 1000 mm. Man erwärmt nun den Reifen ringsum gleichmäßig, so daß er um den Radkörper herumgelegt werden kann, und läßt ihn dann erkalten. Mit seiner elastischen Kraft sucht jetzt der Ring wieder auf den alten Durchmesser von 999 mm zurückzugehen und preßt sich dabei mit solcher Gewalt auf den Radkörper, daß beide unverschiebbar aufeinander festsitzen.

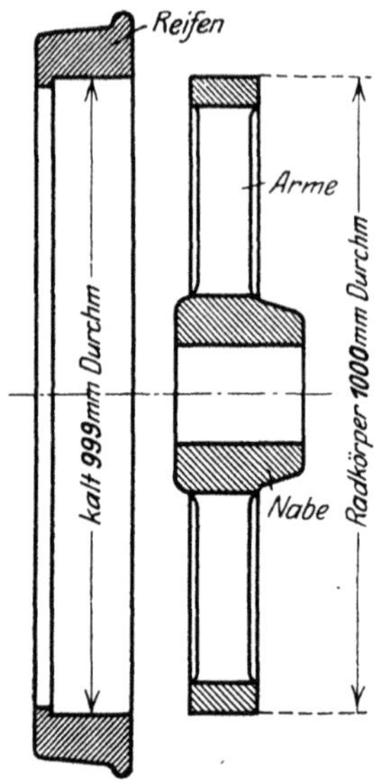

Abb. 129. „Aufwärmen" des Radreifens auf den Radkörper.

Dieses künstliche Hervorbringen von Druckspannungen durch die Elastizität des sich zusammenziehenden Materials wird auch in der Geschützherstellung verwertet. Durch das Verbrennen des Pulvers im Innern eines Geschützrohres beim Schuß entsteht ein so gewaltiger Gasdruck, daß besondere Vorkehrungen getroffen werden müssen, um die Geschützrohre widerstandsfähig genug zu machen. Es genügt nicht, den allerbesten Stahl zu verwenden und die Wand des Rohres recht dick zu machen. Das äußere Material nützt nämlich verhältnismäßig wenig. Stellen wir uns einmal vor, daß in dem in Abb. 130 gezeichneten starkwandigen Rohr ein sehr hoher Gasdruck herrscht, so wird derselbe das Material vielleicht bis auf die gestrichelt gezeichnete Linie zusammendrücken. Der innere Umfangskreis müßte sich also auf den größeren Kreis erweitern, und es würden dabei, wenn das Material nicht nachgiebig genug ist, Risse entstehen, wie sie in der Skizze angedeutet sind. Wenn auch im ganzen Rohr Dehnungen auftreten, so kann man sich doch leicht vorstellen, daß die Neigung zur Bildung von Rissen, also die Deh-

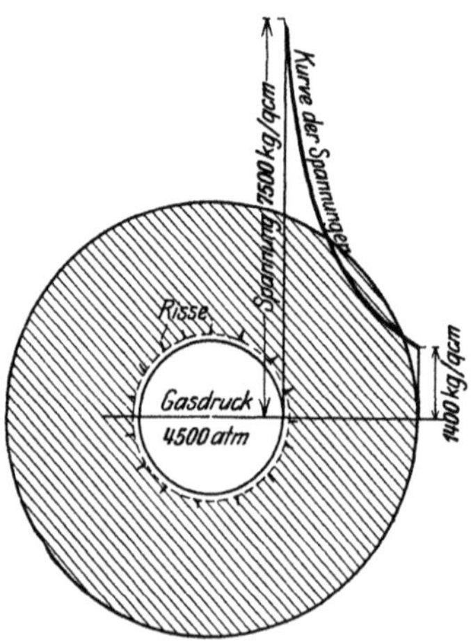

Abb. 130. Vollwandiges Geschützrohr.

nungen und daher auch die Spannungen innen im Rohr viel größer sein werden als nach dem äußeren Rohrumfang zu. Die Rechnung ergibt, daß unter Verhältnissen, wie sie hier angenommen sind, bei 4500 at Gasdruck, am inneren Rohrumfang im Material eine Spannung von 7500 kg auf 1 qcm herrscht; nach außen hin nehmen, wie durch die Kurve in Abb. 130 anschaulich dargestellt, die Spannungen ab, so daß am Umfang des Rohres nur 1400 kg auf 1 qcm des Materials kommen. Mit anderen Worten: Das nach außen gelegene Material wird sehr schlecht ausgenutzt, es trägt wenig dazu bei, die Haltbarkeit des Rohres zu erhöhen, und bei noch weiterer Verstärkung der Wand würden wir mit dem zusätzlich aufgewendeten Material sogar noch weniger Erfolg erreichen.

Deshalb wird nach Abb. 131 bei den modernen Geschützen das Rohr aus mehreren getrennten Ringen gebildet, die aufeinander geschoben werden. Der zweite Ring hat ursprünglich innen einen

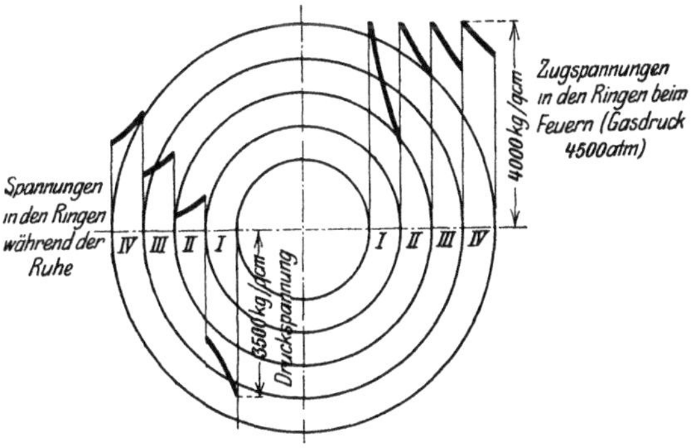

Abb. 131. Spannungen in einem aus mehreren Ringen zusammengesetzten Geschützrohr.

etwas kleineren Durchmesser als der Ring *I*, so daß er sich im kalten Zustand nicht über diesen schieben läßt. Er wird in erwärmtem Zustand aufgezogen und preßt, wenn er erkaltet, den inneren Ring zusammen. In gleicher Weise werden die Ringe *III* und *IV* aufgebracht.

Die Spannungen in den einzelnen Ringen sind in Abb. 131 wieder in Kurven aufgetragen, und zwar für den Ring *I* im Zustand der Ruhe (links) nach unten, weil dieser Ring zusammengedrückt statt gedehnt wird. Er hat also Druckspannungen auszuhalten, während die anderen Ringe, je weiter nach außen, desto stärker, auf Zug beansprucht sind. Stellen wir uns nun vor, daß im Rohr durch das Abfeuern des Geschützes hoher Gasdruck entsteht, so wird durch die Ausdehnung des ganzen Rohres zunächst der innerste Ring, der vorher zusammengedrückt war, wieder auf seine ursprüngliche Form gebracht, die er vor dem Aufziehen der äußeren Ringe hatte. Es würde also jetzt am inneren Umfang im Material keine Spannung — technisch ausgedrückt, die Spannung 0 — herrschen. Darüber hinaus aber dehnt der Gasdruck den Ring noch weiter aus, und zwar so weit, daß innen eine Materialspannung von 4000 kg auf 1 qcm entsteht. Am äußeren Umfang des Ringes *I* ist die Spannung natürlich geringer. Im inneren Umfang des Ringes *II* aber, der schon früher dadurch, daß er sich nicht wieder ganz zusammenziehen konnte, eine künstliche Zugspannung erhalten hatte, wird diese Spannung durch den Gasdruck, wie am inneren Umfang von Ring *I*, auf 4000 kg/qcm erhöht; ebenso geht es bei den Ringen *III* und *IV*, die von vornherein noch größere künstliche Spannungen hatten, so daß sie jetzt, obwohl der Gasdruck auf sie weniger Wirkung hat, doch alle auf 4000 kg/qcm Spannung kommen und somit gleichmäßig bis an die zulässige Spannungsgrenze ausgenutzt werden. Da das elastische Verhalten des Stahles genau bekannt ist, so kann man durch Rechnung die Durchmesser bestimmen, welche die Rohre bei der Bearbeitung innen und außen erhalten müssen, damit die Spannung von 4000 kg/qcm nicht überschritten wird. Natürlich gehört ein peinlich genaues Ausbohren und Abdrehen dazu, da ein Fehler von $\frac{1}{100}$ mm ein stärkeres oder geringeres Zusammenziehen beim Erkalten des Rohres zur Folge haben und damit eine Veränderung der Spannungen hervorrufen würde.

3. Die verschiedenen Eisen- und Stahlarten und ihre Prüfung.

Die Materialspannung, mit der hier, bei dem Geschützrohrstahl, gerechnet wurde — 4000 kg für 1 qcm — ist so hoch, daß gewöhnliches Schmiedeeisen schon gebrochen wäre. Dabei bestehen beide Stoffe zum weitaus größten Teil aus reinem Eisen, und es sind nur ganz geringe Beimischungen anderer Art vorhanden, die dem Material die größere oder geringere Festigkeit verleihen. Wir sahen auch schon vorher, daß die Baustoffe in anderer Beziehung, in bezug auf Dehnbarkeit und Arbeitsvermögen, ganz verschiedene Eigenschaften haben können. Nicht nur durch die chemische Zusammensetzung, sondern auch durch die Art der Herstellung und vorherigen Bearbeitungkönnen dem Material seine besonderen Eigenschaften erteilt werden.

Bekanntlich stellt man das Eisen aus Erzen her, Gesteinsarten, die ihrer chemischen Zusammensetzung nach vorwiegend Verbindungen von Eisen mit Sauerstoff sind, und die an vielen Stellen der Erde in großen Lagern vorkommen. Diese Erze werden in gewaltigen Öfen, die bis zu 40 m Höhe haben können, mit Kohle zusammen erhitzt, wobei der Sauerstoff sich von dem Eisen trennt und mit der Kohle verbindet, während gleichzeitig eine gewisse Menge Kohlenstoff — einige Hundertteile — in das Eisen übergeht. Das so gebildete kohlenstoffhaltige Eisen, das auch noch geringe andere Beimengungen enthält, ist leichtflüssig und wird unten aus dem Hochofen abgezapft. Entweder wird nun das Eisen in diesem Zustand zum Gießen in Formen verwandt, oder es wird durch gewaltsames Hindurchblasen eines Luftstromes durch die flüssige Eisenmasse noch ein Teil des Kohlenstoffes verbrannt, wodurch das Eisen schwerer schmelzbar, aber zäher und fester wird. Das auf diese Weise hergestellte eigentliche „Schmiedeeisen“ enthält nur noch etwa $^1/_{10}$ bis $^1/_3$ vH Kohlenstoff, es läßt sich lediglich durch Hämmern, Walzen, Pressen oder ähnliche mechanische Einwirkungen in neue Formen bringen. „Stahl“ ist ein Eisen, in dem bis zu $1^1/_2$ vH Kohlenstoff verblieben sind; er läßt sich sowohl schmieden wie auch gießen, wenn auch nicht so bequem wie Gußeisen. Je nachdem ob der Stahl für Maschinenteile, zur Herstellung von Werkzeugen, für Panzerplatten oder sonstige Zwecke benutzt werden soll, werden ihm noch verschiedene Stoffe, wie Nickel, Chrom oder Wolfram, zugesetzt, die seine Härte und seine Zähigkeit verändern.

Wie man das Eisen durch veränderte chemische Zusammensetzung und besondere Behandlung den allerverschiedensten Zwecken anpaßt und damit in vorteilhaftester Weise ausnutzt, sei an einigen Beispielen erläutert.

Teile aus Gußeisen werden gewöhnlich in der Weise hergestellt, daß man ein Modell aus Holz macht und dieses in feuchtem Sand abformt. Ist das Modell aus dem Sande entfernt, so bleibt eine Hohlform, die durch Eingießen des flüssigen Eisens ausgefüllt wird. Die Sandform wird dann zerstört, so daß sich das fertige Gußstück herausnehmen läßt. Das Gußeisen, das man auf diese Weise erhält, ist, wie es für Maschinenteile gewünscht wird, nicht allzu hart und noch etwas dehnbar, wenn es auch in dieser Beziehung dem Schmiedeeisen nicht entfernt nahekommt. Für gewisse Zwecke, wenn das Gußstück gegen Abnutzung recht widerstandsfähig sein soll, braucht man nun aber ein sehr hartes Material, und man kann dieses herstellen, indem man eiserne Formen benutzt, die die Wärme des flüssigen Eisens rasch ableiten, das Gußstück also viel schneller abkühlen, als die Sandform. Die rasche Erstarrung verhindert, daß sich die kleinsten Eisen- und Kohlenstoffteilchen in der Weise gruppieren, wie es zur Erlangung eines höheren Weichheitsgrades erforderlich wäre; es bildet sich also eine sehr harte Oberfläche aus.

Das Verfahren wird u. a. zur Herstellung sogenannter Hartgußräder für Eisenbahnwagen benutzt. Man setzt die Form hierfür aus drei Teilen zusammen: oben und unten Sand, in der Mitte, d. h. an der Lauffläche des Rades, Eisen. Der eigentliche Radkörper kühlt sich infolge der Berührung mit dem Sand langsam ab und bleibt einigermaßen zäh, so daß das Rad im ganzen hinreichend widerstandsfähig gegen Stöße ist. Der Umfang des Rades dagegen, die Fläche, mit der es auf den Schienen läuft, bekommt eine sehr große Härte und nutzt sich daher längst nicht so rasch ab, wie wenn man hier ein weiches, zähes Gußeisen hätte.

Stahl ist, wie schon erwähnt, härter und fester als Schmiedeeisen. Man gibt ihm für die verschiedenen Zwecke, für die er gebraucht wird, alle möglichen Zusätze und wendet, wenn das Material sehr hohe Beanspruchungen erleidet, wie z. B. bei Geschützrohren, Panzerplatten, Werkzeugen usw., besondere Verfahren an, um es von allen Unreinigkeiten zu befreien. Ein Stab von 1 qcm Querschnitt aus gutem Stahl kann 6000, 8000, ja sogar 10000 kg tragen. Will man ganz besonders hohe Festigkeit erreichen, so geschieht das dadurch, daß man den Stahl, statt ihn zu gießen oder in glühendem Zustand auszuwalzen und zu schmieden, kalt weiterbearbeitet. Dieses Verfahren spielt eine besondere Rolle bei der Herstellung von Draht, der mehrmals hintereinander durch enge Öffnungen gezogen wird und dabei einen immer kleineren Durchmesser bekommt. Abb. 132 stellt den Vorgang dar. Der Draht hatte vor dem Ziehen einen Durchmesser von z. B. 2 mm; indem man ihn durch das Zieheisen hindurchführt, kommt er auf 1,9 mm Durchmesser. Das Ziehen geht in der Weise vor sich, daß man das dünnere Drahtende an einer Trommel festmacht und diese sich langsam drehen läßt. Man kann den Draht so bis auf eine Festigkeit von 20000 kg für 1 qcm und mehr bringen. Allerdings wird er dadurch weniger dehnbar; sind aber eine große Anzahl Drähte zu einem Seil zusammengedreht, so besitzt das Seil als Ganzes genügende Dehnbarkeit, so daß es auch gegen Stöße nicht empfindlich ist.

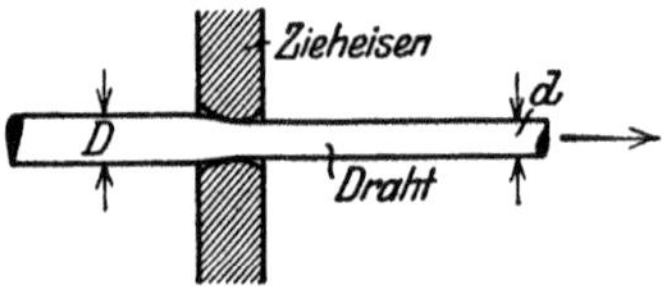

Abb. 132. Das Kaltziehen von Draht.

Die Vergrößerung der Härte und Festigkeit beim „Ziehen" ist aus einer Veränderung in der Lage der kleinsten Teile zu erklären. Wird der Draht erhitzt, „ausgeglüht", so bekommen die Teilchen ihre freie Beweglichkeit wieder, und das Material nimmt seine alten Eigenschaften an.

Wenn eine Maschinenfabrik oder eine Brückenbauanstalt Eisen bei einem Hüttenwerk bestellt, so schreibt sie gewöhnlich vor, welche Eigenschaften das Eisen haben muß. Von Bauwerkseisen, wie es für Brücken und in Gebäuden verwandt wird, kann man beispielsweise verlangen, daß die Festigkeit im Durchschnitt etwa 4000 kg für 1 qcm beträgt, d. h. daß ein Stab von 1 qcm Querschnitt ungefähr 4000 kg Belastung aushalten kann, ehe er bricht. Außerdem wird verlangt, daß der Stab sich bei der Dehnung bis zum Bruch um 15 bis 20 vH verlängert. Anders sind die Ansprüche an Kesselbleche, Eisenbahnschienen usw. Häufig wird auch gefordert, daß ein Stab aus dem Material sich eng zusammenbiegen läßt, ohne Risse zu zeigen, und dergleichen mehr. Um festzustellen, ob das Material richtig geliefert ist, stellt entweder der Abnehmer selbst Versuche an, oder er beauftragt damit eine der öffentlichen Materialprüfungsanstalten, die übrigens nicht nur Metalle, sondern auch Erze und Rohstoffe aller Art, Brennstoffe, Schmieröl, Textilstoffe, Papier, Farben u. a. mehr untersuchen[1]).

Die Festigkeitsprüfungen allein genügen nicht, um Aufschluß über Fehler im Eisen zu erhalten. Seit einiger Zeit hat sich daher eine ganz neue Wissenschaft herausgebildet, die „Metallographie“, die das Gefüge des Materials untersucht[2]). Aus dem Eisen werden Proben entnommen, blank poliert und mit einer Säure geätzt, wobei sich die verschiedenen Bestandteile des Eisens voneinander abheben. Ein recht beachtenswertes Beispiel gibt Abb. 133[3]), die den Querschnitt durch die Welle einer landwirtschaftlichen Maschine zeigt. Das Material, aus dem die Welle hergestellt ist, hat einen übermäßig hohen Phosphorgehalt, der das Eisen spröde und brüchig macht. Beim Erkalten zieht sich der Phosphor nach der Mitte des Stückes hin, weil das Eisen hier am längsten flüssig bleibt, und infolgedessen befindet sich in der Mitte ein Kern ganz spröden

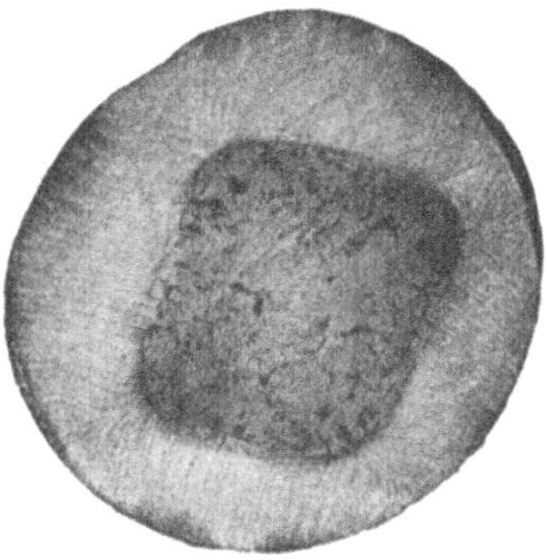

Abb. 133. Querschnitt durch eine Welle.

[1]) Die bedeutendste Anstalt ist das Staatliche Materialprüfungsamt zu Berlin-Lichterfelde. Eingehende Mitteilungen darüber enthält die bei Julius Springer erschienene Denkschrift, sowie das Werk: „Das Materialprüfungswesen“, herausgegeben von Professor Hinrichsen.

[2]) Vergl. Hanemann, Einführung in die Metallographie und Wärmebehandlung. Das Buch kann als leicht verständliche Einführung in die metallographische Wissenschaft empfohlen werden.

[3]) Entnommen aus E. Preuß, Die praktische Nutzanwendung der Prüfung des Eisens durch Ätzverfahren und mit Hilfe des Mikroskopes.

Materials, der in der Ätzung sofort zu erkennen ist. Die Welle hatte bereits bei der Herstellung einen Riß bekommen und zerbrach dann in zwei Stücke, als sie bei der Beförderung zufällig aus einer Höhe von 1 m auf den Boden fiel.

Noch genauere Einblicke in das Innere des Metalles gibt die mikroskopische Untersuchung der geätzten Flächen. Es zeigt sich dabei, daß die Metalle aus zahlreichen, ganz kleinen Kristallen bestehen, die je nach der chemischen Zusammensetzung und Behandlung des Stoffes ganz verschiedene Form und Größe haben. So geben

Abb. 134 und 135. Schliffbilder eines Lagermetalles (nach einem Diapositiv der Technisch-Wissenschaftlichen Lehrmittel-Zentrale (TWL), Berlin NW 7).

z. B. Abb. 134 und 135 Proben einer Art von Lagermetallen wieder d. h. von Metallen, die zur Herstellung von Lagern für umlaufende Wellen benutzt werden.

Das Metall besteht in der Hauptsache aus Blei und enthält daneben vor allem Antimon mit kleineren Zusätzen an Zinn und Nickel. Die Schliffe sind 150fach vergrößert, sie zeigen also Ausschnitte, die in Wirklichkeit nur Seitenlängen von weniger als $^1/_2$ mm haben. Man erkennt in beiden Fällen, daß harte Kristalle, die im Bilde hell erscheinen, in einer weichen Grundmasse eingebettet ruhen, ein Gefüge, daß für Lagermetalle als vorteilhaft gilt; die harten Kristalle besitzen die nötige Widerstandsfähigkeit gegen Abnutzung, vermögen sich aber durch Eindrücken in die weichere Grundmasse den kleinen Verlagerungen des Wellenzapfens anzupassen. Ein Unterschied besteht darin, daß in Abb. 134 (links) die Kristalle kleine Abmessungen haben, in Abb. 135 (rechts) dagegen verhältnismäßig groß sind, was erfahrungsgemäß weniger günstig ist; dies rührt von falscher Behandlung — zu langsamer Abkühlung — her, bei der die Kristalle Zeit gehabt haben, zusammenzuwachsen.

Aus alledem geht hervor, daß die technische Wissenschaft die Materialien, aus denen sie Maschinen und Bauwerke herstellt, heute nicht mehr als tote Stoffe ansieht, sondern sie in allen ihren Lebensäußerungen verfolgt, wie der Naturforscher die Pflanze oder den Kristall. Man spricht sogar von einer „Ermüdung" des Eisens, wenn sein Arbeitsvermögen durch immer wiederkehrende Dehnungen, die über die zulässige Grenze hinausgingen, aufgebraucht und das Gefüge spröde geworden ist. Damit setzt sich die heutige Technik in entschiedenen Gegensatz zu der früheren handwerksmäßigen Behandlung des Materials. Während dort die Erfahrung die einzige Grundlage bildete und ein Maschinenglied, wenn es einmal gebrochen war, bei den nächsten Ausführungen so viel stärker gemacht wurde, bis es schließlich hielt, sucht man heute die Gründe zu erforschen, die den Bruch herbeigeführt haben, obwohl das Stück nach der üblichen Berechnungsweise, die für andere, ähnliche Fälle richtige Abmessungen ergab, stark genug gewesen wäre, und kann dadurch weit sicherer späteren Fehlschlägen vorbeugen.

4. Ausbildung von Konstruktionsteilen vom Gesichtspunkte genügender Festigkeit aus.

Der Zweck und treibende Gedanke bei alledem ist natürlich das Bestreben, mit so wenig Material wie möglich auszukommen, indem man es bis an die äußerste Grenze seiner Leistungsfähigkeit ausnutzt. Eine Ausnutzung in diesem Sinne und in diesem Maße ist nur möglich, wenn einerseits die Eigenschaften des Baustoffes, anderseits aber auch die Einflüsse, die auf den Konstruktionsteil wirken, genau bekannt sind.

Ein Konstruktionsteil wird in der Weise berechnet, daß man zunächst feststellt, welche äußeren Kräfte darauf wirken, und dann entscheidet, was für Material benutzt werden soll und wie stark das Material belastet werden darf. Ein Beispiel hatten wir ja schon in dem Brückenstab nach Abb. 30, S. 16, dessen Belastung 82000 kg betrug und der eine Querschnittsfläche von 106 qcm erhielt, so daß auf 1 qcm 770 kg entfielen. Eine Beanspruchung des Materials in solcher Höhe ist aber nur zulässig, wenn es sich um eine ruhende Belastung handelt, d. h., wenn die Last ihre Größe angenähert unverändert beibehält, denn jetzt findet kein eigentliches Arbeiten und daher auch keine Ermüdung des Materials statt. Nach den heutigen Anschauungen dürfen wir in solchen Fällen, wo das Konstruktionsglied bald gezogen und bald gedrückt, oder bald nach der einen, bald nach der anderen Seite gebogen wird, nur $^1/_3$ der Beanspruchung bei ruhender Last, für gewöhnliches Schmiedeeisen etwa 300 bis 400 kg auf 1 qcm, zulassen.

An und für sich sind Teile, die nur gezogen oder gedrückt werden, leicht in bezug auf Festigkeit zu berechnen, denn es ist lediglich dafür zu sorgen, daß auf 1 qcm oder 1 qmm ihres Querschnittes nicht mehr als die erfahrungsgemäß zulässige Kraft entfällt. Große Überlegung erfordert aber oft die Auswahl des geeigneten Baustoffes. So kann z. B. für Drahtseile ein weiches, dehnbares Material oder ein sehr widerstandsfähiger, aber harter Stahl verwandt werden, der erst bei einer Belastung von 18000 kg/qcm bricht, während gewöhnliches Schmiedeeisen nicht mehr als 3000 bis 4000 kg/qcm aushält. Man darf diesem hochwertigen Stahl große Belastung zumuten und erreicht dadurch den Vorteil, daß ein dünneres Seil genommen werden kann, das sich auf eine kleinere Trommel aufwickeln läßt und außerdem geringeres Gewicht hat. Indessen ist ein solches Seil teurer als ein anderes, da die Herstellung mehr Schwierigkeiten macht; auch kann für gewisse Verwendungszwecke die Sprödigkeit des Materials nachteilig sein, so daß das Seil im Betriebe eher zugrunde geht und ersetzt werden muß. Für die endgültige Wahl ist immer entscheidend, bei welcher Ausführungsart sich ein bestimmter angestrebter Zweck mit dem geringsten Kostenaufwand erreichen läßt.

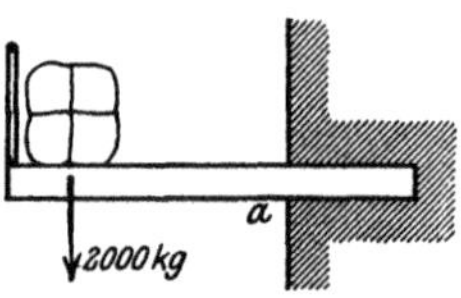

Abb. 136. Auf Biegung beanspruchter Balken (Balkonträger).

Häufiger als reiner Zug oder Druck kommt in der Technik der Fall vor, daß die Konstruktionsteile auf Biegung in Anspruch genommen werden. Stellen wir uns vor, daß nach Abb. 136 ein Balkonträger, der in eine starke Wand eingemauert ist, 1 m von der Wand entfernt durch ein Gewicht von 2000 kg belastet wird. Dann sagt uns das natürliche Gefühl, daß der Träger an der Stelle, wo er aus der Mauer heraustritt, also bei *a*, abbrechen wird, wenn er nicht kräftig ausgeführt ist.

Abb. 137. Biegung eines flach gelegten Brettes.

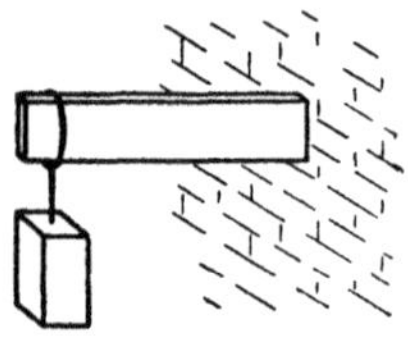

Abb. 138. Biegung eines hochkant gestellten Brettes.

Für die Widerstandsfähigkeit dieses Balkens kommt es nun nicht allein darauf an, wie groß sein Querschnitt ist, mit anderen Worten, wieviel Material er enthält, sondern vor allen Dingen auch, wie das Material verteilt ist. Denken wir uns den Träger zunächst einmal als ein dünnes Brett. Wird das Brett flach gelegt, wie in Abb. 137, so wird es durch das Gewicht stark gebogen werden und viel leichter abbrechen, als wenn wir es hochkant stellen, wie in Abb. 138 skizziert, obwohl in beiden Fällen genau die gleiche Menge Material aufgewandt ist.

Es wird von großer Wichtigkeit sein, zu erkennen, warum wir im zweiten Fall mit denselben Mitteln so viel mehr erreichen, also das Material so viel besser ausnutzen. Denn aus dieser Erkenntnis wird sich manches folgern lassen, was uns späterhin, bei anderen Konstruktionen, von großem Nutzen sein kann, wenn es sich darum handelt, einen bestimmten Zweck mit möglichst geringem Materialaufwand zu erreichen.

Nehmen wir nach Abb. 139 an, der Träger hätte rechteckige Querschnittsform, und untersuchen wir, um den Widerstand, den der Träger dem Abbrechen entgegensetzt, also die Tragwirkung des Materials recht verstehen zu können, zunächst nur einmal das oberste und unterste Stück des Querschnittes, das in Abb. 139 stark schraffiert ist, während das übrige als nicht vorhanden gedacht werden möge.

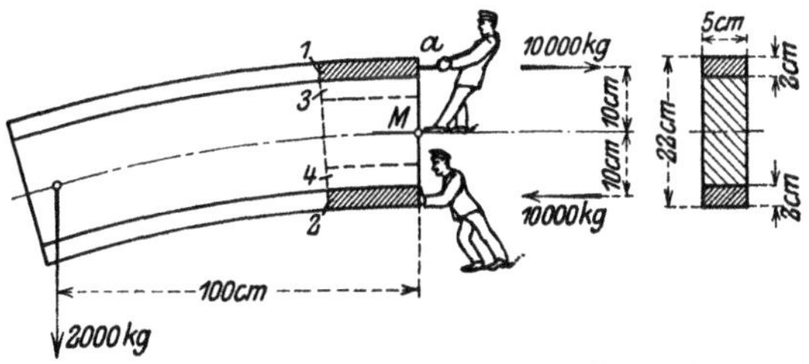

Abb. 139. Innere Kräfte bei Hochkantstellung des Trägers.

Durch die Belastung von 2000 kg wird ein Drehmoment ausgeübt: 2000 kg $\times$ 100 cm = 200000 cmkg, und diesem Drehmoment müssen, ebenso wie bei der Brücke in Abschnitt 1, S. 15, die inneren Kräfte in den Konstruktionsgliedern das Gleichgewicht halten. Schneiden wir den Träger an der Stelle *a* durch, so könnte das Gleichgewicht hervorgebracht werden durch zwei Männer, von denen der eine am oberen Querschnittelement ziehen, der andere am unteren Element drücken muß. Wird Punkt *M* als Drehpunkt angesehen, und stellen wir uns vor, daß jeder Mann eine Kraft von 10000 kg ausübt, so haben wir mit Bezug auf Punkt *M* zweimal ein Drehmoment 10000 $\times$ 10, zusammen also 2 $\times$ 10000 $\times$ 10 = 200000 cmkg, die beiden Leute bringen also das Gleichgewicht mit der äußeren Belastung hervor.

Jetzt denken wir uns den Träger flach gelegt, wie in Abb. 140, und wieder oben und unten je ein Querschnittselement von 10 qcm Flächengröße herausgeschnitten. Es ist klar, daß es dann für die beiden Männer viel schwerer sein muß, Gleichgewicht zu halten, weil sie von dem Punkte *M*, um den sich der Träger dreht, nur 2,3 cm statt 10 cm entfernt sind, also nur noch einen kleinen Hebelarm haben. Das Drehmoment der Last ist, wie früher, $2000 \times 100 = 200\,000$ cmkg, und damit die beiden Leute dasselbe Drehmoment

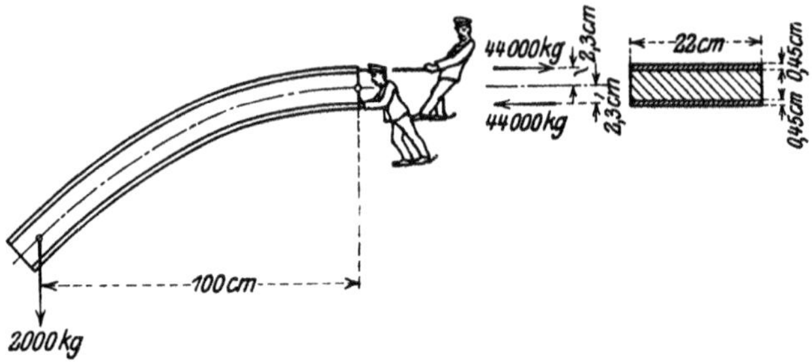

Abb. 140. Innere Kräfte bei flacher Lage des Trägers.

ausüben, müßten sie 44000 kg statt früher 10000 kg halten. Diese Kräfte sind nun nichts anderes als die Belastungen der Querschnittsflächen von 10 qcm Größe. Im ersten Falle kommen also auf 1 qcm $\frac{10000}{5 \times 2} = 1000$ kg, im zweiten Falle $\frac{44000}{22 \times 0{,}45} = 4400$ kg. Wie wir oben gesehen hatten, sind 1000 kg auf 1 qcm bei Eisen zulässig, die beiden Elemente könnten also, wenn der Träger hoch steht, die Last tragen; bei dem flachgelegten Träger geht dagegen die Beanspruchung weit über das zulässige Maß hinaus, obwohl dieselbe Menge Material aufgewandt war.

So viel ergibt sich schon aus dieser Überlegung, daß das Material viel besser ausgenutzt wird, wenn man dem Träger hohe Form gibt, also das Material recht weit von dem Punkt *M*, der die Drehachse für die inneren Widerstandskräfte bildet, entfernt legt. Wenn wir nun einmal den ganzen Rechteckquerschnitt in Abb. 139 ansehen, so zeigt sich, daß dasjenige Material, das mehr nach innen liegt, jedenfalls schlechter ausgenutzt wird als das äußere, weil die Widerstandskräfte, die hier ausgeübt werden können, kleineren Hebelarm und daher geringeres Drehvermögen haben. Es kommt aber noch etwas anderes hinzu. Vergleichen wir einmal in Abb. 139, wo der Träger stark gebogen gezeichnet ist, die inneren Schichten 3 und 4 mit den äußeren 1 und 2. Es ist klar, daß die inneren Schichten weniger gedehnt oder zusammengedrückt werden als die äußeren. Daraus geht aber auch hervor, daß diese inneren Schichten weniger Kraft übertragen. Um das zu verstehen, müssen wir uns recht anschaulich vorstellen, was über die Natur des Materials gesagt ist. Jede Kraft, mit der an einem Stab gezogen wird, bringt eine Verlängerung, eine Dehnung hervor; ein nicht gedehnter Stab überträgt auch keine Kraft. Erst durch die Dehnung werden die inneren

Spannungskräfte zwischen den kleinsten Teilchen des Stabes wachgerufen, und je stärker die Dehnung ist, um so größer werden diese Kräfte. Daraus folgt: die Kräfte, die in den Schichten 3 und 4 wirken, sind kleiner als die in den äußersten Elementen, außerdem aber haben sie noch einen kleineren Hebelarm; mit anderen Worten, diese inneren Materialteile werden aus zwei verschiedenen Gründen schlechter ausgenutzt als die äußeren. Noch schlimmer ist es mit dem Material, das ganz in der Nähe der Mittellinie des Stabes liegt, denn hier sind die Dehnungen und Verkürzungen überhaupt verschwindend klein.

Um das Material so gut als möglich auszunutzen, oder um so wenig Material wie möglich für einen bestimmten Zweck aufzuwenden, sollte man also den Trägerquerschnitt so gestalten, daß die Hauptmenge des Materials ganz außen, möglichst weit von der Mittellinie entfernt, untergebracht wird und innen nur so viel bleibt, wie erforderlich ist, um die beiden äußeren Materialschichten zusammenzuhalten. Daraus ergibt sich die bekannte Trägerform nach Abb. 141, die aus einem zweifachen lateinischen T entstanden gedacht werden kann und daher als Doppel-T-Träger (geschrieben I-Träger) bezeichnet wird. Die beiden „Flanschen", die die eigentliche Arbeit tun, sind durch einen dünnen „Steg" miteinander verbunden, der bei Inanspruchnahme auf Biegung nur verhindert, daß die Flanschen sich gegeneinander verschieben. Fehlen darf der Steg natürlich auch nicht. Wäre der Steg zu schwach und seiner Aufgabe nicht gewachsen, so würden die beiden Flanschen, statt daß der eine gedehnt und der andere zusammengedrückt wird, wie zwei einzelne flach liegende Stäbe wirken, die sehr wenig zu tragen vermögen.

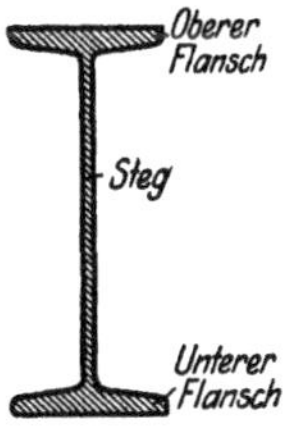

Abb. 141. I-Träger.

5. Ausbildung von Konstruktionsformen vom Gesichtspunkt der zweckmäßigen Herstellung aus.

Nun dürfen wir uns aber nicht verhehlen, daß mit dem, was bisher festgestellt wurde, die Frage nach der besten Trägerform erst nach einer Seite hin, von wissenschaftlichen Gesichtspunkten aus, gelöst wurde. Wohl wissen wir, wie man bei einem Träger, der Biegung auszuhalten hat, mit der geringsten Materialmenge auskommt, nicht aber, wie der Zweck, den wir im Auge haben, nämlich einen Träger herzustellen, der 1 m von der Wand entfernt die Last von 2000 kg halten kann, sich mit den geringsten Kosten verwirklichen läßt. Denn das ist schließlich die Grundfrage. Damit werden wir auf das unendlich verzweigte und schwierige Gebiet der Herstellungsverfahren geführt.

Es sei einmal angenommen, daß der Träger, statt aus Eisen, aus Holz gemacht werden soll. Nun sagt uns die „reine Wissenschaft“, daß das Material bei einer Trägerform nach Abb. 141 am besten ausgenutzt wird. Bekommen wir aber bei dieser Form auch einen billigen Holzträger? Man braucht nicht Techniker zu sein, um die Frage zu verneinen. Holzbalken lassen sich mit der Säge nur rechteckig schneiden. Einen Träger nach Abb. 141 herauszuarbeiten, wäre eine sehr langwierige und teure Arbeit, und das Material, das dabei gewonnen wird, ist nichts als ein Haufen wertloser Späne.

Es wäre also die denkbar größte Torheit, einen Holzbalken um der Materialersparnis willen weiterbearbeiten zu wollen. Mit Eisen liegt die Sache indessen anders; es ist in glühendem Zustande ein bildsames Material, das sich durch geeignete Verfahren in alle möglichen Formen bringen läßt.

Im Falle des I-Eisens geschieht dies durch Walzen. Der im

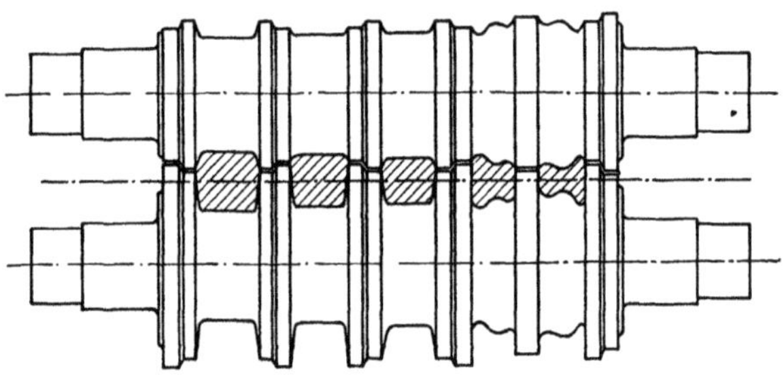

Abb. 142. Vorwalzen für Eisenbahnschienenkaliber.

Stahlwerk hergestellte, schwere rechteckige Eisenklotz wird, nachdem er auf Weißglut erhitzt ist, zwischen zwei Walzen gebracht, die ihn zunächst ganz wenig eindrücken. Beim Durchgang durch eine andere Öffnung der Walzen werden die Flanschen schon kräftiger herausgearbeitet, und so entwickelt sich allmählich über eine Reihe von Stufen hinweg der fertige Träger. Abb. 142 zeigt entsprechend die ersten Stufen beim Auswalzen von Eisenbahnschienen.

So viel ist freilich auch klar, daß bei diesem Herstellungsverfahren nicht daran zu denken ist, für einen bestimmten Fall einen Träger von besonderem Querschnitt herzustellen, der sich nach der Berechnung gerade als der günstigste erweist. Es würde sich nicht lohnen, für eine kleine Anzahl von Trägern besondere Walzen anzufertigen, und der Ingenieur muß sich daher, wenn er wirtschaftlich arbeiten will, mit den Trägern begnügen, die nach einmal festgelegten „Profilen“ von den Walzwerken geliefert werden. Die Benutzung der Träger ist dadurch außerordentlich erleichtert worden, daß die Werke sich alle nach einheitlichen Maßen richten. Es bestehen ausführliche Verzeichnisse über diese „Normalprofile“, so daß jeder Konstrukteur weiß, daß er Träger von dem und dem bestimmten Querschnitt überall im Handel bekommen kann.

Ein anderes Beispiel. Es soll ein Handhebel entworfen werden, d. h. ein mit Handgriff versehener Hebel, der auf einer Welle festgemacht ist und mit dem diese Welle gedreht werden kann. Nach den Grundsätzen der Festigkeitslehre würde die in Abb. 143 skizzierte Form I richtig sein. Die Kraft, d. h. der von der Hand des Mannes ausgeübte Druck, greift in der Weise an, wie durch den Pfeil angedeutet ist, und sucht also den Hebel oberhalb der „Nabe“, im Querschnitt *a b*, abzubrechen. Das aufrecht stehende Rechteck ist, wie wir oben gesehen haben, ziemlich widerstandsfähig gegen Biegung und ergibt jedenfalls eine weit bessere Ausnutzung des Materials als ein Kreisquerschnitt nach Form *II*, denn hier liegt ja die Hauptmenge des Materials nahe an der Mittellinie, während es beim Rechteck gleichmäßig von innen nach außen hin verteilt ist. Trotzdem ist, wenn der Hebel blank bearbeitet werden soll, die runde Form zweckmäßiger. Die Form *I* läßt sich nämlich überhaupt nicht oder doch nur sehr schwer maschinell bearbeiten, weil für die Bearbeitung der Hauptflächen das Stück jedesmal anders auf die Werkzeugmaschine aufgespannt werden muß, nämlich derart, daß die betreffende Fläche dem Werkzeug zugekehrt ist. Dazu kommt die schwierige Bearbeitung der Nabe und außerdem die des Handgriffes, so daß auf alle Fälle sehr viel Handarbeit notwendig ist. Ganz anders beim Kreisquerschnitt. Man braucht den Hebel nur auf die Drehbank zu spannen und kann ihn dann vollständig bearbeiten bis auf das Bohren des Loches und die Bearbeitung der Stirnflächen der Nabe, zwei Arbeiten, die sich auch wieder an einer Maschine mit einer Aufspannung ausführen lassen, und die bei dem rechteckigen Hebel natürlich ebenfalls notwendig wären. Mit dem Hebelschaft zusammen kann auch die Nabe gedreht werden, da sie kugelige Form hat.

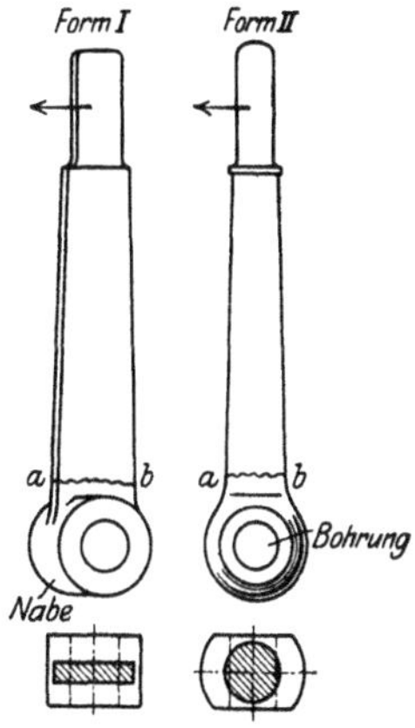

Abb. 143. Rechteckiger und runder Handhebel.

Der Vorgang des Drehens ist bekanntlich der, daß, wie in Abb. 144 veranschaulicht, das Werkstück, das bearbeitet werden soll, maschinell in fortlaufende Drehung versetzt wird, während ein feststehender Stahl, der gegen das Werkstück angedrückt wird, einen Span davon herunternimmt. Der Stahl wird gleichmäßig seitwärts an dem Werkstück entlang parallel zu seiner Drehachse bewegt und stellt infolgedessen einen runden, zylindrischen Körper her. Nun läßt sich der Stahl aber auch vor- und zurückschieben, wie es der Doppelpfeil in Abb. 144 andeutet, und man kann infolgedessen an jeder Stelle sowohl das Werkstück nach Belieben tiefer eindrehen als auch den Durchmesser größer lassen, d. h. es lassen sich runde Körper von jeder beliebigen Form herstellen. Dadurch, daß das Werkstück in einem Arbeitsgang fertig gemacht wird, ist die Bearbeitung sehr einfach und billig, weshalb, wenn irgend möglich, die Maschinenteile so geformt werden daß sie sich auf der Drehbank bearbeiten lassen.

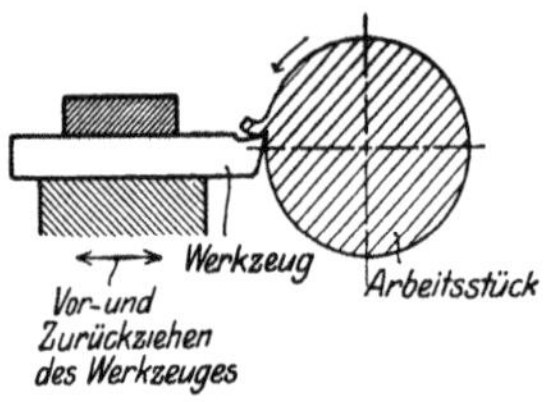

Abb. 144.
Vorgang beim Drehen
(vgl. Abb. 145).

Bei dem Hebel, Abb. 143, ist die Ersparnis gegenüber anderen Bearbeitungsverfahren so groß, daß das geringe Mehrgewicht, das bei runder Form notwendig ist, nicht in die Wagschale fällt. Hinzu kommt noch, daß der rechteckige Hebel, wenn er mit der Hand bearbeitet werden soll, in der Schmiede sehr genau ausgeführt werden muß, da es nicht möglich oder doch sehr teuer ist, mit der Hand große Mengen von Material herunter zu nehmen, während es bei der Drehbank auf ein Millimeter Spandicke mehr oder weniger nicht ankommt.

Es gibt viele ähnliche Fälle, in denen sich schon aus einer einfachen Überlegung, wie sie jeder Konstrukteur ohne weiteres anstellen kann, ergibt, daß eine neue Form einer älteren gegenüber infolge der Ersparnis an Bearbeitung Vorteile bieten wird. Anderseits aber kommt es oft vor, daß über die zweckmäßigste Art der Herstellung Zweifel entstehen, und eine sichere Entscheidung ist dann nur dadurch möglich, daß auf Grund fester Versuchs- oder Erfahrungswerte die Kosten im voraus bestimmt werden, die durch Material- und Arbeitsaufwand bei der einen und bei der anderen Herstellungsweise entstehen. Allerdings gehört dazu eine sehr umfangreiche Kleinarbeit, denn es genügt nicht, für ein anderes, bereits fertiges Arbeitstück, das vielleicht ähnliche Form aufweist, die entstandenen Kosten aufzuschreiben und danach die voraussichtlich entstehenden Kosten des neuen Stückes abzuschätzen. Das ist handwerksmäßiges Vorgehen und steht auf einer Stufe mit der Art und Weise, wie man früher, ehe die Berechnungsverfahren der Festigkeitslehre allgemeiner bekannt geworden waren und sich das Zutrauen der Konstrukteure erworben hatten, die Abmessungen von Maschinenteilen zu bestimmen pflegte, indem nämlich auf Grund der Erfahrungen, die an ähnlichen

Maschinen gemacht waren, die Abmessungen für die neue Maschine entsprechend stärker oder schwächer gewählt wurden. Gewiß ist es auch auf diese Weise möglich, Maschinen zu bauen. Aber um zur äußersten Ausnutzung des Materials zu gelangen und die Maschine auf den denkbar billigsten Preis herunter zu bringen, sind andere, genauere Verfahren notwendig.

6. Grundlagen moderner Herstellungsmethodik in der mechanischen Industrie.

Für die Herstellungsverfahren bedeutet dies eine sorgfältige Einzelprüfung aller Umstände, die auf den Preis des Erzeugnisses Einfluß haben. Der Ingenieur, der diese Einflüsse nicht jeden für sich allein zu beurteilen vermag, steht vor jeder anderen Aufgabe von neuem ziemlich hilflos da und ist auf sein Gefühl angewiesen. Vor allem wird kein Ingenieur es wagen können, wenn ihm sichere rechnungsmäßige Unterlagen fehlen, grundlegende und weittragende Neuerungen einzuführen, weil er sich selbst und anderen nicht beweisen kann, daß damit wirkliche Vorteile zu erreichen sind.

Zur wissenschaftlichen Untersuchung der Herstellungsverfahren gehört zunächst die Untersuchung der Werkzeuge und ihrer Wirkungsweise.

Ein Werkzeugstahl arbeitet z. B. beim Abdrehen einer Stahlwelle in der Weise, wie in Abb. 145 in größerem Maßstabe dargestellt. Man darf sich nicht vorstellen, daß ein einfaches glattes Abschneiden der obersten Schicht des Materials stattfände. Das wäre nur theoretisch denkbar mit einem ganz spitz zugeschärften Werkzeug, das dem harten Material des Werkstückes gegenüber aber gar keine Widerstandsfähigkeit besäße. Praktisch muß die Schneide einen großen Zuschärfungswinkel haben, und sie kann auch nicht mathematisch scharf sein, sondern wird an der Spitze immer eine kleine Rundung besitzen, wie in Abb. 145 übertrieben dargestellt. Der Stahl muß sich also in das Material hineinpressen; er pflügt sozusagen durch das Material hindurch und reißt mit seiner Brust die Späne ab, die schuppenartig lose aneinander hängen bleiben, während der Rücken vorn, unmittelbar hinter der Schneidkante, die Oberfläche des stehen gebliebenen Materials noch etwas zusammendrückt, die nach dem Vorbeigang des Stahles zurückfedert. Außer der Kraft in der Schneidrichtung muß also auch ein Druck ausgeübt werden, der

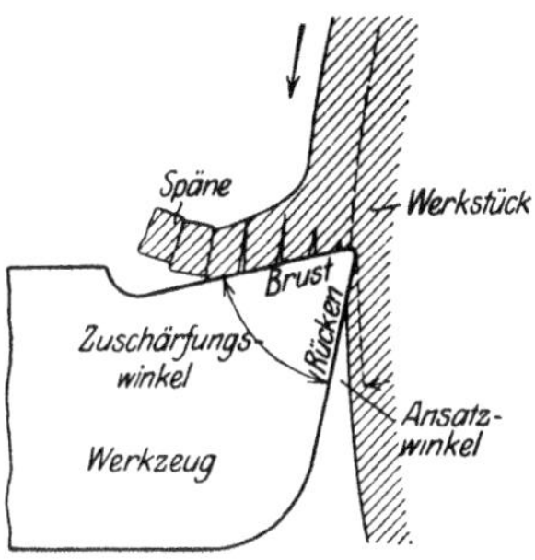

Abb. 145. Abheben der Späne durch den Werkzeugstahl.

den Stahl gegen das Werkstück preßt, und schließlich kommt dazu eine Kraft, die den Stahl am Arbeitstück entlang verschiebt. Die Vorgänge sind also nicht ganz einfacher Natur. Bei den Untersuchungen kommt es nun darauf an, die günstigsten Stahlformen zu ermitteln, so daß einerseits eine möglichst große Arbeitsgeschwindigkeit und hohe Leistung des Werkzeuges erreicht wird, anderseits aber das Werkzeug möglichst lange scharf bleibt, denn das Herausnehmen und Neuschleifen hat einen beträchtlichen Zeit- und damit Geldverlust zur Folge. Da auch noch die Zusammensetzung und Behandlung des Stahles, aus dem das Werkzeug hergestellt ist, und die Art des Materials, das bearbeitet werden soll, eine Rolle spielen, so kann man sich denken, daß hier ein gewaltiges Feld für wissenschaftliche Untersuchungen vorliegt, und daß es sich als ungeheuer schwer erweist, allgemein gültige, wissenschaftlich begründete Gesetze aufzustellen.

Die Folge ist, daß die bedeutendsten wissenschaftlichen Leistungen auf diesem Gebiete von Praktikern ausgegangen sind, die für ihre besonderen, bestimmt umschriebenen Aufgaben die besten Lösungen suchten und dabei zum Teil unerwartete Ergebnisse von allgemeiner Bedeutung fanden. Diese Praktiker, unter denen der bekannteste der Amerikaner Taylor ist, waren bemüht, ihre Arbeitsverfahren in der Weise zu verbessern, daß sie, wie oben schon angedeutet, sich von allen aus dem Handwerk übernommenen Vorurteilen loslösten und jedes einzelne Arbeitselement bis auf den letzten Handgriff des Arbeiters herab zum Gegenstand ihrer Untersuchungen machten, in der Absicht, mit gegebenen Mitteln die höchsten Leistungen zu erzielen.

Die planmäßigen Untersuchungen darüber, wie der Stahl zu behandeln wäre, um möglichst hohe Schnittgeschwindigkeiten zu erlauben, führten zur Erfindung des Schnellarbeitstahles. Bekanntlich wird jeder gewöhnliche Schneidstahl, auch jedes einfache Messer, „gehärtet“, d. h. auf Rotglut erhitzt und dann in Wasser oder Öl getaucht, so daß er sich rasch abkühlt. Nur ein so behandelter Stahl bleibt längere Zeit scharf. Man kann ihm aber seine Härte jederzeit wieder entziehen, indem man ihn von neuem erwärmt und langsam abkühlen läßt. Bei den gewöhnlichen Werkzeugstählen tritt nun dieses Weichwerden schon bei 150 bis 300° ein, und diese Temperatur wird beim Werkzeugstahl sehr leicht erreicht, weil die mechanische Arbeit, die zum Lostrennen der Späne aufgewandt werden muß, sich in Wärme umsetzt. Die Erhitzung ist um so größer, je schneller der Stahl arbeitet, und die Folge war, daß man mit den älteren Werkzeugen bei Schmiedeeisen nicht über etwa 200 mm Schnittgeschwindigkeit in der Sekunde hinausgehen konnte, d. h. man durfte in der Sekunde höchstens einen 200 mm langen Span abheben, ohne daß der Stahl weich wurde und sich abstumpfte. Taylor fand nun, daß, wenn dem Stahl die Stoffe Chrom und Wolfram in genügender Menge zugesetzt wurden, das Werkzeug nach einer Erhitzung auf 900^0 auch beim Abkühlen an der Luft die nötige Härte erhielt und sie nicht wieder verlor, auch wenn die Erwärmung beim Schneiden sich auf 600 bis 700^0 steigerte, eine Temperatur, bei der der Stahl bereits rotglühend ist. Man darf deshalb mit diesen Stählen bei Bearbeitung von Teilen aus Schmiedeeisen bis auf 500 mm Schnittgeschwindigkeit in der Sekunde gehen, das ist das $2^1/_2$fache der früheren Arbeitsgeschwindigkeit, und außerdem noch die Spanstärke auf ein Mehrfaches erhöhen.

Wer von diesen Erfolgen hört, ist sehr leicht geneigt, sie in ihrer Bedeutung zu überschätzen. Zunächst haben wir hier nur eine wissenschaftliche Entdeckung vor uns, und ehe wir ihre praktische Bedeutung, d. h. ihren Einfluß auf die Verbilligung der Erzeugnisse bestimmen können, sind noch verschiedene Umstände zu berücksichtigen. Vor allen Dingen treten bei den großen Schnittgeschwindigkeiten und beim Abheben starker Späne größere Kräfte auf als bei der alten Arbeitsweise, und die Folge ist, daß auch stärkere und teurere Werkzeugmaschinen nötig sind, damit die Teile, die den Stahl und das Werkstück halten, sich nicht verbiegen und die Arbeit ungenau wird. Sodann macht es dem Arbeiter große Schwierigkeiten, sich an eine Arbeitsweise zu gewöhnen, die er bisher nicht gekannt hat, und auch bei diesen größeren Geschwindigkeiten dem Gefühl nach das Richtige zu treffen. Und endlich ist zu bedenken, daß, sofern es sich nicht um große Arbeitstücke handelt, die wirkliche Bearbeitung, d. h. die Arbeitzeit des Stahles, oft nur einen geringen Teil der gesamten Arbeitzeit ausmacht, die auf ein Stück zu verwenden ist, während der Hauptteil der Zeit durch das Einrichten der Maschine für die neue Arbeit und das Aufspannen des Arbeitstückes verzehrt wird.

Die Einführung des „Schnelldrehstahles" gewinnt daher ihre volle Bedeutung erst als Glied einer Kette von Maßnahmen, die mit wissenschaftlich-planmäßiger Methodik darauf ausgehen, das Erzeugnis zu verbilligen. Ihr nächstes Ziel muß sein, den Arbeiter genau zu unterrichten, welche Arbeitsgeschwindigkeiten er anzuwenden hat, und die Zeit für die Nebenarbeiten soweit als möglich herunterzudrücken.

Eine so weit getriebene Methodik verursacht allerdings vorerst einen erheblichen Zeitaufwand zur Ermittlung der richtigen Arbeitsgrundlagen für jedes neue Stück. Die Kosten hierfür gehen von der Ersparnis an der Zeit des Arbeiters wieder ab. Es ist also klar, daß diese Arbeitsweise sich nur dann lohnen kann, wenn eine größere Anzahl gleichartiger Stücke angefertigt wird. Um die Verhältnisse anschaulich zu machen, wollen wir einmal annehmen, daß zur Ausarbeitung einer vorteilhafteren Form für einen Maschinenteil und zur

Aufstellung eines genauen Arbeitsplanes von einem mittleren Beamten 5 Tage zu je 10 Mark Gehalt, zusammen also 50 Mark aufzuwenden wären, und daß der Preis des einzelnen Stückes infolge von Ersparnis an Maschinenarbeitzeit und Lohn für den Arbeiter um 0,40 Mark ermäßigt werden kann. Dann würde die Büroarbeit sich lohnen, wenn $\frac{50}{0{,}40} = 125$ Stück derselben Art hergestellt werden, und bei 1000 Stück ergäbe sich ein Gewinn von $1000 \times 0{,}40 - 50 = 350$ Mark.

Können diese 1000 Stück hintereinander angefertigt werden, so ist der Gewinn verhältnismäßig noch größer, weil in Wirklichkeit nicht mit einer festen, gleichbleibenden Ersparnis für ein Stück gerechnet werden kann, sondern je größer die Zahl, um so geringer die Werkstattarbeit ist. Dies geht in recht einleuchtender Weise aus dem nachfolgenden Abdruck einer nach dem Taylorschen System aufgestellten Unterweisungskarte, Abb. 146, hervor, die zu dem in Abb. 147 dargestellten Arbeitstück gehört[1]). Es handelt sich hier um einen einfachen kleinen Deckel aus Rotguß, der überdreht und mit Gewinde versehen werden soll.

Auch diejenigen Leser, die vielleicht einzelne technische Ausdrücke auf der Karte nicht verstehen, erkennen daraus, wie jeder einzelne Vorgang nach Bruchteilen von Minuten festgelegt ist, so daß der Arbeiter sieht, wie er seine Zeit einzuteilen hat, und ob er nicht an irgendeiner Stelle unnötig Zeit verliert. Das Einrichten der Maschine mit Wechsel und Durchlesen der Unterweisungskarte nimmt, wie aus der Karte hervorgeht, ungefähr $22\,^1/_2$ Minuten in Anspruch. Für das Aufnehmen, Einrichten, Ansetzen des Stahles, Ablegen usw. bei jedem einzelnen Stück sind erforderlich 1,22 und für die eigentliche Bearbeitung nur 0,69 Minuten, also eine im Vergleich zur Gesamtarbeit geringe Zeit. Da die Arbeitzeiten für einen besonders geübten und tüchtigen Mann gelten, so muß nun erfahrungsgemäß noch ein Zuschlag gemacht werden, der nach der Karte für das Einrichten 75 vH, für die Maschinenarbeit 10 vH beträgt, so daß letztere eine im Verhältnis noch geringere Rolle spielt. Im ganzen ergeben sich für 500 Stück mit Wiederherrichten der Maschine 24,6 Stunden Normalarbeitzeit, für das Stück also ungefähr 3 Minuten. Wären nur 5 Stück hintereinander herzustellen gewesen, so hätte die Gesamtarbeitzeit 41,2 und die auf 1 Stück entfallende Zeit somit $8\,^1/_4$ Minuten betragen.

Auf der Karte ist noch zu beachten, daß die Nummer der Maschine, auf der die Arbeit ausgeführt werden soll, angegeben ist

[1]) Abb. 146 und 147 sind aus „Wallichs, Moderne amerikanische Fabrik-Organisationen", Technik und Wirtschaft 1912, S. 1 u. f., entnommen. Vgl. auch „Taylor-Wallichs, Die Betriebsleitung".

Unterweisungskarte für Arbeitsauftrag *1 M. V.* $^1/_4$ *U. 3 B.*

1 Blätter, Blatt Nr. *1*		Zeichnung Nr. *9130 3*	Maschine Nr. *D 16*	Auftrag Nr. *M. V.* $^1/_4$ *U. B.*
Material	Klasse Nr.	Anzahl einer Auftragserie *500*	Gesamtzeit *24,60 Stunden*	Bonus *35 vH*

Beschreibung der Bearbeitung

Drehen und Gewindeschneiden auf der Revolverbank

Nr.	Einzelunterweisungen	Vorschub	Geschwindigkeit	Arbeitzeit Min.	Einrichtzeit Min.	durchlaufende Zeit
1	*I. Einrichten der Bank*					
2	*Wechseln der Unterweisungskarte*				*2,00*	
3	*Durchlesen der Karte*				*4,00*	
4	*Auswechseln der Planscheibe gegen Zentrierfutter*				*2,50*	
5	*Eins. des Backenfutters CCA in den Querschlitten*				*0,78*	
6	*Einstellen der Geschwindigkeit u. des Vorschubes*				*0,20*	
7	*Eins. u. Einst. des Stahlhalters in d. Querschlitten*				*4,78*	
8	» *, Festklemm. u. Einst. d. Stahles im Stahlh.*				*6,13*	
9	*Einstellen des Anschlages zum Querschlitten* . .				*0,32*	
10	*Eins. u. Einst. d. Schneidkopfes in den Revolverk.*				*0,35*	
11	» » » *der Gewindebacken in den Schneidk.*				*1,17*	
12	» » » *des Anschlages f. die Schneidbacken*				*0,32*	
13	*Einrichtzeit insgesamt*				*22,55*	
14						
15	*II. Arbeitzeiten*					
16	*Aufnehmen des Arbeitstückes*				*0,12*	
17	*Einsp. des Arbeitstückes in das Futter u. Ausrichten*				*0,27*	
18	*Ingangsetzen der Bank*				*0,04*	
19	*Ansetzen des Schneidstahles S. A. T. F.*				*0,12*	
20	*Überdrehen des Gewindeteiles*	*HF*	*3 CS*	*0,53*		
21	*Zurückziehen des Stahles*				*0,09*	
22	*Gewindeschneiden*	*HF*	*3 CS*	*0,16*		
23	*Stillsetzen der Maschine und Messen*				*0,38*	
24	*Backen lösen*				*0,17*	
25	*Herausn. aus der Bank u. Hineinl. in den Kasten*				*0,03*	
26	*insgesamt*			*0,69*	*1,22*	
27						
28	*75 vH Aufschlag auf*			*1,91*		
29	*Einricht- und Handhabungszeit 1,22*			*0,92*		
30	*10* » *Aufschlag auf Maschinenarbeitzeit 0,69*			*0,07*		
31	*Fertigstellzeit für 1 Stück*			*2,90*		
32						
33	*In Ordnung bringen der Maschine*				*4,50*	
34						
35	*Gesamtzeit für 500 Stück:*					
36	*500 × 2,90 + 22,55 + 4,50 = 1477,05 Min.*					
37	*oder 24,6 Stunden*					
38						

Wenn die Maschine nicht so laufen kann wie befohlen, muß der Geschwindigkeitsmeister sofort an den Ausfertiger dieser Karte berichten	*3* Monat	*23* Tag	*1911* Jahr	Ausgefertigt *Schneider*
				Nachgesehen *Krull*

Abb. 146. Unterweisungskarte für Drehen und Gewindeschneiden.

(D 16). Auch sind der Vorschub, d. h. das Maß, um das der Werkzeugstahl bei jeder Umdrehung des Arbeitsstückes vorzuschieben ist, und die Arbeitsgeschwindigkeit genau bezeichnet, allerdings nicht nach Millimetern, sondern durch Symbole (HF, 3 CS), die dem Arbeiter die Handgriffe, die er zur Erzielung der richtigen Geschwindigkeit an der Maschine vorzunehmen hat, unmittelbar angeben und ihm somit jeden Zeitverlust durch Suchen nach der richtigen Einstellung ersparen[1]).

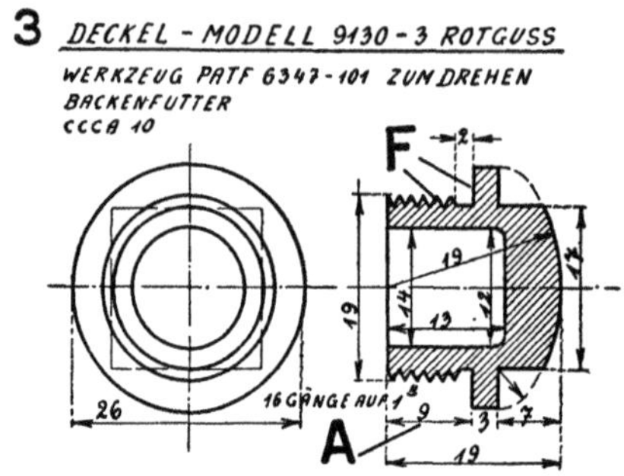

Abb. 147. Arbeitstück zur Unterweisungskarte Abb. 146.

Hand in Hand mit der Aufstellung genauer Arbeitsvorschriften geht eine Kontrolle darüber, ob sämtliche verfügbaren Maschinen mit Arbeit belegt sind. Auf diese Weise läßt sich erreichen, daß eine Maschine, wenn das Werk sich überhaupt genügend Beschäftigung verschaffen kann, niemals leer dasteht, und daß sie beständig bis zum Äußersten ihrer Leistungsfähigkeit ausgenutzt wird. Jedes Zurückbleiben hinter der erreichbaren Höchstleistung bedeutet einen Verlust, weil aus den für Maschine, Werkstattgebäude, Verwaltung, Arbeitslöhne usw. ausgegebenen Summen nicht der volle Nutzen gezogen wird.

7. Bearbeitung des Materials auf Werkzeugmaschinen.

Auch die konstruktive Entwicklung der Werkzeugmaschinen muß sich ganz und gar im Sinne der besten Zeitausnutzung vollziehen.

Wir hatten oben gesehen, daß man im Maschinenbau so viele Arbeiten, als irgend möglich, der Drehbank zuweist, weil sie ein Werkstück am raschesten vollständig zu bearbeiten vermag. Das Streben der modernen Technik, allen Maschinenteilen nicht hin- und hergehende, sondern gleichmäßig drehende Bewegung zu geben, weil sie dabei rascher laufen und mehr Arbeit verrichten können, kommt diesem Grundsatz entgegen, weil die umlaufenden Teile naturgemäß meistens runde Formen erhalten und daher durch Abdrehen bearbeitet werden können.

Drehbänke für Fußbetrieb, wie sie jeder Schlosser in seiner

[1]) Wegen Berechnung der Schnittzeiten vgl. die vom „Reichsausschuß für Arbeitszeitermittlung“ (Refa), Berlin NW. 7, Dorotheenstr. 40, aufgestellten Richtlinien.

Abb. 148. Drehbank zur Bearbeitung von Geschützrohren (Ausführung der Firma Ernst Schieß A.-G., Düsseldorf).

Werkstatt hat, sind allgemein bekannt. Von hier ausgehend findet sich in den Fabriken eine unendliche Mannigfaltigkeit von Drehbänken verschiedenster Größen und Formen, zum rohen „Abschruppen" von Material und für die feinsten Sonderarbeiten. Was für gewaltige Abmessungen die größten unter diesen Maschinen haben, läßt Abb. 148 erkennen. Auf der Bank ist ein schweres Kanonenrohr aufgespannt, das gleichzeitig mit zwei Werkzeugstählen bearbeitet wird. Zunächst wird ein grober Span heruntergeschruppt und nachher ein feiner Schlichtspan abgenommen, wodurch das Rohr glatte Oberfläche und genau das richtige Maß erhält. Wellen von 15 m Länge können auf dieser Drehbank bearbeitet werden. Während kleine Drehbänke meistens noch von einer Welle, die an der Decke des Maschinensaales gelagert ist, durch Riemen angetrieben werden, bekommen diese großen Maschinen jede für sich einen Elektromotor, der oft 100 Pferdestärken und mehr leisten muß. In der Abbildung ist der Motor vorn links in der Ecke zu sehen. Die von ihm abgegebene Arbeit wird durch verschiedene Zahnradvorgelege auf das große Rad übertragen; mit diesem ist das Arbeitstück fest verbunden, das langsam und mit großer Kraft den Schneidstählen entgegen herumgedreht wird.

Bei einem schweren Arbeitstück, wie wir es hier haben, ist es selbstverständlich, daß es, wenn irgend möglich, auf einer und derselben Maschine fertiggemacht und ein Umspannen von einer Maschine auf die andere vermieden wird. Aber auch für kleine Maschinen gilt dieser Grundsatz. Die Tafel auf S. 169 zeigte ja, daß dort mehr Zeit nötig ist, um das Stück auf die Maschine zu bringen und einzuspannen, als um die eigentliche Arbeit auszuführen. Sind an einem Stück eine Reihe Arbeiten auszuführen, so ist es also vorteilhaft, eine Maschine zu benutzen, auf der sich die Werkzeuge sehr rasch auswechseln lassen. Dies ist aber nur möglich, wenn die einzelnen Werkzeuge vorher genau eingestellt sind und durch einen einfachen Handgriff in die richtige Lage gebracht werden können. Die Maschine muß deshalb besonders für diesen Zweck durchgebildet werden.

Abb. 149 zeigt eine solche „Revolver-Drehbank". *a* ist das fertige Arbeitstück, ein mit Gewinde versehener hohler Bolzen, und mit *b*, *c*, *d*, *e*, *f*, *g*, *h*, *i*, *k*, *l* sind die auf dem Bilde sichtbaren Werkzeuge bezeichnet, die nacheinander mit dem Arbeitstück in Berührung gebracht worden sind. Das Rohmaterial, aus dem der Bolzen gearbeitet wird, ist eine sechskantige Stange, die durch die hohle Antriebswelle der Werkzeugmaschine gesteckt und jedesmal, wenn ein Stück fertig ist, weiter vorgeschoben wird. Das erste Werkzeug dient dazu, um diesen Vorschub genau zu begrenzen, ein zweites

Werkzeug dreht die Stirnfläche ab, ein drittes den Teil, auf den das Gewinde kommen soll, ein viertes schneidet das Gewinde, ein fünftes bohrt das Loch usw., bis schließlich das letzte Werkzeug,

Abb. 149. Revolver-Drehbank (Ausführung der Firma Ludwig Loewe & Co., Berlin).

ein schmaler Stichel, das fertige Arbeitstück von der Stange absticht, worauf das Spiel von neuem beginnt. Im ganzen sind drei Stahlhalter vorhanden, von denen zwei mehrere Werkzeuge tragen.

Wenn ein Werkzeug seine Arbeit vollendet hat, so wird der betreffende Stahlhalter mit allen Werkzeugen zurückgezogen, so weit gedreht, daß ein neues Werkzeug in die richtige Arbeitsstellung kommt, und dann wieder gegen das Arbeitstück vorgeschoben.

Es gehört ziemlich viel Mühe dazu, um alle Werkzeuge einer solchen Revolverbank zunächst einmal in die richtige Stellung zu bringen und genau einzurichten, so daß der Dreher mit der Arbeit anfangen kann. Daher lohnt sich diese Arbeitsweise natürlich nur, wenn eine größere Anzahl gleicher Stücke herzustellen ist. Dann kann man aber auch sicher sein, daß alle diese Stücke genau und gleichmäßig ausfallen und beliebig miteinander vertauscht werden können. Müssen sehr viele gleichartige Teile hergestellt werden, so wird die Maschine so ausgebildet, daß sie, nachdem ein Werkzeug seine Arbeit getan hat, sich selbsttätig umschaltet und ein neues Werkzeug vorschiebt. Auch das Abstechen des fertigen Stückes und das Vorschieben des Materials geschieht selbsttätig, so daß die Maschine ein Stück nach dem andern fertigstellt, ohne daß irgendein Handgriff daran vorgenommen zu werden braucht. Ein Arbeiter kann bequem mehrere derartige selbsttätige Drehbänke gleichzeitig überwachen, so daß die Lohnkosten, die auf ein Stück entfallen, verschwindend gering werden.

Aber nicht nur die Herstellung der einzelnen Stücke für eine Maschine verbilligt sich bei diesem Arbeitsverfahren, sondern infolge der Genauigkeit, mit der gearbeitet werden kann, vermindern sich auch die Kosten für das Zusammensetzen der vollständigen Maschine außerordentlich. Während es bei der handwerksmäßigen Fabrikation nötig war, die Teile beim Zusammenbauen nachzuarbeiten und sie zueinander passend zu machen, fällt diese Arbeit in einer nach modernen Grundsätzen eingerichteten Werkstatt zum größten Teil fort. Die Stücke können ohne Schwierigkeit bis auf ein oder wenige Hundertstel Millimeter genau gearbeitet werden, soweit das erforderlich ist, und lassen sich daher meistens einfach ineinanderstecken. Für einzelne Teile, die äußerst genau aufeinander gleiten und sich an allen Stellen berühren müssen, genügt allerdings auch eine solche Genauigkeit noch nicht, und man bringt sie zum Passen, indem man die kleinen Unebenheiten mit der Hand fortschabt.

Die Stücke, die von dem Dreher fertiggestellt sind, werden gewöhnlich in ein Vorratslager eingeliefert und von hier entnommen, wenn sie zur Zusammenstellung einer oder mehrerer Maschinen nötig sind. Ehe sie aber auf Vorrat gelegt werden, erfolgt eine sorgfältige Prüfung seitens eines Beamten, der alle einzelnen Teile nachmißt. Es mag zunächst recht schwierig erscheinen, auf $^1/_{100}$ mm genau nachzumessen, indessen hat die Technik Mittel gefunden, mit denen diese Arbeit in einfachster und dabei unbedingt zuverlässiger Weise sehr schnell erledigt werden kann. Man benutzt dazu die sogenannten Toleranzlehren. Dies sind Meßwerkzeuge mit zwei Klauen oder „Rachen", die über das Werkstück weggeschoben werden können, Abb. 150. Nehmen wir einmal an, es handele sich um Zapfen von 40 mm Durchmesser, und es sei vorgeschrieben, daß die Abweichung von dem genauen Maß nach oben oder unten unter $^1/_{100}$ mm bleiben muß. Dann wird der eine Rachen der Lehre um $^1/_{100}$ mm größer als 40 mm, der andere um $^1/_{100}$ kleiner gemacht. Wenn nun der Durchmesser sich innerhalb der richtigen Grenzen befindet, so wird der Zapfen durch den einen Rachen, der in der Skizze mit + 0,01 bezeichnet ist, glatt hindurchgehen, durch den anderen dagegen, der um 0,01 mm zu klein ist, nicht. Geht er durch beide Rachen hindurch oder durch keinen der beiden, so ist er zu klein oder zu groß und wird zurückgewiesen.

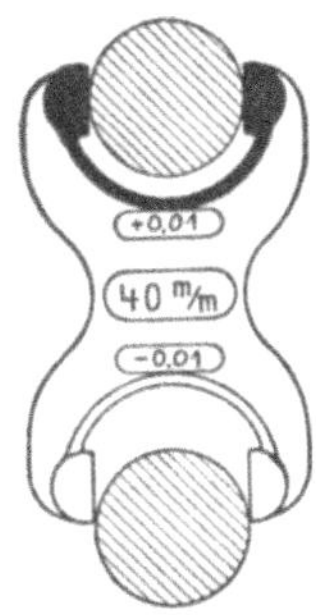

Abb. 150. Toleranzlehre.

Was für Vorteile ein nach solchen Grundsätzen durchgeführtes Herstellungsverfahren mit sich bringt, wird erst recht klar, wenn man bedenkt, daß an allen Maschinen die arbeitenden Teile sich im Laufe der Zeit abnutzen und an ihrer Stelle Ersatzteile eingebaut werden müssen. Auch Brüche sind bei vielen Maschinen trotz sorgfältiger Arbeit und besten Materials nicht ganz zu vermeiden. Stellen wir uns vor, daß an einer landwirtschaftlichen Maschine mitten im vollen Betriebe, während der Ernte, ein wichtiges, schwer herzustellendes Stück bricht, und daß nun erst eine in der Nähe befindliche Maschinenfabrik mit der Anfertigung eines Ersatzteiles beauftragt werden muß! Darüber können ein oder vielleicht eine Reihe von Tagen vergehen, und der Eigentümer, dem jeder Tag kostbar ist, kommt mit seinen Arbeiten unwiederbringlich in Rückstand. Es gibt kaum einen Vorfall, der einen Betrieb mehr schädigen kann, als ein Maschinenstillstand, der sich nicht schnell beseitigen läßt. Wenn es also möglich ist, sofort ein Ersatzstück zu bekommen, das ohne Nacharbeit eingesetzt werden kann, so ist das ein Vorteil, der dem Besitzer der Maschine viel Geld sparen kann. Man darf deshalb sagen, daß die Möglichkeit des raschen Nachbezuges von Ersatzteilen, die eine Folge moderner Herstellungsweise — moderner Massenfabrikation — ist, den Wert der Maschine unter Umständen wesentlich erhöht[1]).

Wir finden hier einen Anklang an das, was in der Einleitung

[1]) Vgl. die Ausführungen über „Normung", S. 215 u. f.

über die Bedeutung der wissenschaftlichen Grundlage der Technik gesagt war. Dort die Verallgemeinerung der Ergebnisse, durch welche die Technik grundlegend für eine volkswirtschaftliche Entwicklung im größten Stile werden kann, hier, bei der mit wissenschaftlicher Gründlichkeit ausgearbeiteten Herstellungsweise, die allgemeine Verwendbarkeit jedes einzelnen Stückes, durch welche die Maschine über den Rang eines Zufallserzeugnisses, das je nach den Umständen mehr oder weniger oder auch gar keinen Nutzen bringt, hinausgehoben und zu einem Hilfsmittel gemacht wird, mit dessen dauernder Zuverlässigkeit und Brauchbarkeit sicher gerechnet werden kann.

Doch kehren wir noch einmal zu den Arbeitsverfahren zurück. Beim Bohren von Löchern, Abb. 151, verläuft, ebenso wie beim Drehen, der Arbeitsvorgang stetig. Sollen aber ebene Flächen bearbeitet werden, so kommt zunächst die Hobelmaschine in Betracht, bei welcher der Stahl oder das Arbeitstück hin- und hergeht und nur bei der Bewegung in einer Richtung Arbeit leistet. Nicht nur der Rücklauf der Maschine, sondern sogar noch ein Stück des Arbeitsganges wird nicht ausgenutzt, weil der Stahl auf jeder Seite etwas über die Enden der Arbeitsfläche hinausgehen muß. Aus Abb. 152, der Wiedergabe einer starken Hobelmaschine, sieht man, daß nicht nur das Werkstück, sondern auch der schwere Tisch, auf dem das Stück festgemacht ist, hin- und herläuft, so daß ganz beträchtliche Gewichte vorhanden sind, denen jedesmal, wenn die Maschine ihre Bewegung umkehrt, eine gewisse Geschwindigkeit erteilt werden muß. Dazu gehört mechanische

Abb. 151. Arbeitsvorgang bei einer Bohrmaschine[1]).

[1]) Die Abbildung ist von der Firma Droop & Rein, Bielefeld, zur Verfügung gestellt.

Arbeit, die in Bewegungsenergie verwandelt und beim Anhalten der Maschine wieder vernichtet wird.

Das Hobeln ist also ein Arbeitsverfahren, das, vom Standpunkt der Ausnutzung von Zeit und Arbeit aus gesehen, mit grundsätzlichen Mängeln behaftet ist. Daher steht ein anderes Verfahren, das Fräsen, schon seit langer Zeit in erfolgreichem Kampf mit dem Hobeln. Ein Fräser hat, wie aus Abb. 153 hervorgeht, eine ganze Anzahl von Schneidkanten, die, wenn der Fräser sich dreht,

Abb. 152. Hobelmaschine für Metallbearbeitung (Ausführung der Sächsischen Maschinenfabrik A.-G., Chemnitz).

nacheinander zum Angriff kommen. Die Schneiden sind so breit, daß die Fläche vollständig bearbeitet wird, wenn das Stück einmal unter dem Werkzeuge hergeht. Abb. 153[1]) gibt ein gutes Bild davon, was für eine bedeutende Arbeitsleistung ein Fräser zu vollbringen vermag. Dazu kommt noch, daß die Arbeit genauer wird, weil die zahlreichen breiten Schneidkanten des Fräsers sich nicht so rasch abnutzen wie die eine schmale Schneide des Hobelstahles. Abb. 154[1]) zeigt einen

[1]) Abb. 153 ist von der Firma Ludwig Loewe & Co., Berlin, Abb. 154 von der Firma Droop & Rein, Bielefeld, zur Verfügung gestellt.

Fräser von sehr großen Abmessungen, der die Innenflächen mehrerer hintereinander aufgespannter Achsbüchsen für Lokomotiven bearbeitet, was früher nur mit der Hobelmaschine geschah.

Allerdings sind die Werkzeuge für Fräsarbeit nicht in so einfacher Weise anzufertigen und herzurichten wie Hobelstähle. Es gehören wieder besondere, sehr genau arbeitende Maschinen dazu, um die Schneidkanten eines Fräsers richtig zu schleifen, Abb. 155.

Die Fräsmaschine ist nicht in dem Sinne ein Universalapparat wie die Hobelmaschine, und kann diese niemals ersetzen. Aber wir

Abb. 153. Arbeitsvorgang beim Fräsen.

haben ja auch schon gesehen, daß die Drehbank sich aus dem Universalwerkzeug, das die einfache Drehbank des Schlossers darstellt, zur komplizierten Sondermaschine entwickelt hat, die für ganz bestimmte, gleichbleibende Arbeiten eingestellt wird und diese nun möglichst lange Zeit hindurch ohne Änderung der Einstellung durchführt; oft wird in einer modernen Werkstatt nicht einmal mehr „Schruppen" und „Schlichten" auf derselben Maschine verrichtet. Beim Schneiden und Gießen von Metall, ja auch bei der Holzbearbeitung, finden wir überall die gleiche Entwicklung. Diese Sondermaschinen, die oft nur ganz wenige Arbeiten ausführen können, lassen sich aber natürlich nur ausnutzen, wenn die bestimmten Arbeiten immer wiederkehren, und es ist daher ganz ausgeschlossen,

Abb. 154. Bearbeitung von Achsbüchsen auf der Fräsmaschine.

Abb. 155. Werkzeugschleifmaschine (Ausführung der Wanderer-Werke A.-G., Chemnitz).

daß in einer modernen Fabrik das Büro unabhängig von der Werkstatt konstruiert und es dem Werkstattleiter überläßt, herauszufinden, wie er die am Zeichentisch erdachten Teile mit seinen Maschinen am besten ausführt, sondern die Konstruktionen müssen den vorhandenen Maschinen sozusagen auf den Leib gearbeitet werden, wenn die volle Ausnutzung erreicht werden soll[1]). Aber davon mehr im vierten Abschnitt. Eine seltsame Erscheinung, die als kennzeichnend für das Anpassungsvermögen der Technik und für das vorurteilsfreie Denken des Ingenieurs gelten kann, ist es, daß man eben durch die Vereinheitlichung der Fabrikation wieder dahin kommt, nun für diese bestimmten, immer wiederkehrenden Arbeiten von der Verwendung der auf dem Markt befindlichen normalen Werkzeugmaschinen abzugehen und Sondermaschinen zu entwerfen, die vielleicht nur ein einziges Mal gebaut werden und sich daher mehrfach so teuer stellen wie eine normale Maschine, die aber die betreffende Arbeit so viel billiger ausführen, daß die Mehrkosten sich mit Sicherheit bezahlt machen.

8. Fließarbeit.

Der Fließarbeit liegt der Gedanke zugrunde, daß das Arbeitsstück in ununterbrochenem Fluß von einer Hand zur anderen, von einer Maschine zur anderen geht, so daß sich eine Einzeloperation an die andere fortlaufend anschließt, bis das Stück fertig ist.

Das Verfahren ist nicht neu und eigentlich selbstverständlich, sobald es sich um Massenfertigung handelt, die auf der Stufe der reinen Handarbeit steht. Man hat die Fließarbeit verlassen mit dem Eintreten der Maschine, weil es erforderlich erschien, jede Gattung von Maschinen — z. B. Schmiedemaschinen oder Drehbänke — in einer Werkstatt zu vereinigen. Dadurch wurde es notwendig, die Arbeitstücke von einer Werkstatt zur anderen zu schaffen und zwischendurch auch häufig zu lagern, bis in der nächsten Werkstatt eine geeignete Maschine frei war, um die begonnene Arbeit fortzusetzen.

In vielen amerikanischen Betrieben hat man nun trotz der Schwierigkeiten, die sich aus der Verwendung von Maschinen ergeben, die Fließarbeit neuerdings eingeführt und in moderner Weise durchgebildet. Das Vorbild hat auch auf Deutschland stark eingewirkt.

Es entspricht der Natur der Dinge, wenn man die Fließarbeit in erster Linie für Zusammensetzungsarbeiten (Montagearbeiten) und für die Verpackung von Waren anwendet, wo reine Handarbeit oder zu ihrer Unterstützung einfache mechanisch angetriebene Werkzeuge

[1]) Vgl. die von der Arbeitsgemeinschaft deutscher Betriebsingenieure und der Technisch-Wissenschaftlichen Lehrmittelzentrale bearbeitete Beispielsammlung: Einfluß der Fertigung auf die konstruktive Gestaltung.

in Frage kommen. Ein kennzeichnendes Beispiel geben Abb. 156 und 157, wo die einzelnen Arbeitsvorgänge bei der Glühlampenfertigung schematisch dargestellt und bildlich erläutert sind.

Aber man bleibt dabei nicht stehen. Die Vorteile der Fließarbeit sind so groß, daß man der Maschine zumutet, ihren Platz zu verlassen, sich aus der Reihe ihrer gleichgearteten Schwestern herauszubewegen und sich mitten zwischen anderen Maschinen oder zwischen den Arbeitsplätzen von Handarbeitern aufzustellen, damit nur ja nicht der Weg des Arbeitstückes und damit der Fluß der Arbeit eine Unterbrechung erfährt. Die Möglichkeit dazu ist heute

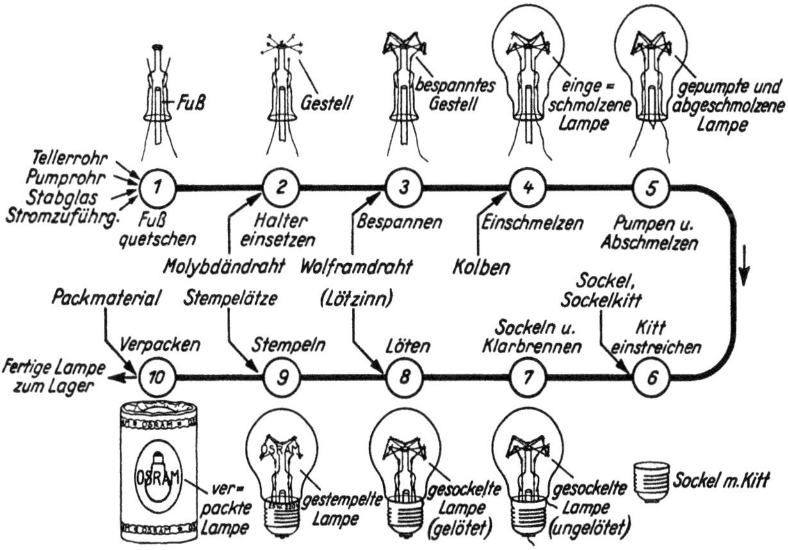

Abb. 156. Glühlampen-Herstellung in Fließarbeit. Osramwerke, Berlin (TWL 15030).

durch den elektrischen Einzelantrieb gegeben. Will man eine solche Maschine, die ihren Elektromotor mit sich führt, an einer neuen Stelle arbeiten lassen, so bedarf es nicht mehr der Verlegung von Wellensträngen und der Einrichtung von Riemenvorgelegen, sondern man braucht nur von dem nächsten Punkt des in der Werkstatt verlegten elektrischen Kabels eine Leitung zu ziehen; die Maschine ist also durch die Elektrizität „freizügig" geworden.

Ein Beispiel ist die motorisch angetriebene Nähmaschine; es mag mit an der leichten Versetzbarkeit dieser kleinen Maschine liegen, daß sich in Deutschland u. a. das Bekleidungsgewerbe besonders für die Einführung der Fließarbeit interessiert.

Bekannt ist, in wie großartigem Maße der amerikanische Automobilkönig Ford das Verfahren durchgeführt hat, wie es ihm

Abb. 157. Glühlampen-Herstellung in Fließarbeit (TWL 15031).

Abb. 158. Zusammenbau von Getriebegehäusen für Kraftwagen in Fließarbeit bei der Hanomag, Hannover (TWL 4683).

gelungen ist, trotz hoher Löhne den Preis eines Kraftwagens auf einen Betrag zu drücken, der uns zunächst geradezu märchenhaft erschien. Unter den deutschen Firmen hat u. a. die Hanomag gute Erfolge mit der Fließarbeit bei der Herstellung von Kraftwagen und Schleppern erzielt; Abb. 158 gibt die Fließmontage von Getriebegehäusen in diesem Werk wieder[1]). Bei Ford und auch in anderen Fabriken werden in großem Umfange mechanische Fördereinrichtungen angewandt, um die Stücke in einer bestimmten Zeit von einem Arbeitsplatz zum anderen zu bewegen. Indessen sind solche Fördereinrichtungen keineswegs das eigentlich Kennzeichnende; wo einfaches Weitergeben der Arbeitstücke mit der Hand nicht möglich ist, weil die Stücke zu schwer sind, wird das Stück oft auf einem kleinen Wagen weiter geschoben, der mit Rädern auf Schienen oder auch auf dem Fußboden läuft.

So einfach und selbstverständlich der Gedanke der Fließarbeit erscheint, so groß pflegen, wie schon erwähnt, die Schwierigkeiten zu sein, die sich seiner praktischen Verwirklichung im Fabrikbetriebe zunächst entgegenstellen.

Eine Fließarbeitswerkstatt gleicht einem Uhrwerk oder einer großen automatischen Maschine; tritt irgendwo eine Störung ein, so steht das Ganze still. Das gilt zunächst vom Anfang und vom Ende des Herstellungsvorganges. Man muß sicher sein, daß die Materialmengen, die der Arbeitsvorgang verzehrt, auch tatsächlich jeden Tag vorhanden sind; Zuverlässigkeit der Zulieferung ist also Vorbedingung. Sodann aber muß auch für die fertiggestellten Erzeugnisse hinreichender und regelmäßiger Absatz vorliegen, sonst wird in kurzer Zeit das Fertiglager mit Ware überschwemmt, und es geht dem Fabrikanten so, wie Goethes Zauberlehrling. Weiter muß das verwendete Rohmaterial von gleichmäßiger Güte sein, denn wenn sich an irgendeiner Stelle der Fabrikation Materialfehler zeigen und die Stücke fortgeworfen werden müssen, so ist der folgende Teil des Betriebes unbeschäftigt, ganz abgesehen davon, daß, wenn dieser Fehler entdeckt wird, schon eine große Anzahl von Stücken sich in mehr oder weniger weit vorgeschrittener Bearbeitung befinden können. Auch wird höchste Präzision der Arbeit verlangt, damit nicht Bearbeitungsfehler, die bei den ersten Arbeitsvorgängen gemacht sind, die folgenden Vorgänge stören; solche Stücke nachzuarbeiten, ist bei der engen zeitlichen Folge der Vorgänge höchstens durch Herausnehmen aus dem Arbeitsfluß möglich. Im Falle des Ausscheidens eines Arbeiters muß sofort ein Ersatzmann da sein, der die Arbeit vollkommen beherrscht und die betreffende Einzelarbeit im gleichen Tempo auszuführen vermag.

[1]) Nach „Hanomag-Nachrichten" 1926, Heft 156/7.

Weiter bedarf die Fließarbeit einer äußerst sorgfältigen Vorbereitung in bezug auf die Zerlegung der Gesamtarbeit in einzelne Arbeitsvorgänge. Es ist im allgemeinen nicht möglich, einfach ein vorhandenes Stück in der bisher üblichen Ausführung zu nehmen und es der Fließarbeit zu unterwerfen, denn die einzelnen Teiloperationen müssen so aufeinander abgestimmt sein, daß sie genau gleiche Zeit erfordern, damit jeder Arbeiter mit seinem Stück fertig ist, wenn der Vormann ihm ein neues Stück übergibt. Die Arbeitstücke müssen also meistens unter sorgfältiger Berücksichtigung der einzelnen Arbeitszeiten neu konstruiert werden. Unter Umständen sind Sondermaschinen zu bauen, die einen Arbeitsgang innerhalb der vorgeschriebenen Zeit bewältigen können.

Die Voraussetzungen für die Anwendung der Fließarbeit sind demnach so zahlreich, daß sie in der Regel nur da eingeführt werden kann, wo es sich um die Fertigung einheitlicher Gegenstände in großen Mengen handelt. Die Erfolge sind in solchen Fällen aber auch in Deutschland vielfach überraschend. Die Zeit, die das Arbeitsstück, vom Rohmaterial angefangen, braucht, um die Fabrik zu durchlaufen, wird zuweilen auf einen fast unglaublich gering erscheinenden Bruchteil verkürzt; ebenso wird der Raumbedarf für die Fabrikationseinrichtungen viel geringer. Es fallen eben die toten Lagerzeiten, die toten Lagerplätze und Transporte fort. Dementsprechend vermindern sich Betriebs- und Anlagekapital. Die Lohnkosten werden für das einzelne Stück geringer, weil jeder Mann seine Arbeit genau kennt und ohne Aufenthalt produktiv schaffend tätig ist. In der mechanischen Industrie sind z. B. außerordentliche Erfolge beim Montieren von Gasmotoren und bei der Ausbesserung von Lokomotiven erzielt worden, die statt 3 bis 5 Monate heute nur 15 Tage im Werk bleiben und dem Betrieb entzogen werden. Man kann sich leicht vorstellen, wieviel Lokomotiven, die früher untätig in Ausbesserungswerkstätten standen und nur Zinsen fraßen, infolge dieser Arbeitsbeschleunigung frei werden, so daß die Eisenbahn weniger Lokomotiven braucht und die Kapitalanlage dafür sich entsprechend verringert[1]).

9. Schaffung ästhetisch schöner Formen.

Der Ingenieur und der bildende Künstler haben beide die Aufgabe, zu gestalten. Wenn es aber nicht gelingt, einer Maschine eine ästhetisch befriedigende äußere Form zu geben, ohne daß der Zweck,

[1]) Weitere Beispiele enthält der Bericht von Mäckbach auf der vom „Ausschuß für wirtschaftliche Fertigung" veranstalteten Fließarbeitstagung 1926 in Köln.

dem sie dienen soll, leidet, so muß die Schönheitsforderung zurücktreten, und es siegt die Zweckbestimmung. Dagegen fällt z. B. in der Malerei der Gebrauchszweck ganz fort, und es handelt sich nur darum, die höchste Wirkung auf das Auge zu erzielen.

Zwischen dem Techniker und dem reinen Künstler steht der Architekt. Ein Bauwerk muß zwar in erster Linie bestimmten Gebrauchszwecken genügen; mit Recht pflegt man aber von Gebäuden mit mehr Nachdruck gute ästhetische Wirkung zu verlangen als von einer Maschine, weil das Gebäude meist von einer großen Zahl von Menschen gesehen wird und deren Empfindung und Stimmung beeinflußt.

Die Architektur hatte sich, namentlich gegen Ende des vorigen Jahrhunderts, vollkommen verirrt. Sie war in einer Formensprache erstarrt, die leider noch dazu oft außerordentlich schlecht gesprochen wurde. Man glaubte an „Stile" und baute wild durcheinander und nebeneinander romanische, gotische, Renaissance- und Barockhäuser, obwohl die kulturellen Bedingungen, die früher zur Blüte dieser Ausdrucksformen geführt hatten, längst verschwunden waren.

Die modernen Architekten haben diesen Zustand glücklicherweise ziemlich überwunden. Sie wissen, daß eine Bauform in erster Linie aus dem Zweck und dem Material heraus entwickelt werden und weiterhin der Umgebung angepaßt werden muß.

Damit sind unsere Architekten dem Maschinenbauer außerordentlich nahe gekommen, wenn auch, wie schon erwähnt, nicht verkannt werden darf, daß eine völlige Übereinstimmung der Aufgaben keineswegs vorliegt. Denn einerseits ist die Maschine fast immer eine Einzelleistung, während der Architekt das Gebäude in den gesamten Aufbau der Straße oder der Stadt einzufügen hat. Anderseits muß man dem Architekten gewisse Freiheiten in der Gestaltung einräumen, die dem Maschinenbauer verboten sind, weil dieser nicht um einer guten äußeren Form willen die Kosten seiner Schöpfung erhöhen darf, es sei denn, daß es sich um öffentliche Verkehrsmittel u. dgl. handelt.

Ganz irrig ist die hier und da auftauchende Meinung, daß die Form einer Maschine sich notwendigerweise aus dem Zweck ergäbe, sozusagen „auszurechnen" wäre, und daß die vollendete Zweckerfüllung immer von selbst zu einer schönen Form führte. Der Ingenieur muß, genau wie der Künstler, bewußt ästhetisch schön gestalten, wenn er gut wirkende Formen erzielen will.

Nicht selten allerdings führt die Berücksichtigung günstigster Festigkeitsverhältnisse, einfachster Bearbeitung und bester Zweckerfüllung schon auf den Weg zur guten Form, besonders bei einfachen Maschinenteilen. Sicherlich ist in Abb. 143, S. 163, der Hebel rechts ästhetisch befriedigender als die links gezeichnete Ausführung. Auch bei dem Propellerlaufrad nach Abb. 159[1]) ist offenbar zu der Form, die sich aus der technischen Notwendigkeit ergibt, wenig hinzugetan. Die geschwungenen Schaufeln, die in gefälliger Kurve ausgezogene Spitze der Radnabe dienen in bester Weise der Führung des Wassers, das das Rad herumtreibt. Sobald es sich um vollständige, aus einer Reihe von Einzelteilen zusammengesetzte Maschinen handelt, gibt es indessen so viele Möglichkeiten der Anordnung, daß es ganz und gar von dem gestaltenden Ingenieur abhängt, wie die Gesamterscheinung ausfällt. Das elektrische Handbohrmaschinchen nach Abb. 160 ist ein gutes Beispiel einer einfachen, klaren, geschlossenen Form, die dem Gebrauchszweck entspricht. Elegant, gefällig und trotzdem kraftvoll aufgebaut ist der Kraftwagenmotor nach Abb. 161. Man hat das Empfinden, daß ein Meister der Gestaltung viele Einzelaufgaben lösen mußte — Zu- und Ableitung der Gase, ihre Entzündung in regelmäßigem Takt, Führung der Getriebeteile, Lagerung der Wellen, Schmierung aller einer Reibung unterworfenen Stellen, Kühlung der Zylinder usw. —, und daß es ihm gelungen ist, diese vielen Sonderansprüche unter fortwährenden schwierigen Kompromissen so miteinander abzugleichen, daß ein harmonisches Gebilde entstanden ist. Wir haben an dem Motor eine in ihrer

Abb. 159. Propellerlaufrad einer Wasserturbine (Escher, Wyss & Cie., Zürich).

Abb. 160. Elektrische Handbohrmaschine (Krupp, Essen).

[1]) Nach Z. V. d. I. 1924, S. 1244.

Art vollendete Schöpfung menschlichen Geistes vor uns, die unserm Empfinden dadurch näher steht als viele andere Maschinen, daß jeder weiß, wie der Motor als geduldiger Sklave unverdrossen seinen Dienst tut und seinem Lenker gehorcht, fast wie das belebte Wesen, das er ersetzt hat. Die geschlossenen Formen, die man bei modernen Maschinen so häufig trifft, bilden einerseits einen Schutz für innenliegende Getriebeteile und führen weiter zu großer Starrheit des Körpers, die wegen der Genauigkeit der Arbeit wichtig ist. In ästhetischer Beziehung entsprechen diese Formen dem Empfinden unserer Zeit, die sich unbewußt der Masse der auf sie hereinstürmenden Eindrücke zu erwehren

Abb. 161. Vierzylinder-Kraftwagenmotor (Aga). (TWL 10678).

Abb. 162. Hängebrücke über den Rhein bei Köln (erbaut von der Maschinenfabrik Augsburg-Nürnberg). (TWL 1447).

sucht, indem sie überall — in der Kleidung, im Hausbau, in der Zimmereinrichtung — einfache, klare Linien und Flächen anstrebt.

Im Brückenbau ist die Erkenntnis, daß die Schönheit des Werkes aus Zweck und Material herauswachsen muß, jünger als im

Maschinenbau. Der Ingenieur konnte hier nicht frei schalten, und Brücken an hervorragenden Stellen waren daher meist Kompromisse zwischen technischer Zweckerfüllung und architektonischem Aufputz. Eine eiserne Brücke wagte man nicht ohne festungsartige steinerne Tortürme an den Enden zu bauen. Wie wirkungsvoll ein Bau aus Eisen sein kann, der die technische Idee klar hervortreten läßt, zeigt

Abb. 163. Brücke über die Hubertusschlucht bei Boppard.

dagegen Abb. 162. Bei einer Brücke ist, wie bei einem Gebäude, auf die Umgebung Rücksicht zu nehmen. So durfte bei der Kölner Brücke den himmelanstrebenden Formen des Domes nicht ein massiges Brückenbauwerk gegenüber gesetzt werden, wie es bei der alten Brücke leider geschehen ist. An einer Stelle, der technische Arbeit das Gepräge gibt, ist dagegen eine mehr nüchterne Form von ästhetischen Gesichtspunkten aus vielleicht vorzuziehen.

In einer Berglandschaft wird im allgemeinen die Brücke aus

Stein sich am besten der Umgebung anpassen (Abb. 163)[1]). In welchem Maße viele alte Steinbrücken zur Verschönerung von Landschafts- und Städtebildern beitragen, dafür bedarf es keines Beleges.

Abb. 164. Kohlenbehälter (gebaut von Wayss & Freytag). (TWL 16095.)

Aus dem modernen Hochbau seien einige wenige Beispiele ausgewählt, die für die Entwicklung edler Formen aus Stoff und Zweck heraus besonders kennzeichnend sind. Vor allem verdient Beachtung, daß es gelungen ist, auch im Betonbau mit oder ohne Eisenverstärkung Bauwerke von großer Schönheit zu schaffen. Abb. 164

[1]) Vgl. Stürzenacker: Die Schönheit des Ingenieurbaues. Z. V. d. I. 1924, S. 1113.

gibt ein einfaches industrielles Zweckgebäude wieder. Die außen aufgesetzten Rippen dienen offenbar einem bestimmten konstruktiven Zweck: sie sollen die Wände des Hochbehälters aussteifen, auf denen der Druck der in dem Behälter gelagerten Kohle lastet, die sich also, wenn keine Versteifung vorhanden wäre, ausbiegen würden. Trotz oder richtiger wegen dieser klaren Darstellung des konstruktiven Gerippes wirkt der Turm als ein ästhetisch vorzüglich gestaltetes Werk.

Abb. 165. Teilansicht des Innern der Betonhalle in Breslau (gebaut von Dyckerhoff & Widmann, Dresden). (TWL 16049).

Den Eindruck stärksten architektonischen Könnens erweckt die mächtige Kuppel der Betonhalle in Breslau (Abb. 165). Techniker und Künstler haben hier in glücklichster Weise zusammengewirkt, um ein kühnes, in der Gliederung klares Bauwerk zu schaffen, das keines äußeren Zierates bedarf, um die Stimmung andächtiger Sammlung zu erzeugen.

Von den modernen Bahnhofsbauten her (vgl. Abb. 166) ist allgemein bekannt, welche Wirkung ein eiserner Hallenbau auszuüben vermag.

Wie manche unserer heutigen Architekten es verstehen, nicht nur starke Einzelwirkungen, sondern auch rhythmische Zusammenklänge in Städtebildern zu erzielen, dafür legen u. a. das unter

Schumachers Leitung entstehende moderne Hamburg und die von Kreis geschaffenen Gebäude der Düsseldorfer Ausstellung (Gesolei) mit dem Planetarium Zeugnis ab.

Abb. 166. Bahnhofshalle in Homburg v. d. H. (gebaut von der Maschinenfabrik Augsburg-Nürnberg). (TWL 5063).

Auch das bürgerliche Wohnhaus hat sich diese Entwicklung zunutze gemacht. Die grauenhaft schwülstige Ornamentik der Prunk-

Abb. 167. Schlafzimmer (Arch. Prof. Becker und Dr. Kutzner). (TWL 16222).

und Mietshäuser aus dem Ende des vorigen Jahrhunderts ist ebenso verschwunden, wie die lieblos kahle Nüchternheit der bescheidenen Wohnviertel und hat — wenigstens in den meisten Fällen — einer gut durchdachten Gestaltung Platz gemacht, die, von innen heraus, von den Bedürfnissen der Besitzer ausgehend, den Wohncharakter betont und sich in ruhigen, klaren Formen, zum Teil unter Benutzung fröhlicher Farben, auswirkt. Die Möglichkeit guter Heizung gestattet große Fenster, die reichliche Lichtmengen hereinlassen. Im Innern verwendet man möglichst glatte Flächen, von denen der Staub leicht entfernt werden kann, und statt zusammengekaufter Möbelstücke wenig hervortretende Wandschränke und eine zum Hause passende, mit ihm zusammen entworfene Einrichtung (Abb. 167).

Alles in allem also in der Architektur ein klares Aufwärtsstreben zur vollendeten Gestaltung mit den heute verfügbaren technischen Mitteln. Einfache Linien, reiner Zusammenklang. Hoffentlich verschwindet auch die Sucht, einen „modernen Stil" zu finden. Entweder ergibt sich ein Stil von selbst aus der zweckmäßigen Form und dem Verlangen eines ganzen Volkes nach einheitlicher Gestaltung, oder er bleibt ganz fort. Ein Unding wäre es, etwa Beton-, Eisen- und Holzbauten in einen einheitlichen Stil hineinzwängen zu wollen.

Vierter Abschnitt.

Technische Arbeit. Rationalisierung.

1. Technisch-wirtschaftliche Aufgaben.

Die Industrie baut Maschinen, um sie zu verkaufen und Geld daran zu verdienen. Auch die meisten staatlichen oder städtischen Unternehmungen stellen entweder selbst kaufmännische Betriebe dar, wie z. B. Eisenbahnen, Gas- und Elektrizitätswerke, oder sie dienen, wie Brückenbauten, Flußkorrektionen und dergleichen, doch unmittelbar wirtschaftlichen Zwecken. Eine städtische Verwaltung wird schwerlich eine neue Brücke bauen, wenn sie nicht darauf rechnet, daß das Unternehmen sich in irgendeiner Form für die Bürger bezahlt machen wird, wenn auch vielleicht erst im Laufe langer Jahre.

Jede einzelne Abteilung eines Betriebes pflegt auch dann, wenn sie für einen anderen Teil des eigenen Unternehmens arbeitet, z. B. gewisse Hilfsmaschinen dafür ausführt, mit ihren Abrechnungen scharf von den übrigen getrennt und in kaufmännischer Beziehung für sich verwaltet zu werden. Geschieht das nicht, so darf man mit der Wahrscheinlichkeit rechnen, daß das Werk durch die eigene Herstellung dieser Teile höhere Kosten hat, als wenn es die Lieferungen von einer anderen Fabrik ausführen ließe, weil nicht der Zwang zum wirtschaftlichen Arbeiten vorliegt. Sofern es sich um reine Ausbesserungsarbeiten handelt, die mit der erforderlichen Schnelligkeit nur durch die eigene Werkstatt ausgeführt werden können und schwer kaufmännisch zu veranschlagen sind, so ist das unter Umständen in den Kauf zu nehmen. Gegenüber derjenigen technischen Arbeit, die unmittelbar auf das Geldverdienen gerichtet ist, spielen diese Ausnahmefälle aber keine Rolle.

Daß die Technik kulturfördernd wirkt, habe ich bereits in der Einleitung betont, und es ist gut, wenn das nicht vergessen wird! Der in der industriellen Tätigkeit stehende Ingenieur kann sich aber in seiner auf die Erzeugung wirtschaftlicher Güter gerichteten Berufstätigkeit zunächst nur von dem einen Gesichtspunkt, der Schaffung materieller, in Geld meßbarer Werte, leiten lassen. Dieser Grundsatz ist durchaus nicht etwa gleichbedeutend mit einer krassen Ausbeutungspolitik, die auch den Menschen nur als eine Maschine unter anderen, als „Produktionsmittel", ansieht und ihn so rasch und gründlich ausnutzt wie nur möglich. Das ist eine außerordentlich kurzsichtige Handlungsweise, die nur Augenblickserfolge erzielt, auf die Dauer aber durch den Raubbau, den sie an den vorhandenen Gütern treibt, eine blühende Industrie zugrunde richten kann. Im übrigen braucht kaum betont zu werden, daß weder materielle noch andere Gesichtspunkte jemals die Übertretung der für das Zusammenleben der Menschen grundlegenden geschriebenen und ungeschriebenen Gesetze rechtfertigen können.

Beim Verkauf technischer Erzeugnisse sind zwei Fälle zu unterscheiden, daß nämlich fertige Gegenstände verkauft werden, deren Ausführung genau bekannt ist und deren Selbstkosten feststehen, oder daß ein Verkaufsabschluß auf Erzeugnisse gemacht wird, von denen noch nicht mit Sicherheit festliegt, wie sie im einzelnen aussehen und wieviel sie kosten werden. Die Maschinenanlage oder das Bauwerk wird dann auf Grund eines Entwurfes bestellt, der die zukünftige Ausführung in den Hauptzügen darstellt, im einzelnen aber dem Konstrukteur noch sehr viel freie Hand läßt. Die erste Art des Geschäftes ist natürlich weitaus sicherer als die zweite. Sie erfordert allerdings ein einmaliges sehr sorgfältiges Durchkonstruieren des Gegenstandes, auch müssen in den meisten Fällen Probeausführungen angefertigt und damit Versuche angestellt werden. Liegen aber die Bauart, die Herstellungsweise und die Selbstkosten einmal fest, so ist in der Hauptsache nur noch kaufmännische Tätigkeit erforderlich, um den Gegenstand zu vertreiben. Man wird versuchen, die einmal getroffenen Einrichtungen für Herstellung und Verkauf solange als möglich beizubehalten, muß aber jederzeit bereit sein, Änderungen zu treffen, sobald die Gefahr besteht, daß der Gegenstand durch ein besseres oder billigeres fremdes Erzeugnis vom Markte verdrängt wird. Selbstverständlich ist schon bei der ersten Herstellung im Auge zu behalten, daß das Erzeugnis überhaupt marktfähig sein muß, d. h. sich nicht teurer stellen darf als die schon auf dem Markt befindlichen Fabrikate, die dem gleichen Zwecke dienen, wenn es nicht diesen gegenüber so große Vorzüge aufweist, daß trotzdem auf den für die Rentabilität des Unternehmens notwendigen Absatz zu rechnen ist. Ein gewisser Mindestabsatz ist zunächst einmal erforderlich, um die Unkosten zu decken, die durch die Konstruktion, durch Probeausführungen und Versuche, durch die Einrichtung einer Sonderfabrikation, durch die Reklame und die Organisation des Verkaufes einschließlich aller Nebenkosten für Verwaltung, Patente usw. entstanden sind.

Alle diese Gesichtspunkte treten nicht nur bei der Herstellung von Maschinen, sondern ebenso bei der Fabrikation jedes kleinen Gegenstandes auf. Die technische Arbeit wird also hier unmittelbar zu einem Gliede in einer Kette kaufmännischer Handlungen. Müßig wäre es, zu untersuchen, ob die technische oder die kaufmännische Tätigkeit überwiegt und höher zu bewerten ist. Beide sind dermaßen ineinander verwoben, daß man sie überhaupt nicht voneinander trennen kann. Es ist ganz zwecklos, den kleinsten Gegenstand für eine Maschinenausrüstung — z. B. eine Schmierbüchse — zu konstruieren, ohne daß die Möglichkeit des Absatzes auf das genaueste erwogen wird. Anderseits ist es aber ein Unding, einfach zu beschließen, daß dieser oder jener Gegenstand fabriziert werden soll, weil andere Firmen damit einen großen Umsatz erzielen, wenn man ihn nicht vorher nach Konstruktion und Herstellung bis ins kleinste durchgearbeitet und festgestellt hat, daß unter den Verhältnissen des eigenen Betriebes eine rentable Herstellung möglich ist und ein angemessener Verdienst erwartet werden kann.

Darüber, wie neue Erzeugnisse der Technik entstehen, herrschen in den außerhalb industrieller Arbeit stehenden Kreisen vielfach sehr unklare Vorstellungen. Nur selten kommt in der technischen Entwicklung ein plötzlicher Sprung vor. Auch die großen Erfindungen sind in der Mehrzahl unter dem Drucke wirtschaftlicher Verhältnisse entstanden. Hätte die elektrische Glühlampe nicht das gewöhnliche Gaslicht zu verdrängen gedroht, so wäre man jedenfalls nicht so schnell zum Gasglühlicht, zum Auerbrenner, gelangt; und wäre dadurch nicht die Gasbeleuchtung gegenüber der elektrischen Beleuchtung so außerordentlich verbilligt worden, so wären wir heute vielleicht noch nicht im Besitz der modernen elektrischen Metallfadenlampen, die den älteren Lampen gegenüber weniger als die Hälfte an Strom verbrauchen. Der scharfe Wettbewerb führte weiterhin dazu, daß eine Reihe Lampen auftauchten, die den anfangs bei der Metallfadenlampe vorhandenen Übelstand beseitigten, daß der Faden leicht durch Erschütterungen zerstört wurde. Danach sind die bei Laien so häufigen verkehrten Vorstellungen über das erfinderische Schaffen des Ingenieurs zu berichtigen. Wohl hat der Ingenieur mit dem Künstler das gemein, daß seine besten Leistungen auf Eingebungen beruhen, die über den Rang logischer Schlüsse hinausgehen und einer stark entwickelten Anschauungskraft und schöpferischer Phantasie ihr Leben verdanken. Nicht nur der grundlegende Gedanke bei einer Maschine oder bei einem Kunstwerk, sondern auch die Ausführung im einzelnen, die Kleinarbeit, beruht auf einer Kette solcher Einfälle, die durch logisches Denken, auf Grund fachmännischer Kenntnisse, dem Gesamtziel in richtiger Weise untergeordnet und so zur Wirkung gebracht werden. Aber während es der Tod der wahren Kunst ist, wenn der Schöpfer des Werkes wirtschaftliche Ziele voranstellt und sich deshalb bemüht, dem Geschmack des Publikums zu folgen, ist eine ernsthafte technische Leistung kaum möglich, wenn der wirtschaftliche Zweck, d. h. die Frage, ob die Maschine verkaufsfähig ist oder in anderer Weise Verdienst bringt, nicht von Anfang bis zu Ende im Auge behalten wird. Arbeiten, die nach anderen Gesichtspunkten ausgeführt sind, können vom wissenschaftlichen Standpunkt aus sehr wertvoll sein und vielleicht wichtige Grundlagen für spätere technische Leistungen geben, an sich aber verdienen sie meist noch nicht den Namen einer technischen Errungenschaft. Daher haben denn auch die Erfindungen, deren Urheber nicht praktisch, mitten im Konkurrenzkampf stehend, auf dem betreffenden Gebiete tätig sind, nur ganz selten Erfolg, auch wenn der Erfinder das Gebiet technisch-wissenschaftlich vollkommen beherrscht. Auf dem Papier der Patentschriften finden sich die glänzendsten und kühnsten Gedanken in Hülle und Fülle; aber für die Weiterentwicklung der Technik kann die geschicktere Formgebung der Teile einer Maschine, die eine billigere Herstellung und daher eine allgemeinere Einführung ermöglicht, viel mehr wert sein, als eine ganze Anzahl solcher Ideen zusammengenommen.

Für eine Fabrik ist es ebenso gefährlich, wenn der Leiter zu viele neue Gedanken hat, die er ohne die gehörige Kritik verwirklicht zu sehen wünscht, wie wenn ihm überhaupt die Ideen fehlen.

Um es noch einmal kurz zusammenzufassen: Der Ingenieur, der einen neuen Maschinentyp konstruiert oder ein vorhandenes Erzeugnis umändert, muß bei jeder Maßnahme zugleich technisch und wirtschaftlich denken. Er muß sich bei jedem Bolzen, bei jedem Schraubenloch, das er auf der Zeichnung angibt, Rechenschaft darüber ablegen, ob und mit welchen Kosten die erforderlichen Arbeiten auf den vorhandenen Maschinen ausgeführt werden können, und welche Ausgaben durch die Anschaffung neuer Maschinen entstehen würden, die eine bequemere Herstellung ermöglichen; er muß wissen, wie hoch sich die Reklame- und sonstigen Vertriebspesen und alle Nebenkosten stellen, und wie groß daher äußerstenfalls die reinen Herstellungskosten werden dürfen, damit die Maschine mit einem dem Risiko angemessenen Gewinn verkauft werden kann. Er handelt also beständig unter einem Zwang, und dieser Zwang — das ist die Erfahrung aller Techniker — pflegt die besten Leistungen hervorzubringen. Er führt nicht nur zur Verbilligung, sondern auch zur Verbesserung der Erzeugnisse. Im Grunde genommen bedeutet es ja dasselbe, ob eine Maschine verbilligt oder ob sie durch vollkommenere Bauart ohne entsprechende Erhöhung des Preises besser und leistungsfähiger gemacht wird. Der wirtschaftliche Zwang besteht bei der Verbesserung ebenso wie bei der Neuschaffung; der Konstrukteur muß sich darüber klar sein, daß die Verbesserung den Preis nicht um mehr erhöhen darf, als sie dem Käufer wert erscheint, und daß es überhaupt sehr schwer ist, den Käufer, der bisher einen niedrigen Preis gezahlt hat, an einen höheren Preis zu gewöhnen.

Im Verkehr mit den Abnehmern besteht beim Vertrieb von Maschinen gegenüber anderen Fabrikations- und Verkaufsgeschäften der Unterschied, daß der Zwischenhandel zum großen Teil ausgeschaltet wird, weil häufig oder meistens größere Gegenstände in Frage kommen, so daß der Händler sich die Maschinen nicht auf Lager legen kann. Außerdem ist meist eine genaue Kenntnis der Maschine und ihrer Anwendung erforderlich, um ihre besonderen technischen Eigenschaften ins rechte Licht stellen zu können. Firmen, die größere Maschinen herstellen, schaffen sich daher ihre eigene Verkaufsorganisation, indem sie mit ihrer Werbetätigkeit unmittelbar an die Verbraucher herantreten, Reisende herausschicken und außerdem Vertreter einsetzen oder Ingenieurbüros an den wichtigsten Plätzen errichten.

Unbedingt erforderlich ist eine solche Organisation bei der zweiten Form des Geschäftes, d. h. für die Fabriken, die nicht bestimmte Maschinentypen nach festen Normen herstellen, sondern für jeden Einzelfall etwas Besonderes konstruieren. Gezwungen sind hierzu in den meisten Fällen die Baufirmen; Gebäude, Brücken und dergleichen als Typen herzustellen, dazu liegen erst neuerdings gewisse Ansätze vor[1]. Je größer überhaupt der Gegenstand ist, um so eher lohnt es sich, den Bedürfnissen des Einzelfalles durch Sonderkonstruktionen Rechnung zu tragen. Es gibt aber auch Gebiete, auf denen selbst bei kleinen Gegenständen immer und immer wieder neu konstruiert werden muß. Das gilt z. B. für den Bau von Verlade- und Fördereinrichtungen; die Aufgabe, Material von einem Punkt zum anderen zu befördern, kann niemals in zwei Fällen auf gleiche Weise gelöst werden, wenn nicht die örtlichen Verhältnisse genau dieselben sind. Natürlich sucht man durch Verwendung einheitlicher Einzelteile die Kosten des Neukonstruierens möglichst zu beschränken.

2. Ausführung einer Maschinenanlage nach neuen Entwürfen.

Die Bedingungen und die Art des Arbeitens sind hier gänzlich anders als bei der Herstellung und beim Verkauf fester Erzeugnisse. Nehmen wir einmal, um die Vorgänge anschaulich zu machen, einen

[1]) Vgl. u. a. die Bestrebungen des „Bauhauses“ in Dessau (Prof. Gropius).

einfachen Fall einer Förderanlage[1]) an: Ein Elektrizitätswerk mittlerer Größe bezieht die Kohle auf dem Wasserwege und besitzt bereits einen Drehkran, der die Kohle aus dem Schiff hebt und an Land bringt. Die Weiterbeförderung nach dem Kesselhaus geschah bisher auf einer längeren Hochbahn, d. h. auf Gleisen, die auf einer Stützkonstruktion ungefähr 5 m über dem Erdboden verlegt waren. Die Wagen wurden durch den Kran mit Kohle beladen und dann auf diesen Gleisen durch Arbeiter zum Kesselhaus hingeschoben; sie wurden hier in einen Bunker, d. h. einen Kohlenbehälter, entleert und dann durch die Leute zurückbefördert. Es hat sich nun, wie wir annehmen wollen, gezeigt, daß die Kosten für diese Art der Beförderung immer höher werden, weil die Löhne steigen und das Elektrizitätswerk mehr Kohle verbraucht, und es wird deshalb beabsichtigt, an Stelle des Handtransportes maschinelle Beförderung einzurichten.

Lösen läßt sich die Aufgabe auf sehr verschiedenartige Weise. Die Leitung des Elektrizitätswerkes sendet daher an eine Anzahl von Fabriken, die sich mit dem Bau von Förderanlagen befassen, einen Lageplan mit Angabe der näheren Verhältnisse, der Kohlenmenge, die befördert werden muß, usw. und ersucht um Vorschläge unter Angabe des Preises, zu dem die Fabrik sich verpflichten will, die Einrichtung zu liefern.

Ebenso leicht, wie die Frage gestellt ist, und so einfach, wie sie erscheint, so schwierig kann ihre Beantwortung sein. Ob es im Sinne technisch-wirtschaftlicher Arbeit überhaupt richtig ist, an die Fabriken derartige Anfragen zu richten, wird weiter unten erörtert (vgl. S. 211). Tatsächlich werden heute die meisten Anfragen in dieser Form gestellt. Zunächst handelt es sich um eine rein technische Frage: Welches Fördermittel eignet sich dazu, die Kohle von der einen Stelle zur anderen zu schaffen, und wie ist es den örtlichen Verhältnissen gemäß zu verwenden? Es gibt auf diese Frage eine ganze Reihe von Antworten. Technisch genommen, ist die Aufgabe daher nicht schwierig; sehr verwickelt kann sie aber durch das Hereinspielen der wirtschaftlichen Gesichtspunkte werden.

Der Ingenieur der Fabrik, der die Anfrage zur Erledigung bekommt, muß das vor allen Dingen in dem Sinne tun, daß der Erfolg für seine Fabrik möglichst günstig ist. Aber nicht nur dies verlangt man von ihm, sondern auch, daß er die Interessen des Elektrizitätswerkes berücksichtigt. Er muß sich in die Verhältnisse dieses Werkes hinein versetzen und prüfen, wie die Frage zu lösen

---

[1]) Vgl. des Verfassers „Billig Verladen und Fördern", 3. Aufl., und „Die Förderung von Massengütern", Band I und II, 3. Aufl. Berlin: Julius Springer.

ist, damit die Kosten, die dem Werk durch die Beförderung seiner Kohle erwachsen, niedriger als früher und überhaupt so gering als möglich werden. Würde der Ingenieur bei Aufstellung seines Vorschlages hierauf keine Rücksicht nehmen, so könnte er von vornherein sicher sein, den Auftrag nicht zu erhalten.

Demnach liegen dreierlei Forderungen vor:

1. daß die Aufgabe technisch einwandfrei gelöst wird;
2. daß die eigene Fabrik möglichst wenig Risiko hat und möglichst gut verdient;
3. daß das Elektrizitätswerk von der Anlage möglichst große Vorteile zieht.

Schon diese Auflösung in drei verschiedene Einzelfragen zeigt, wie wenig in einem solchen Falle mit technischem Wissen allein ausgerichtet werden kann. Daraus erklärt es sich zum Teil, weshalb ein Anfänger, selbst wenn er die Technik im engeren Sinne vollständig beherrschen würde, in der Praxis zunächst wenig zu leisten vermag und neuen Aufgaben hilflos gegenübersteht. Nur das durch Erfahrung erworbene praktische Gefühl des Technikers kann auf den richtigen Weg führen. Allerdings darf sich auch der erfahrenste Ingenieur nicht verhehlen, daß sein Gefühl ihn täuschen kann, und daß er infolgedessen der Kontrolle durch vergleichende Rechnungen nicht zu entbehren vermag.

Bei der Erledigung der Aufgabe wird der Ingenieur in folgender Weise vorgehen. Er muß zunächst prüfen, ob die Anfrage überhaupt ernst zu nehmen ist, d. h. ob unter den gegebenen Umständen wirklich ein Bedürfnis für eine maschinelle Förderanlage vorliegt. Sehr häufig kommt es vor, daß der Anfragende sich über die Kosten einer neuen Einrichtung ganz und gar täuscht und das Projekt sofort zu den Akten legt, wenn er den Preis erfährt und daraus sieht, daß die Anschaffungskosten gegenüber den Ersparnissen, die sich erzielen lassen, viel zu hoch sind. In diesem Falle wäre jede Stunde, die auf die Bearbeitung der Anfrage verwendet wird, verlorene Zeit, und es genügt, dem Anfragenden zu schreiben, daß Kosten in ungefähr der und der Höhe entstehen würden, so daß er besser täte, bei der alten Betriebsart zu bleiben.

Erscheint die Neuanlage an sich wirtschaftlich, so ist zu prüfen, ob für die eigene Fabrik Aussicht besteht, den Auftrag zu erhalten und mit Gewinn auszuführen, d. h. ob sich diejenigen Fördermittel, welche die Firma herstellt, für den Fall eignen, oder ob eine andere Firma voraussichtlich einen so viel günstigeren Vorschlag machen kann, daß das eigene Angebot sofort zurückgestellt werden würde. Auch in diesem Falle ist es zwecklos, der Sache näher zu treten, denn der Fabrik erwachsen nur Ausgaben durch die Anfertigung einer Zeichnung und eines Kostenanschlages.

Nehmen wir an, daß der Ingenieur, gegebenenfalls nach Einholung des Einverständnisses der Werksleitung, sich dafür entscheidet, das Projekt zu bearbeiten und einen elektrischen Motorwagen mit Führerbegleitung anzubieten, ähnlich wie in Abb. 168 dargestellt, der wie ein Straßenbahnwagen von einem Elektromotor angetrieben wird und den Strom aus einer Oberleitung durch einen Stromabnehmer zugeführt erhält. Auf dem Wagen stehen ein oder, wie in der Abbildung, mehrere Kästen, in die die Kohle hineingeladen wird, und die sich am anderen Ende der Bahn, über dem Behälter im Kesselhaus, selbsttätig entleeren, wenn der Mann, der auf dem Wagen mitfährt, die Klappen öffnet. Ein Motorwagen von derselben Größe, wie er hier benötigt würde, ist zwar, wie wir annehmen wollen, bisher von der Fabrik nicht ausgeführt worden, indessen liegen Erfahrungen mit Motorwagen ähnlicher Ausführung vor, und es macht also keine besonderen Schwierigkeiten, einen neuen, für den Zweck geeigneten Wagen zu entwerfen. Zunächst ist nun zu berechnen, welchen Inhalt der Kasten des Motorwagens haben, und wie schnell der Wagen fahren muß. Nehmen wir an, das Elektrizitätswerk habe angegeben, daß im Jahre 12000 Tonnen Kohle verbraucht werden. Diese sollen zum Teil unmittelbar vom Schiff aus in den Kesselhausbunker befördert, zum Teil von der Brücke aus auf den Lagerplatz geschüttet und von da nachher auf irgendeine andere Weise, die uns hier nichts angeht, zum Kesselhaus gebracht werden. Der Drehkran kann in der Stunde 30 Tonnen (30000 kg) Kohle aus dem Schiff heben, und die Förderanlage muß daher imstande sein, diese 30 Tonnen stündlich nach dem Kesselhaus zu bringen, so daß die Leistungsfähigkeit des Kranes voll ausgenutzt wird und die Kähne nicht unnötig lange auf Entleerung zu warten brauchen. Wird der Wagen schon unterwegs auf den Lagerplatz entleert, so ist die verlangte Förderleistung noch leichter zu erreichen, weil der Wagen in der Mitte des Weges schon wieder umkehren kann.

Abb. 168. Elektrischer Motorwagen zur Beförderung von Kohle (Ausführung von Orenstein & Koppel, Berlin).

Die Entfernung bis zum Kesselhaus sei 80 m, und es werde angenommen, daß der Wagen mit einer Geschwindigkeit von 2 m in der Sekunde fahren kann, so daß er 40 Sekunden braucht, um vom einen Ende der Bahn nach dem anderen zu gelangen; hin und zurück macht dies 80 Sekunden. Für das Beladen des Kastens aus dem Vorratsbehälter, in den der Drehkran die Kohle wirft, mögen zur Sicherheit 100 Sekunden gerechnet werden. Das Entleeren im Kesselhaus geht so rasch vor sich, daß man dafür keinen Zeitverlust zu rechnen braucht. Somit beträgt die Zeit für eine volle Fahrt 180 Sekunden oder 3 Minuten, in einer Stunde kann der Wagen also 20 Fahrten erledigen. Um 30 Tonnen Kohle stündlich zu fördern, muß er demnach bei jeder Fahrt 1,5 Tonnen oder 1500 kg Kohle mitnehmen. Dafür muß der Wagenkasten, da 1 cbm Kohle, lose geschüttet, etwa 750 kg wiegt, einen Inhalt von 2 cbm erhalten.

Für die Ermittlung der Kosten ist es zunächst notwendig, die Stärke des Elektromotors zu bestimmen. Aus den Erfahrungen, die bei der Fabrik bereits vorliegen, mag sich ergeben, daß der Wagen voraussichtlich ein Gewicht von etwa 2500 kg, einschließlich der Kohlenladung also 4000 kg haben wird. Die Bahn liege in geringer Steigung von 1 : 40 nach dem Kesselhaus hin. Um den Wagen zu bewegen, ist zunächst ein Reibungswiderstand zu überwinden, der für je 1000 kg Gewicht auf 15 kg geschätzt werden kann, so daß dieser Widerstand 60 kg beträgt und in jeder Sekunde, da der Wagen ja eine sekundliche Geschwindigkeit von 2 m hat, $60 \times 2 = 120$ mkg geleistet werden müssen. Auf diesem Wege von 2 m ist aber außerdem die Last von 4000 kg um $\frac{1}{40}$ der Wegstrecke, d. h. um $\frac{1}{20}$ m zu heben; die hierzu erforderliche Arbeitsleistung ist $4000 \times \frac{1}{20} = 200$ mkg. Im ganzen beträgt die Arbeitsleistung also 320 mkg in der Sekunde. Da nun im Getriebe des Wagens Verluste entstehen, so muß die Leistung des Elektromotors um etwa 30 vH höher sein, d. h. 420 mkg betragen. In Pferdestärken ergibt dies $\frac{420}{75} = 5{,}6$ oder, rund gerechnet, 6 PS.

Nunmehr läßt sich, wiederum nach den Erfahrungen an früheren Anlagen, auch der bei normalem Verdienst notwendige Verkaufspreis vorläufig abschätzen, und zwar auf etwa 5000 Mark.

Da das Gewicht des vollbelasteten Wagens feststeht, so kann jetzt untersucht werden, ob die Hochbahn stark genug ist. Falls sie für den schweren Wagen nicht genügt, so ist zu berechnen, wieviel die Verstärkung der Brücke etwa kosten mag. Einschließlich der Kosten für Reserveteile und die elektrische Oberleitung, für die Beförderung der Teile bis zur Baustelle, die Aufstellung usw. mögen sich nach vorläufiger Schätzung die Gesamtkosten bei dem Projekt auf 10000 Mark stellen.

Die jährlichen Ausgaben für die Beförderung der Kohle lassen sich jetzt leicht ermitteln. Für die Anlage werde mit 12 vH Abschreibung und 8 vH Verzinsung des Anschaffungskapitals gerechnet. Zur Bedienung ist ein Mann nötig, dessen Lohn mit 60 Pfennig für die Stunde eingesetzt werden mag. Auf 12000 t Kohle kommen, da in einer Stunde 30 t befördert werden, 400 Arbeitstunden im Jahr, also 240 Mark Lohn. Sodann sind für Schmierung der Maschine und Ausbesserungen an der ganzen Anlage vorsichtshalber noch 250 Mark im Jahr einzusetzen und schließlich aus dem Kraftverbrauch des Motorwagens die Kosten des elektrischen Stromes zu berechnen. Damit ergibt sich folgendes Bild für die Jahresausgaben:

Abschreibung 12 vH von 10000 Mark	1200	Mark
Verzinsung 8 vH von 10000 Mark	800	„
Arbeitslohn	240	„
Wartung und Unterhaltung	250	„
Stromverbrauch	100	„
zusammen im Jahr	2590	Mark

Auf 1 t Kohle entfällt also ein Betrag von $\frac{2590}{12000} = 0{,}215$ Mark oder 21,5 Pfennig.

Vorher hatte das Elektrizitätswerk nach den mit der Anfrage eingesandten Angaben 50 Pfennig Arbeitslohn für die Tonne bezahlt, so daß die Anlage auf jeden Fall wirtschaftlich ist. Auf die Tonne werden 28,5 Pfennig, im Jahr also $12000 \times 0{,}285 =$ rd. 3400 Mark gespart.

Auch gegenüber anderen Arten der Ausführung, die für die Fabrik in Frage kommen könnten, erscheint die Lösung in bezug auf das endgültige Ergebnis günstig, und es wird daher die Abgabe eines Angebotes in diesem Sinne beschlossen, obwohl die Fabrik keinen sehr großen Vorteil bei der Lieferung hat. Denn die Verstärkung der Brücke ist eine Arbeit, die sich schwer genau im voraus berechnen läßt und die man deshalb am liebsten gar nicht übernimmt, sondern dem Elektrizitätswerk zur unmittelbaren Vergebung an eine kleinere Eisenkonstruktionsfirma überläßt. Die glatte Lieferung wird sich also einschließlich der elektrischen Leitung auf nicht mehr als etwa 6000 Mark belaufen, und der Reingewinn dürfte im besten Falle 1000 Mark betragen. Dem Elektrizitätswerk eine Anlage zu empfehlen, die weniger rentabel ist, an der die Fabrik aber mehr verdienen könnte, würde voraussichtlich zum Verlust des Auftrages führen, ganz abgesehen davon, daß durch ein solches Verfahren das Vertrauen des Anfragenden getäuscht wird. Voraussetzung ist natürlich, daß die teurere Anlage gegenüber der billigeren nicht Vorzüge irgendwelcher Art besitzt, indem sie vielleicht betriebssicherer ist, rascher geliefert werden kann oder dergleichen. Alle derartigen Vorteile würden sich schätzungsweise auch in Geld einsetzen lassen.

Nachdem jetzt die Grundidee für die Anlage festgelegt ist, muß eine Entwurfzeichnung angefertigt werden, die einerseits eine Unterlage für die genauere Berechnung der Kosten bietet und anderseits dem Kunden ein anschauliches Bild davon geben soll, was vorgeschlagen wird. Auf Grund dieser Zeichnung, welche die wichtigsten Bestandteile der Anlage in den Hauptumrissen zeigt, werden die Kosten der einzelnen Teile so genau als möglich veranschlagt — natürlich immer unter Heranziehung der bei anderen Ausführungen gesammelten Erfahrungen — und daraus festgestellt, wie teuer die Herstellung in der Werkstatt zu stehen kommt. Hierzu würde ein Zuschlag für allgemeine Unkosten zu machen sein, wozu u. a. die Kosten für das Konstruktionsbüro, die Ausgaben für Werbetätigkeit, für Verwaltung usw. gehören, und schließlich ist der Verdienst darauf zu schlagen, den die Fabrik erzielen will und muß, wenn der Betrieb sich angesichts des Risikos, das mit jedem Unternehmen verbunden ist, lohnend gestalten soll.

Bei der Abgabe des Angebotes, d. h. bei der Mitteilung des Preises an das Elektrizitätswerk, darf nicht versäumt werden, die Lieferbedingungen anzugeben, unter denen die Fabrik sich zur Ausführung der Förderanlage bereit erklärt. Hierzu gehört namentlich die Art und Weise, wie die Zahlung seitens des Kunden geleistet werden soll. Bei der Bestellung einer Maschinenanlage größeren Umfanges ist es üblich, $^1/_3$ der Kaufsumme bereits bei der Erteilung des Auftrages anzuzahlen, $^1/_3$ sodann bei Versand der Hauptteile und das letzte Drittel einen Monat nach Inbetriebsetzung, jedoch spätestens vier Monate nach dem Zeitpunkt der zweiten Zahlung zu entrichten, wenn sich die Inbetriebsetzung ohne Schuld des Lieferers verzögert. Auf diese Weise wird es dem Fabrikanten möglich gemacht, mit mäßigem Kapital auszukommen, da er nicht gezwungen ist, die Ausgaben für den Einkauf der Rohmaterialien, für Arbeitslöhne usw. ganz aus seiner Tasche auszulegen, sondern für einen Teil davon die Anzahlung benutzen kann. Ganz besonders wichtig ist auch die Frage der Gewährleistung für dauernd gutes Arbeiten der Anlage. Der Fabrikant leistet gewöhnlich Gewähr in der Form, daß er alle Teile, die infolge schlechten Materials oder schlechter Arbeit im Laufe eines Jahres unbrauchbar werden, kostenlos ersetzt. Ferner ist der Liefertermin anzugeben, und es sind Bedingungen festzulegen über die Art und Weise, wie die Aufstellung der Anlage ausgeführt werden soll.

Wenn der Kunde geneigt ist, die vorgeschlagene Ausführung anzunehmen und die Anlage zu bestellen, so sind doch meistens noch technische und kaufmännische Verhandlungen nötig, ehe der Auftrag erteilt wird. Der Besteller findet, daß in gewissen Punkten der Betrieb für seine Verhältnisse noch nicht paßt, und verlangt eine Änderung, die natürlich auch auf die Kosten Einfluß haben kann. Sodann entstehen oft langwierige Auseinandersetzungen über die Lieferbedingungen, namentlich über die Zahlungsweise. Die Fabrik muß außerordentlich vorsichtig sein, um nicht infolge Nachgebens in den Bedingungen Schaden zu erleiden. Z. B. kommt es vor, daß der Kunde vorschlägt, er will die letzte Zahlung eine bestimmte Zeit nach der Inbetriebsetzung der Anlage leisten, ohne weiteren Zusatz. Das klingt gerechtfertigt, weil erst dann der Nutzen für ihn beginnt, kann aber zu einem Fallstrick für den Lieferer werden, wenn keine Sicherheit besteht, daß die Anlage sofort oder überhaupt in Betrieb genommen wird. Es kann vorkommen, daß der Besteller infolge veränderter Maßnahmen die Anlage nicht mehr gebrauchen kann, oder daß er infolge unerwarteter Umstände den ganzen Betrieb seines Werkes einstellen muß. Dann würde der Lieferer dem Wortlaut des Vertrages nach überhaupt keinen Anspruch mehr haben, und es kann für ihn schwierig sein, von der letzten Zahlung noch etwas zu retten. Die gelieferten Teile zurückzunehmen hat gerade bei Förderanlagen wenig Wert, weil die Einrichtung immer dem einzelnen Fall angepaßt wird und sich kaum anderweitig verwerten läßt. Ebenso ist über die Zahlung einer Vertragstrafe oft schwer eine Einigung zu erzielen.

Obwohl alle diese Fragen kaufmännischer Natur sind, pflegt ihre Erledigung dem projektierenden Ingenieur zuzufallen. Für den Kaufmann, der sich nicht besondere Mühe gibt, mit technischen Dingen vertraut zu werden, ist es unmöglich, alle Gesichtspunkte im Auge zu behalten und richtig zu beurteilen, ganz abgesehen davon, daß bei mündlichen Verhandlungen, die in der Regel am raschesten zum Ziele führen, der Zeitersparnis wegen die technischen und die kaufmännischen Fragen zusammen erledigt werden müssen. Oft kann nur der Techniker, der mit der Konstruktion der Maschinenlage, mit der Herstellung und deren Kosten vollständig vertraut ist, sich rasch ein Bild davon machen, wo er nachgeben darf und wo es vielleicht durch Vereinfachung der technischen Ausführung noch möglich sein wird, Verluste wieder gutzumachen, die er durch Nachgeben in den kaufmännischen Bedingungen erleidet.

Ist die Bestellung erfolgt, so wird die Ausführung in die

Hand genommen. Damit die Lieferzeit nicht überschritten wird, sind die Termine zu bestimmen, bis zu denen die einzelnen Ausführungszeichnungen fertig sein und in die Werkstatt gegeben werden müssen. Ist nicht alles Rohmaterial vorrätig, so werden die Stücke, die auswärts bestellt werden müssen, zuerst festgelegt. In unserem Falle würde dies namentlich für den Elektromotor und die sonstige elektrische Ausrüstung gelten, sodann für die Teile, die aus Walzeisen anzufertigen sind und sich nicht auf Lager befinden, und, falls die Fabrik keine eigene Gießerei hat, für die Gußteile. Da gewöhnlich verschiedene Werkstätten einer und derselben Fabrik — Dreherei, Schmiede, Gießerei usw. — beteiligt sind, so müssen auch der Werkstatt die Termine für die Ausführung jeder einzelnen Arbeit genau vorgeschrieben werden, damit alles rechtzeitig zum Zusammenstellen des ganzen Wagens bereit ist.

Beim Durchkonstruieren ist in genau demselben Maße nach wirtschaftlichen Gesichtspunkten vorzugehen, wie bei der Anfertigung des Vorentwurfes. Der Ingenieur muß sich, um die veranschlagten Kosten nicht zu überschreiten, bei jeder einzelnen, kleinsten Handlung gegenwärtig halten, was für Folgen sie für die Ausführung des Auftrages nach sich zieht. Er darf demnach, auch abgesehen von technischen Gründen, nicht etwa eine Einzelheit des Wagens gleich zu Anfang fertigmachen und unabänderlich festlegen, sondern er muß zunächst die bei der Projektierung geleistete Arbeit nachprüfen, indem er die verschiedenen Teile des Wagens genau berechnet und in den Einzelheiten weiter festlegt, um die Kosten zu bestimmen. Selbstverständlich ist, daß er unter keinen Umständen unnötig Geld ausgibt, denn wenn die Selbstkosten niedriger werden, als berechnet war, so ist der Reingewinn entsprechend höher. Man pflegt vor allen Dingen Mittel und Wege zu suchen, um die Anfertigung neuer Gußmodelle und ferner alle Schmiedearbeiten zu vermeiden. Die Fertigbearbeitung der Teile wird nach Möglichkeit eingeschränkt oder so gestaltet, daß sie wenig Arbeitslöhne erfordert. Dazu gehört aber eine genaue Kenntnis nicht nur der Verfahren der Bearbeitung im allgemeinen, sondern auch der Maschinen, die in der betreffenden Werkstatt zur Verfügung stehen. Eine Arbeit, die in der einen Fabrik nur wenige Mark kostet, kann in einer anderen, die nicht mit geeigneten Einrichtungen versehen ist, ein Mehrfaches davon verschlingen. Natürlich muß man sicher sein, daß die Maschinen, auf die man rechnet, zu der gegebenen Zeit tatsächlich frei sind. Materialien, die sich nicht auf Lager befinden und im Handel gerade schwer zu haben oder kostspielig sind, müssen vermieden werden. Sollte es sich herausstellen, daß der projektierende Ingenieur sich geirrt hat, daß die Ausführung so, wie sie ihm vorschwebte, teurer kommt, als angenommen war, so entbindet das die Fabrik nicht von der Verpflichtung dem Abnehmer gegenüber, die Maschine zu dem angegebenen Preis zu liefern. Es liegt dann ein harter Zwang vor, irgendeinen Ausweg zu finden, damit die Firma keine Verluste erleidet. Daß die Not erfinderisch macht, zeigt sich hier tausendfach. Es ist wunderbar, was für glänzende Gedanken unter solchen Umständen zutage gefördert werden, auf die niemand gekommen wäre, wenn die Ausführung des Auftrages sich glatt abgewickelt hätte.

Man kann nach alledem leicht verstehen, daß der Anfänger, mag er eine noch so treffliche Ausbildung haben, hier, bei der Ausführung, ebenso wie bei dem Vorentwurf, vor einer unendlichen Menge ihm neuer Fragen hilflos dasteht, die der erfahrene Ingenieur meist im Handumdrehen erledigt.

Sind alle Teile fertig, so folgen der Versand und die Aufstellung an der Verwendungsstelle. Üblich ist es, daß die Fabrik einen „Monteur", einen erfahrenen Schlosser, dem Besteller zur Verfügung stellt, während der Besteller für Hilfsarbeiter, für die notwendigen Geräte u. dgl. sorgt. Für den Monteur werden vorher festgesetzte Tagegelder berechnet.

Auch die Aufstellung bedarf guter Vorbereitung. Der Besteller muß für die Arbeiten, die er selbst auszuführen hat oder anderweitig vergibt, namentlich also für etwa notwendige Fundament- und andere Bauarbeiten, rechtzeitig die Angaben erhalten. Es ist dafür zu sorgen, daß zur richtigen Zeit ein geeigneter Monteur frei ist. Wenn die Anlage fertig und der Beweis erbracht ist, daß sie ordnungsgemäß arbeitet, so wird sie vom Besteller übernommen.

Oft kann nicht einmal die letzte Handlung bei der Erledigung des Auftrages, das Hereinbringen der noch nicht geleisteten Zahlungen, dem Techniker durch das kaufmännische Büro der Firma abgenommen werden. Hat ein Kunde aus irgendwelchen Gründen den Wunsch, seine Zahlungen hinauszuschieben, so wird er immer dies oder jenes an der Ausführung der Anlage zu bemängeln finden und behaupten, daß der Vertrag seitens des Lieferanten nicht erfüllt sei. Ein technisch nicht sehr gut eingearbeiteter Kaufmann ist aber im allgemeinen nicht imstande, das Gegenteil zu beweisen und somit den Standpunkt der Firma aus eigener Überzeugung nachdrücklich zu wahren.

Alles in allem gehen also im ganzen Verlauf der Bearbeitung einer einzigen Angelegenheit Hand in Hand mit der technischen Arbeit unzählige Gedanken, die sich auf kaufmännisch-wirtschaftliche Fragen beziehen; es möchte sogar scheinen, daß sie die größere Zahl bilden den technischen Erwägungen gegenüber. In Wahrheit bilden eben diese wirtschaftlichen Überlegungen einen Bestandteil des technischen Denkens und dürfen, wie auch schon auf S. 195 betont, nicht von ihm getrennt oder ihm gegenübergestellt werden. Alle diese Dinge sind gerade deshalb hier so ausführlich behandelt worden, um der vielfach verbreiteten Meinung entgegenzutreten, daß technische Arbeit im Erfinden, Rechnen und Konstruieren bestände, in dem Sinne einer Anwendung der physikalisch-technischen Wissenschaften. Die praktische Technik ist, dies sei nochmals hervorgehoben, eine Wissenschaft in anderer Bedeutung; sie verkörpert sich in wirtschaftlichen Gedanken und Handlungen, denen die Naturwissenschaft als Mittel zum Zweck dient.

Für den jungen Ingenieur, der seine Ausbildung auf einer höheren technischen Lehranstalt beendet hat und nun glaubt in der Praxis etwas leisten zu können, kommt diese Erkenntnis oft recht überraschend. Er tut gut, wenn er zu etwas kommen will, sich in den technisch-wirtschaftlichen Geist so rasch als möglich hineinzuleben und auch niedrigere Arbeiten zu verrichten, dabei aber alles, was er praktisch kennen lernt, nicht mechanisch mitzumachen, sondern es mit der ihm anerzogenen wissenschaftlichen Denkweise zu betrachten und seinem Wissen einzuordnen. Höhere technische Bildung besteht nicht in der Fertigkeit in der Anwendung mathematischer Formeln. Der tüchtige Rechner, der eine große Fertigkeit in der Anwendung wissenschaftlicher Methoden hat und dies hervorkehrt, läuft Gefahr, daß man ihn entweder überhaupt nicht anstellt oder ihn nur gerade für solche Arbeiten benutzt, und daß er infolgedessen nur schwer dazu kommt, das Ganze zu erfassen und sich eine einflußreichere Stellung zu erringen. Das Wesen höherer Bildung liegt in der Erziehung zum gründlichen und logischen, nicht mechanisch-oberflächlichen Anfassen der Probleme. Echte wissenschaftliche Aufgaben bieten sich dabei in Hülle und Fülle.

Auch die Vorstellung davon, was eine Erfindung ist, hat sich durch diese Erörterungen wohl noch mehr geklärt. Der Techniker „erfindet" den ganzen Tag, er steht in jedem Augenblick vor irgendeiner neuen Schwierigkeit, die er durch einen glücklichen Einfall überwinden muß. Ist die Schwierigkeit sehr groß, so entsteht ein entsprechend starker Druck, und dieser bringt auch einmal eine Leistung hervor, die sich über das Gewöhnliche erhebt, und die nicht nur in dem einen Falle nützlich ist, sondern allgemeinere Bedeutung besitzt, so daß es lohnt, sich durch Anmeldung eines Schutzes das alleinige Ausführungsrecht zu sichern. Dies ist wenigstens bei der Mehrzahl der Erfindungen der Entstehungsvorgang. Besonders erfinderische Köpfe sind übrigens gewöhnlich einseitig, sie überwinden wohl mit Leichtigkeit technische Schwierigkeiten, bei denen ein anderer festsitzt, erkennen aber nicht die kaufmännischen Folgen, die ihre Vorschläge nach sich ziehen. Daher ist es notwendig, solchen Leuten sehr vorsichtige Mitarbeiter zu geben.

3. Fehler bei der technischen Arbeit; Mängel der gebräuchlichen Arbeitsverfahren.

Jeder einzelne Denk- oder Rechenfehler, der bei der Bearbeitung einer Aufgabe gemacht wird, hat zur Folge, daß der Verdienst, den die Fabrik an dem Auftrage hat, geringer wird, oder daß sogar ein Verlust entsteht. Bei den unendlich vielen einzelnen Denkoperationen, die vorgenommen werden müssen, ist es fast ein Wunder, wenn gar kein Fehler vorkommt. In der Tat ist es nicht selten der Fall, daß der ausführende Ingenieur nicht mit dem Preis auskommen kann, der beim Entwurf eingesetzt war, und daß demnach der Verdienst geringer ist, als erwartet wurde. Bei der Ausrechnung des Verkaufspreises ist der Wunsch, ein niedriges Angebot abzugeben und auf diese Weise das Hereinbringen des Auftrages zu erleichtern, gewöhnlich so stark, daß es psychologisch zu begreifen ist, wenn der Ingenieur sich bei Aufstellung des Kostenanschlags verleiten läßt, über Schwierigkeiten technischer oder kaufmännischer Art, die er jetzt noch nicht ganz übersehen kann, optimistisch zu urteilen und dafür einen zu geringen Kostenanteil einzusetzen. Weiterhin ist es möglich, daß der Konstrukteur sich über die Kosten täuscht, welche die Ausführung, die er für die einzelnen Teile wählt, verursacht. Namentlich kann das bei schwierigeren Guß- oder Schmiedeteilen vorkommen. Gußteile werden von unerfahrenen Konstrukteuren leicht so ausgeführt, daß es praktisch nur schwer möglich ist, ein Holzmodell herzustellen, das sich in Sand abformen läßt; bei einem nicht richtig entworfenen Gußstück kommen außerdem leicht schlechte Stellen vor, die dazu nötigen, das fertige Stück wegzuwerfen und den Guß neu zu machen. Sehr böse Fehler können dadurch entstehen, daß eine Maßzahl falsch in die Zeichnung eingeschrieben ist. Man vergegenwärtige sich, daß für jeden einzelnen Teil, der beispielsweise zu dem oben als Beispiel benutzten elektrischen Motorwagen gehört, auch die kleinste Abmessung bis herunter zu den Abrundungshalbmessern der Gußstücke und Wellen durch eine Maßlinie mit eingeschriebener Zahl festgelegt werden muß. Es ist ganz unzulässig, daß ein Konstrukteur sich Mühe und Verantwortung zu sparen sucht, indem er die Festsetzung der kleinen Abmessungen dem Arbeiter in der Werkstatt überläßt. Ein Beispiel für eine richtige und vollständige Zeichnung gibt Abb. 169, die nur eine einfache Treibstange darstellt und doch schon eine Menge Maßangaben enthält. Man kann sich hiernach vorstellen, daß die Zeichnungen für einen Auftrag, wie es die oben besprochene Förderanlage ist, Tausende von Maßen enthalten werden. Ist eines dieser Maße falsch und wird der Fehler nicht rechtzeitig in der Werkstatt bemerkt, so passen die Teile nicht zueinander, und die Folge ist nicht nur, daß die Stücke weggeworfen und neu gemacht werden müssen, sondern außerdem verzögert sich die Erledigung des Auftrages, so daß die Vertragstrafe, falls eine solche vereinbart war, fällig wird oder der

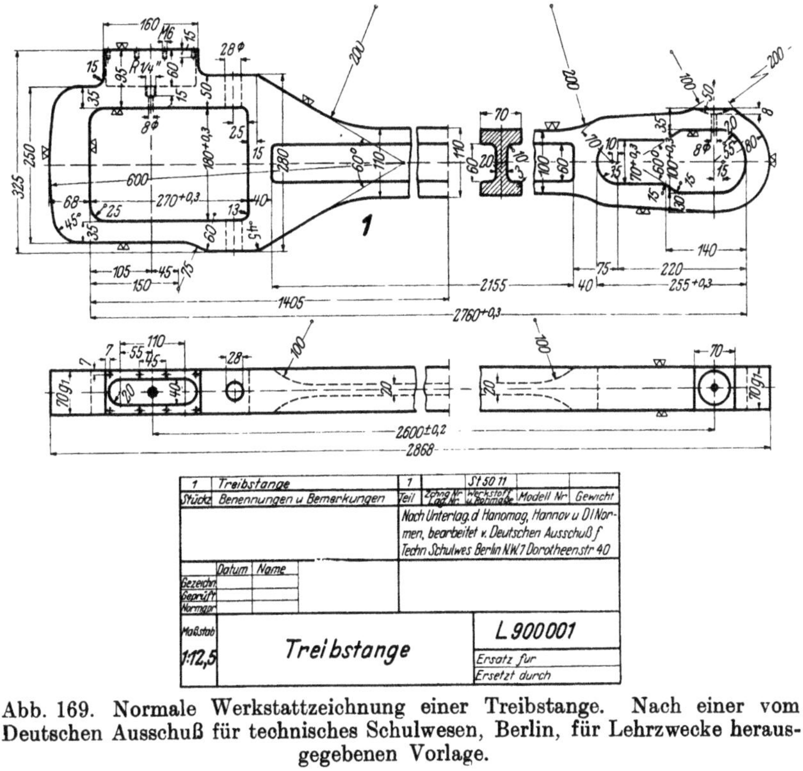

Abb. 169. Normale Werkstattzeichnung einer Treibstange. Nach einer vom Deutschen Ausschuß für technisches Schulwesen, Berlin, für Lehrzwecke herausgegebenen Vorlage.

Besteller Schadenersatzansprüche geltend machen kann. Schon eine Mißstimmung, die auf seiten des Kunden entsteht, kann der Firma Schaden bringen; sie büßt an Ansehen ein und muß sich gefallen lassen, daß beim nächsten Auftrag schärfere Bedingungen gestellt werden.

Schließlich kann sich bei der Inbetriebsetzung oder nachher während des Dauerbetriebes zeigen, daß irgendwelche Konstruktionsfehler vorliegen und die Maschine entweder überhaupt nicht arbeitet oder in ihren Leistungen nicht dem entspricht, was vereinbart war.

Z. B. ist es denkbar, daß der Förderwagen praktisch nicht so viele Fahrten stündlich machen kann, wie er sollte, weil die zur Beladung erforderliche Aufenthaltzeit unterschätzt worden war; oder der Motor ist nicht stark genug und bedarf infolgedessen häufiger Ausbesserungen. Brüche von Teilen, die nicht richtig berechnet oder konstruiert waren, treten gewöhnlich erst auf, nachdem die Maschine einige Zeit im Betriebe gewesen ist, da das Material, wenn es zu hoch belastet ist, „ermüdet". Fällt ein solches Vorkommnis in die Gewährzeit, so ist die Firma für den Ersatz haftbar, aber auch im anderen Falle kann das Ansehen der Fabrik dadurch schwer geschädigt werden.

Jeder einzelne, der an der Erledigung einer konstruktiven Aufgabe beteiligt ist, muß daher seine Arbeit in dem Bewußtsein ausführen, daß auch der kleinste Fehler, den er macht, ans Licht kommt und sich rächen wird, und daß unter einer Pflichtversäumnis, die er sich zuschulden kommen läßt, nicht nur er selbst, sondern auch seine Vorgesetzten und sein Arbeitgeber leiden. Dieses Bewußtsein wirkt außerordentlich erzieherisch; schwache Naturen kann es allerdings zu Boden drücken, so daß sie nicht recht wagen, irgendeine Entscheidung selbständig zu treffen.

Selbst bei dem tüchtigsten Ingenieurstab muß aber die Fabrik immer mit menschlicher Unvollkommenheit rechnen und sich darauf gefaßt machen, daß nach dem Gesetz der großen Zahl bei einer bestimmten Anzahl von Denkhandlungen auch eine gewisse Anzahl Fehler vorkommen können. Mit was für Verlusten als möglich oder wahrscheinlich zu rechnen ist, hängt von der Art des Betriebes ab. Durch einen einzelnen Maßfehler können unter Umständen Tausende verloren gehen. In vielen Fabriken wird daher keine einzige Zahl als richtig und maßgebend angesehen, die nicht von einem zweiten Beamten nachgeprüft ist. Auf manchen technischen Büros, namentlich in Amerika, sind besondere, sorgfältig ausgewählte und gut bezahlte Angestellte vorhanden, die nicht selbst konstruieren, sondern nur die Richtigkeit der von anderen geleisteten Arbeit nachprüfen und vor allen Dingen jedes einzelne Maß nachrechnen. Daß bei einer Arbeitsweise, wie wir sie hier im Auge haben, auch durch solche Maßnahmen die Gefahr nicht beseitigt wird, die dadurch entsteht, daß bei jedem Auftrag wieder etwas Neues konstruiert wird, liegt auf der Hand; will man das Übel an der Wurzel anpacken, so muß man eben dieses Neukonstruieren nach Möglichkeit einschränken.

Etwas anderes kommt hinzu. Bei den Vorgängen, wie sie hier geschildert sind, wird eine ungeheuere Menge geistigen Arbeitsvermögens verbraucht. Rechnen wir einmal nach dem Verfahren, das bei der Berechnung der Dampfmaschinen so ausgezeichnete Dienste leistete, nach, was für Verluste entstehen, also wieviel verantwortliche Arbeit für Nebendinge, wie das Prüfen von Maßzahlen, aufgewendet werden muß, so zeigt es sich, daß die schöpferische, unmittelbar produktive geistige Leistung verhältnismäßig geringen Umfanges ist. Wie man in Ländern mit großem Kohlenvorrat Dampfmaschinen vom geringsten Wirkungsgrad findet, d. h. Maschinen, in denen die verfügbare Wärmeenergie am schlechtesten ausgenutzt wird, so wird in den Ländern mit großem Vorrat an geistiger Energie — und an ihrer Spitze steht, wie wir wohl behaupten dürfen, schon infolge seiner vorzüglichen Schulen, Deutschland — wenig sparsam mit der geistigen Arbeitsleistung umgegangen. In Deutschland finden sich verhältnismäßig sehr viele Fabriken, die nicht nur in einem Falle, wie ich ihn oben geschildert habe, sondern auch unter anderen Verhältnissen, ohne Not, nach einem solchen unendlich viel Kraft verzehrenden Verfahren arbeiten, die also in bezug auf ihre eigene Organisation keineswegs den sonst für technische Arbeit maßgebenden Grundsätzen folgen.

In dem Beispiel, das wir verfolgt haben, beginnt übrigens die Arbeitsverschwendung bereits bei der Einholung der Vorschläge seitens des Elektrizitätswerkes, ist also nicht allein der ausführenden Fabrik zur Last zu legen. Wenn der anfragende Teil nicht, wie es in England und Amerika, wenigstens bei größeren Anlagen, üblich ist, einen unabhängigen Sachverständigen hinzuzieht, der das Projekt vorarbeitet und auf Grund genauer Kenntnis der Verhältnisse die nicht in Frage kommenden Möglichkeiten ausscheidet, so muß seitens jeder einzelnen Fabrik, an die die Anfrage gerichtet wird, — sagen wir einmal, es handele sich um 10 verschiedene Firmen — zunächst diese Vorprüfung vorgenommen werden, d. h., die Arbeit wird zehnmal geleistet. Nun können die Firmen, da für jede einzelne doch nur $^1/_{10}$ Wahrscheinlichkeit auf Erhalt des Auftrages besteht, unmöglich sachverständige Ingenieure zum Studium der Verhältnisse an Ort und Stelle entsenden; sie sind also auf die oft recht dürftigen eingesandten Unterlagen oder bestenfalls auf die Mitteilungen, die ihnen ihr gewöhnlich nicht besonders sachverständiger Bezirksvertreter zukommen läßt, angewiesen, und die Folge ist, daß von den zehn Vorschlägen vielleicht noch nicht einer den Nagel auf den Kopf trifft, so daß die Entwürfe noch einmal gemacht werden müssen. Nun rechne man noch den Arbeitsverlust, der sich aus dem Durchsehen und Prüfen ungeeigneter Angebote durch den Anfragenden und seine Verhandlungen mit ebenso hartnäckigen, wie in die Sache schlecht eingeweihten Vertretern ergibt! Das Ergebnis in bezug auf den Wirkungsgrad, also das Verhältnis zwischen aufgewendeter und nutzbar gemachter Arbeitsenergie, ist nicht eben glänzend.

4. Rationalisierung durch Vereinheitlichung[1]).

Die Maßnahmen, die dahin zielen, die vielen Verlustquellen — nicht nur in der eigentlichen technischen Arbeit, sondern auch in der Verwaltung usw. — zu verstopfen, fassen wir heute unter dem Stichwort „Rationalisierung" zusammen. Das Wort leitet sich her von dem lateinischen Wort „ratio", Vernunft, und dementsprechend ist unter Rationalisierung nichts anderes zu verstehen als vernünftiges, planmäßiges Arbeiten im Gegensatz zu einer Arbeitsweise, die zufällig entstanden und nicht richtig durchdacht ist. Um ein naheliegendes Beispiel zu geben: Die Hausfrau kann ihre Arbeit erleichtern durch verbesserte mechanische Einrichtungen, wie einen Staubsauger oder ein vollkommeneres Backgerät. Aber das ist nicht die einzige Möglichkeit; eine zweckmäßigere Unterbringung der Küchengerätschaften, die überflüssiges Hin- und Hergehen und überflüssige Handgriffe erspart, kann ebenfalls eine sehr große Arbeitserleichterung bedeuten. Noch wichtiger pflegt eine klare und bestimmte Einteilung der Arbeiten zu sein, die soweit als möglich das Nachdenken darüber erspart, was an jedem Tage geschehen soll.

Ich führe diese Dinge, für die wohl keine Hausfrau bisher das hochtrabende Wort „Rationalisierung" benutzt, an, um zu zeigen, daß sich eine Erleichterung, Beschleunigung und Verbilligung der Arbeit nicht etwa nur durch kostspielige Neueinrichtungen, Anschaffung verbesserter Maschinen u. dgl. erreichen läßt, sondern daß jeder imstande ist, zu rationalisieren, der offene Augen und gesunden Menschenverstand besitzt. Man achte auch die kleinsten Dinge nicht für zu gering, um des Nachdenkens wert zu sein, denn der große Erfolg pflegt sich aus vielen kleinen Einzelheiten zusammenzusetzen.

Wenn die Hausfrau für jeden Wochentag bestimmte Arbeiten festlegt, so ist das eine Art von Vereinheitlichung. Diese Maßnahme ist allgemein als das wichtigste Mittel der Rationalisierung zu bezeichnen, und es trifft auch für die technische Arbeit zu, daß im allgemeinen durch Vereinheitlichungsmaßnahmen am meisten gespart werden kann. Vor allem in der mechanischen Industrie wird in weitestem Umfange von der Normalisierung von Einzelteilen Gebrauch gemacht. Die häufig benutzten Teile werden ein für allemal festgelegt und nur in ganz bestimmten Größen hergestellt. Konstruktionsfehler an diesen Teilen sind also bei späteren Ausführungen nicht mehr möglich, weil überhaupt nicht mehr daran konstruiert wird, und die Arbeit, die früher im einzelnen Falle auf ihre Durchbildung verwandt werden mußte, wird gespart.

---

[1]) Vgl. hierzu auch die Ausführungen über Fließarbeit, S. 180 u. f.

Nehmen wir als Beispiel wieder einmal den oben besprochenen Motorwagen für Kohleförderung. Eine Firma, die häufiger Anfragen bekommt, bei denen sie einen solchen Wagen verwerten kann, und die geeignete Fabrikationseinrichtungen dafür besitzt, entschließt sich, diese Wagen zu normalisieren. Nun läßt sich allerdings nicht alles ein für allemal festlegen; der Kasten muß geändert werden je nach der Art der Materialien, die befördert werden sollen, und der Art der Füllung und Entleerung, die durch die besonderen Verhältnisse im einzelnen Falle bedingt ist. Auch die Motoren sind nicht gleich, da die Fahrgeschwindigkeit und die Steigung der Bahn verschieden ist, so daß der Motor einmal kleinere, einmal größere Leistung haben muß.

In den übrigen Einzelheiten läßt sich der Wagen aber festlegen, und man setzt daher verschiedene Größen fest, etwa für Lasten von 1000, 1500, 2500 und 4000 kg. Normalisiert werden können dann für diese Größen z. B. Räder, Achsen und Lager. Ferner werden die Längsträger und die Konstruktion des ganzen Untergestelles, das Haus für den Führer, die Zahnräder usw. in allen Einzelheiten zeichnerisch bestimmt. Bei Bestellung in der Werkstatt sind an diesen Teilen nur noch die Löcher in den Trägern des Untergestelles neu anzugeben, durch die die Schrauben zur Befestigung des Wagenkastens und des Motors gesteckt werden.

Die ganze Arbeit erledigt sich jetzt ungleich rascher und sicherer. Der projektierende Ingenieur entnimmt die Selbstkosten der festliegenden Teile aus einem Verzeichnis und hat nur noch den Kasten und den elektrischen Antrieb zu veranschlagen und allgemeine Unkosten und Verdienst hinzuzurechnen. Bei der Ausführung sind Einzelzeichnungen des Kastens anzufertigen und auf der Zeichnung des Untergestelles die Maße der Schraubenlöcher für die Befestigung von Wagenkasten und Elektromotor einzutragen. Die Werkstattarbeit vollzieht sich glatt, weil bekannte, fehlerlose Zeichnungen vorliegen und Modelle für die Gußteile vorhanden sind. Da die Schwierigkeiten bei der Ausführung auf das allergeringste Maß beschränkt sind, so kann der Liefertermin mit verhältnismäßig großer Sicherheit eingehalten werden; auch beim Betriebe der Anlage ist die Gefahr, daß unangenehme Überraschungen eintreten, fast beseitigt, da die Hauptteile bereits bei anderen Anlagen durchgeprobt sind.

Nun ist hierbei zweierlei noch nicht berücksichtigt. Zunächst, daß es ein Zufall ist, wenn der projektierende Ingenieur bei Bestimmung der erforderlichen Tragkraft des Wagens für eine neue Anlage gerade auf eine der vorhandenen Normaltypen trifft. Man hat also, wenn z. B. 2000 kg Tragkraft zweckmäßig erscheinen würde, die nächste Größe, nämlich 2500 kg, zu nehmen. Der kleine Nachteil, daß der Wagen etwas reichlich stark ist, pflegt aber gegenüber den oben angeführten Vorteilen gar nicht in Betracht zu kommen. Eine größere Rolle spielt die Arbeit, die von vornherein für die Normalisierung aufzuwenden ist. Hierbei muß außerordentlich sorgfältig vorgegangen werden. Die eine Form soll ja für alle möglichen Anwendungsfälle passen und der mit der Arbeit betraute Ingenieur muß deshalb mit größter Umsicht alle diese Möglichkeiten zusammenstellen und seinen Wagen so durchbilden, daß er sich für jede Kastenform und für alle besonderen örtlichen Verhältnisse, die nach menschlichem Ermessen vorkommen können, eignet. Eine Normalisierung, die flüchtig ausgeführt wird, so daß die Ergebnisse nachher in einem großen Teil der praktischen Fälle unbrauchbar sind, ist zwecklos und sollte besser unterbleiben, schon deshalb, weil dann die Ingenieure, die mit den Normen zu arbeiten haben, das Vertrauen dazu überhaupt verlieren und lieber wieder zum Selbstentwerfen nach ihren eigenen Ideen zurückkehren. Wenn über das richtige Arbeiten gewisser Mechanismen oder über die Widerstandsfähigkeit einzelner Teile Zweifel herrscht, so müssen vor Fertigstellung der Normalisierungsarbeit Versuche gemacht werden. Ausgeschlossen ist es, daß ein Ingenieur die Arbeit ausführt, der nicht in dem Sonderfach große Erfahrungen besitzt. Auf der Arbeit, die er leistet, ruht noch viel mehr Verantwortung als auf der des Konstrukteurs bei dem älteren Verfahren. Dem entsprechen die einmal aufzuwendenden Kosten.

Eine weitgehende Normalisierung der Erzeugnisse führt von selbst dazu, daß die Fabrik sich spezialisiert. Sie muß dahin streben, die normalisierten Maschinen in großem Umfange abzusetzen, damit die Normalisierungsarbeit sich lohnt, und sie wird dazu auch in der Lage sein, weil infolge Fortfalls des größten Teiles der Konstruktionsarbeit und des Ausführungsrisikos erheblich billiger geliefert werden kann als früher. Die Werkstatt wird also, wenn das Absatzgebiet an sich groß genug ist, durch die Herstellung der normalen Erzeugnisse voraussichtlich so gut beschäftigt werden, daß es sich nicht mehr lohnt, Gelegenheitsarbeiten zu übernehmen, die möglicherweise Verluste bringen können.

Auf diese Weise kann sich eine Arbeitsteilung im Großen zwischen den verschiedenen Fabriken ergeben. Die Maschinenbaufirmen kommen immer mehr dahin, einzusehen, daß der maßlose Wettbewerb, bei dem jeder alles macht oder machen zu können glaubt, eine ungeheure Verschwendung an geistiger Arbeit bedeutet und auch nicht zu guten technischen Ergebnissen führt. Selbstverständlich ist bei allen Maßnahmen größte Vorsicht geboten, damit nicht ein Werk sich ein Lager von Maschinen anlegt, die später unverkäuflich sind, oder an Beschäftigungsmangel leidet, wenn gerade die von ihm hergestellte Maschine zeitweise geringen Absatz findet. Durch Vereinbarungen zwischen Fabriken, die auf verwandten Gebieten arbeiten, kann derartigen Gefahren vorgebeugt werden.

Es ist ein gar nicht hoch genug anzuschlagendes Verdienst des „Deutschen Normenausschusses“[1]), daß er die Wege gewiesen hat, wie wir — nach einem Ausspruch des Vorsitzenden — aus einem verwilderten Vielerlei zu einer planmäßigen Auslese in unserer Gütererzeugung kommen können. Der Normenausschuß, der in einer weit verzweigten Organisation die Erzeuger und Verbraucher der Waren zusammenfaßt und auch noch die Wissenschaft, die Behörden und

Abb. 170. Ein Beispiel für die Aufgaben der Normung (Abdruck eines Diapositives der Technisch-Wissenschaftlichen Lehrmittelzentrale, Berlin NW 7).

den Handel zur Mitwirkung bei der Aufstellung und Begutachtung der Normenentwürfe heranzieht, kann von sich aus vollständige Formen bestimmter Gegenstände im allgemeinen nicht festlegen, es sei denn, daß es sich um solche Gegenstände handelt, die sich schon von selbst zu einheitlichen Formen entwickelt haben und bei denen vielleicht nur noch Unterschiede in Kleinigkeiten bestehen. Im allgemeinen beschränkt sich seine Tätigkeit auf die Normung von „Anschlußmaßen“. Ein Beispiel: Wenn man früher ein Wellenlager auf einem Eisengerüst anbringen wollte, so war es nicht möglich, die Lochentfernungen für die Schrauben und die Lochdurchmesser an-

[1]) Berlin NW 7, Dorotheenstr. 47. Vorsitzender ist Generaldirektor Dr.-Ing. e. h. Neuhaus, Geschäftsführer Dr.-Ing. e. h. Hellmich.

zugeben, solange man nicht wußte, von welcher Firma das Lager bezogen werden sollte und wie deren Konstruktionsmaße waren. Heute werden die Löcher einfach nach den Normen gebohrt, und das Lager kann dann immer noch von einer beliebigen Firma bezogen werden; die Schrauben werden stets passen. Noch wichtiger ist es, daß man, wenn das Lager später einmal zu Bruch geht, jederzeit ein Lager von einer beliebigen Firma neu einbauen kann und dadurch unter Umständen längere Betriebstillstände vermeidet.

Welch eine unglaubliche Fülle von Formen heute auf manchen Gebieten besteht, ohne daß sachlich irgendein Grund für die Verschiedenheit vorhanden wäre, davon legt Abb. 170 Zeugnis ab. Es ist das nur ein Beispiel von vielen. Wieviel Arbeit durch die Normung gespart werden kann, weiß nicht nur der Techniker, sondern das empfindet ebensogut die Hausfrau, wenn sie sich vergeblich bemüht, passende Ringe oder Deckel für ihre Einkochgläser zu beschaffen.

5. Beispiele für die Vermeidung von Verlusten bei der technischen Arbeit.

Von den Verlusten, die an der Arbeitsenergie von Beamten und Arbeitern eines Unternehmens entstehen können, sind bisher nur einige, allerdings die wichtigsten, genannt worden. Hinzu kommen noch die unendlich vielen kleinen Verluste, die namentlich in mangelhafter Ordnung ihre Ursache haben. Das Suchen nach einem Brief, einer Zeichnung oder auch nur einem Notizzettel kann die Arbeit eines tüchtigen, wertvollen Mannes in unglaublicher Weise aufhalten. Je größer ein Werk ist, um so schwieriger ist es, solche Verlustquellen zu verstopfen; in umfangreichen Betrieben muß dazu eine gewaltige Summe von Denkarbeit aufgewendet werden. Zweckmäßige Einrichtungen zum Aufbewahren von Zeichnungen und Briefen, vgl. Abb. 171, Kartenregistraturen, die nach Stichworten geordnet sind und ein rasches Auffinden eines jeden Stückes ermöglichen, und ähnliche mechanische Hilfsmittel leisten hierfür ausgezeichnete Dienste. Doch haben solche Mittel nur Wert als Elemente einer sorgfältig durchgearbeiteten, bis ins Kleinste durchdachten Organisation des ganzen Betriebes.

Gewöhnlich wird in Großbetrieben eine sehr weitgehende Teilung der Arbeit durchgeführt, so daß jeder Angestellte nur ganz bestimmte Arbeiten zu erledigen hat, für die er besonders gut geeignet ist und in denen er sich rasch eine große Geschicklichkeit und Zuverlässigkeit erwirbt. Der Leiter des Unternehmens hat sich in erster Linie um Organisationsfragen zu kümmern, wichtige Entscheidungen zu treffen und, was Einzelheiten der technischen und kaufmännischen Arbeit angeht, nur noch eine allgemeine Überwachung auszuüben, Anregungen zu geben und zu kritisieren. Dabei muß er aber von allen einigermaßen wichtigen Dingen wenigstens Kenntnis erhalten, um rechtzeitig eingreifen zu können, wenn irgendeine Gefahr droht. Die Vorsteher der einzelnen Abteilungen des Werkes wiederum sind mit kaufmännischen Angelegenheiten und technischen

Abb. 171. Aufbewahrung der Zeichnungen in der Fabrik von Adolf Bleichert & Co., Leipzig.

Fragen von grundsätzlicher Bedeutung in Anspruch genommen und müssen die Ausführung im einzelnen den ihnen unterstellten leitenden Ingenieuren überlassen. Diese wiederum beschäftigen eine Anzahl Beamte, die Zeichnungen auszuführen und Kostenanschläge aufzustellen haben. Parallel zum technischen Büro arbeitet die kaufmännische Abteilung, gewöhnlich unter einem selbständigen, nur dem Direktor unterstellten Oberhaupt. Für das Registrieren der wichtigen geschäftlichen Vorgänge, für das Ablegen und Ordnen der

Briefe und Zeichnungen u. dgl. werden wieder besondere Beamte beschäftigt. So richtig auch an sich diese Arbeitsteilung ist, so bringt sie doch eine Menge Verluste mit sich, da alle wichtigen Angelegenheiten sämtlichen Beteiligten zur Kenntnis gebracht und von ihnen gemeinsam beraten und entschieden werden müssen. Man kann das Ganze in gewissem Sinne mit einer Mehrfach-Expansions-Dampfmaschine vergleichen. Der Dampf wird allerdings in weit besserer Weise ausgenutzt als bei der Einzylindermaschine, doch ist das Gestänge vielgliedriger, es sind größere Massen zu bewegen und durch die gegenseitige Reibung der Organe wird viel Arbeit verzehrt, so daß der „mechanische Wirkungsgrad" ungünstiger ist. Wie es ein Unsinn wäre, bei kleinen Maschinen den Dampf in

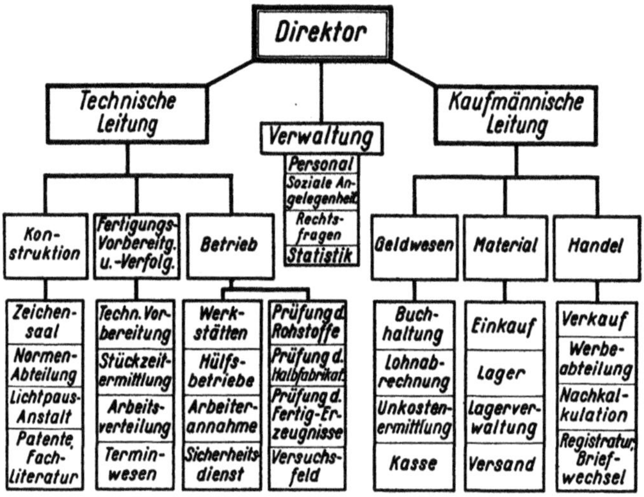

Abb. 172. Beispiel für die Organisation einer Maschinenfabrik[1]) (TWL 15519).

mehreren Zylindern nacheinander arbeiten zu lassen, so muß man sich auch sehr vorsehen, um in einem technischen Betrieb nicht die Organisation zu übertreiben, weil er dadurch schwerfälliger wird und das Verhältnis der geleisteten Nutzarbeit zu den aufgewendeten Kosten sich ungünstiger gestaltet. Ist eine große und verwickelte Organisation notwendig, so muß doch alles geschehen, um die Verluste nach Möglichkeit zu vermindern. Es ist ein Unfug, wenn beispielsweise ein wichtiger Brief durch 10 oder 20 Hände geht, ehe er an die Sammelstelle zurückgelangt oder zu der Persönlichkeit kommt, die ihn erledigen muß.

---

[1]) Zur Verfügung gestellt von der „Arbeitsgemeinschaft deutscher Betriebsingenieure" (ADB), Berlin NW 7.

Was hier über die Organisation der Büros gesagt ist, gilt natürlich auch für die Werkstatt. Abb. 172 gibt einen Begriff davon, was für Arbeit geleistet werden muß, um jedem Angestellten eines Werkes den Kreis seiner Pflichten genau vorzuschreiben und das Ganze wie eine Maschine zum richtigen, präzisen Zusammenarbeiten zu bringen.

Gute Dienste kann bei vorsichtiger Handhabung die Psychotechnik (experimentelle Psychologie) leisten, um für bestimmte Arbeiten von vornherein diejenigen Leute auszulesen, die sich am besten dafür eignen werden. Die eine Arbeit, die sich z. B. aus einzelnen Handgriffen bei der Massenfabrikation zusammensetzt, verlangt nichts als große Handfertigkeit, eine andere Arbeit wieder ein feines Gefühl. Für die Herstellung von Gußmodellen ist starke Vorstellungskraft und Kombinationsgabe notwendig; von einem Maschinenwärter ist größte Gewissenhaftigkeit und Pünktlichkeit, von dem Führer eines Motorwagens die Fähigkeit zum raschen Sehen und entschlossenen Handeln zu verlangen. Durch Anwendung wissenschaftlicher Prüfungsverfahren läßt sich vermeiden, daß Arbeit auf die Ausbildung von Leuten verwandt wird, die sich nachher als ungeeignet erweisen[1]).

Auch die Auswahl geeigneter Personen für höhere geistige Tätigkeit und ihre richtige Behandlung zwecks Erzielung höchster Leistungen ist vielleicht bis zu einem gewissen Grade der wissenschaftlichen Untersuchung zugänglich. Während die Energiemenge, die aus einem Stück Kohle herausgezogen werden kann, nach den bekannten Verfahren sicher zu ermitteln und genau festzustellen ist, darf man die geistige Leistungsfähigkeit eines Menschen nicht als einen festen Wert ansehen. Sie wird durch unendlich viele Faktoren beeinflußt, für deren Beurteilung vorläufig noch feste Unterlagen fehlen. So viel ist immerhin sicher, daß die Aussicht auf Erfolg und günstige äußere Bedingungen, ferner aber auch ein gewisser Zwang das Arbeitsvermögen eines Menschen ganz außerordentlich steigern können, während es anderseits durch körperliches Unbehagen, durch ungünstige Arbeitsbedingungen, durch Ärger und Mißerfolge häufig sehr stark herabgesetzt wird. Daraus ergibt sich die Regel, diese natürlichen Mittel zum Ansporen — wenn auch nicht in übertriebener, auf die Dauer schädigender Weise — auszunutzen und Hemmungen zu beseitigen. Zu den letzteren gehört alles, was geeignet ist, den geistigen Arbeiter „nervös“ zu machen.

---

[1]) Vgl. Moede: Die Experimentalpsychologie im Dienste des Wirtschaftslebens, Berlin: Julius Springer. Schlesinger: Psychotechnik und Betriebswissenschaft, Leipzig: S. Hirzel.

Die Ursachen dieser modernen Krankheit sind so bekannt, anderseits aber auch so verschieden, daß die oben gemachten Andeutungen wohl genügen.

Als Ansporn wirkt mehr das Bewußtsein, etwas zu leisten, als das Lob der Vorgesetzten. Am meisten wird die Leistung erfahrungsgemäß durch die Aussicht auf materiellen Gewinn gesteigert. Aber auch dazu gehört eine richtige Organisation. Es ist ziemlich zwecklos, einen Mann in niederer Stellung am Gesamtgewinn eines großen Unternehmens zu beteiligen, weil dann sein Verdienst durch die eigene Leistung ja nur ganz unerheblich vermehrt werden kann; sind 100 ihm gleichstehende Beamte da, so würde er auch, wenn er das Doppelte leistete, die Gesamtleistung ja doch nur um 1 vH ver-

Abb. 173. Zeichensaal der „Hanomag“, Hannover.

bessern. Außerdem entsteht Mißstimmung gegen die Leitung des Werkes, wenn die Prämie nicht die erwartete Höhe erreicht. Erfolg ist also nur zu erzielen, wenn der einzelne an dem Ergebnis der Arbeit, die er allein oder mit wenigen Mitarbeitern zusammen ausführt, beteiligt wird. Glaubt man, daß hierdurch die Gehaltsberechnung zu umständlich wird, so ist es richtiger, von einer Gewinnbeteiligung der unteren Beamten ganz abzusehen. Leitende Beamte werden stets am Gewinn beteiligt.

Zwang ist mit großer Vorsicht anzuwenden, am besten in der Weise, daß der Betreffende für das Gelingen und die rechtzeitige Fertigstellung seiner Arbeit in nachdrücklicher Form verantwortlich gemacht wird.

Die äußeren Arbeitsbedingungen spielen eine ziemlich große

Rolle. Das Arbeiten in hellen, luftigen Räumen mit zweckmäßigen, bequemen Arbeitsgeräten und an ruhigen Arbeitsplätzen steigert die Lust am Arbeiten ganz erheblich und bildet einen Ansporn dazu, die Arbeit pünktlich und ordentlich auszuführen. Abb. 173 gibt einen Begriff davon, wie ein Büro zweckmäßig eingerichtet werden kann. Auch gute Wohngelegenheit für die Werksbeamten spielt eine Rolle. Wenn entgegengehalten wird, daß besondere Maßnahmen in diesem Sinne überflüssig wären, weil die Arbeit doch auch unter ungünstigen Bedingungen geleistet wird, so greife man wieder zur Verlustrechnung: es kann nicht zweifelhaft sein, daß ein Mensch, dessen Geist bereits durch unerfreuliche Nebendinge beschäftigt wird, oder der nicht voll ausgeruht zur Arbeit kommt, nicht seine volle Energie für die Arbeitsleistung übrig behält. Wohl kann in einem einzelnen Falle, in einer bestimmten Fabrik, die schlecht eingerichtete Büros hat, mehr geleistet werden als in einem anderen, zweckmäßig ausgestatteten Werke. Dann sind aber andere Einflüsse wirksam, durch die das Arbeitsvermögen gesteigert wird oder gewisse andere, größere Verlustquellen vermieden werden. Um wieder zur Maschine zurückzukehren: Eine Verbundmaschine kann einen schlechteren Gesamtwirkungsgrad haben als eine Einzylinder-Dampfmaschine. Das ist aber nicht auf Kosten der Verbundwirkung zu setzen, sondern darauf zurückzuführen, daß die Einzylindermaschine in dem Sonderfalle richtiger entworfen und besser ausgeführt ist.

6. Der Mensch und die Rationalisierung.

Beiträge zu diesem Thema geben schon die Ausführungen unter 5. Jede Verstopfung von Verlustquellen ist ja Rationalisierung. Im folgenden sollen deshalb vor allem die Gesichtspunkte im Zusammenhang besprochen werden, die für die Beurteilung der täglich vor unseren Augen sich vollziehenden Rationalisierungsvorgänge bezüglich ihres Einflusses auf das Seelenleben des Menschen maßgebend sind.

Es gibt Leute, die aus ethischen Gesichtspunkten heraus die Rationalisierung verdammen. Sie setzen Rationalisierung = Mechanisierung = Abtötung geistigen Lebens. Unter Umständen kommt auch das Schlagwort „Amerikanisierung“ in diese Formel mit hinein.

Gegen Schlagworte läßt sich schwer streiten. Nur sollte man eines verlangen: diese Leute müßten wenigstens logisch sein. Warum verwenden sie für die Briefbeförderung die Briefmarke und den ganzen Postbetrieb, dieses typische Beispiel rationalisierten Verkehrs, statt einen individuellen Boten mit einer individuellen Gabe — nicht mit einem „normalen“ Geldstück — zu belohnen, damit er auf selbst erdachten Wegen einen Brief von Berlin nach Hamburg befördert?

Tun sie recht, mit Schreibmaschine und Druckerpresse gegen den Maschinenteufel zu wettern?[1]) Oder wollen sie den Teufel durch Beelzebub austreiben?

Es wäre natürlich verkehrt, wenn man sich ernsthaft gemeinter Einwände einfach durch einige Scherzworte entledigen wollte. Die Frage, welchen Einfluß die Rationalisierung und Mechanisierung auf die menschliche Seele hat, ist bitter ernst zu nehmen. Aber man muß von beiden Seiten gründlich und mit gutem Willen an das Problem herangehen; wenn eine Partei ihre Mitarbeit einfach versagt und unfruchtbare Opposition treibt, so trägt sie die Hauptverantwortung dafür, wenn die Schwierigkeiten nicht rascher überwunden werden.

Die Sache liegt einfach so: wir müssen heute in Deutschland auf kleinem Bodenraum mehr als 60 Millionen Menschen ernähren. Die hierfür notwendigen Lebensbedürfnisse — Nahrung, Kleidung, Wohnung — müssen produziert und das Fehlende vom Ausland gekauft werden; kaufen können wir aber nur, wenn wir Güter herstellen, die wir im Austausch für die notwendigen Einfuhrwaren hingeben können. Wir müssen also zunächst unsere landwirtschaftliche Erzeugung zu steigern suchen und, wo wir hier an die Grenze kommen, industrielle Güter für den Warenaustausch herstellen. Solche Waren werden uns indessen nur abgenommen, wenn wir sie billig genug anzubieten vermögen.

Und weiterhin wird niemand bestreiten: die Möglichkeit, die äußeren Lebensbedürfnisse einigermaßen reichlich befriedigen zu können, ausreichende Ernährung, hygienische Kleidung und Wohnung zu beschaffen, bildet die Grundlage einer höheren Kultur. Man darf im kulturellen Interesse den Bemühungen, diese Güter reichlich zu erzeugen, nicht entgegentreten, sondern nur mit Vorsicht die Auswüchse bekämpfen, die sich hierbei zeigen. Vor allem muß verhütet werden, daß die Kaufkraft der Massen totgeschlagen wird, weil dann auch die billigsten Güter nicht mehr gekauft werden können.

Es handelt sich hier um ganz große wirtschaftliche Fragen, die viel zu verwickelt sind, als daß sie hier ausführlich behandelt werden könnten. Heute haben wir in Deutschland viel Elend und vieles Häßliche vor Augen, das in irgendeiner Weise mit der industriellen Entwicklung zusammenhängt. Zum Teil ist das auf die unmittelbaren Kriegsfolgen, auf die Wirkungen der Inflation und endlich auf die überstürzte Entwicklung zurückzuführen, die nach dem Kriege

---

[1]) Vgl. den Vortrag von Matschoß: „Wirtschaft und Technik und ihre Auswirkung auf das deutsche Bildungsgut", gehalten auf dem pädagogischen Kongreß in Weimar am 9. Oktober 1926.

auf eine Periode des Stillstandes gefolgt ist. Um so wichtiger ist es heute, daß niemand tatenlos und schmollend beiseite steht, sondern daß jeder, der es ernst mit unserem Volke meint, auch mit ernstem Willen sich an dem Streben beteiligt, den Dingen auf den Grund zu gehen, um aus den heutigen verworrenen Zuständen wieder in gefestigte, klare Verhältnisse zu kommen.

Die ersten klaren Vorstellungen davon, welchen Einfluß die Rationalisierung auf den Menschen ausübt, wird jeder gewinnen, wenn er seine eigene Lage, seine Tätigkeit im Beruf, seine Erholungszeit genau prüft. Gibt es wohl etwas, was einen im tätigen Leben stehenden Menschen mehr ärgert, als wenn er irgendein notwendiges Stück nicht finden kann? Oder wenn er warten muß, weil die Straßenbahn sich verspätet? Der Mann, der geistig stark arbeitet, der eine starke Individualität ist und der sich auswirken möchte, verlangt am allerentschiedensten nach Ordnung, ihn stört es am meisten, wenn nicht im Berufsleben wie im Haushalt alles geräuschlos ineinander greift. Für ihn ist die Rationalisierung Lebensbedürfnis. Wie oft hören wir nicht einen Professor oder einen in leitender Stelle im Geschäftsbetriebe stehenden Mann darüber klagen, daß er sich den ganzen Tag mit Kleinigkeiten zu plagen hat, daß er beständig gestört wird und nicht zu eigentlich schöpferischer Arbeit kommt! Diesen für den Mitmenschen oft so außerordentlich wertvollen Persönlichkeiten kann man nur immer wieder zurufen: rationalisiert eure Arbeit! Nehmt euch einmal die Zeit, um Vorschriften für die mechanische Erledigung der äußeren Dinge zu schaffen, um in euer wissenschaftliches Material System zu bringen, so daß das, was ihr augenblicklich braucht, sofort zur Hand ist! Wendet die von den Organisationsfirmen sorgfältig ausgedachten Bureaueinrichtungen an, benutzt nur die genormten Papierformate! Setzt bestimmte Stunden fest, zu denen man euch die kleinen Alltagsfragen vorlegen darf, und verbietet zu anderen Stunden streng den Eintritt in euer Allerheiligstes, wenn nicht ganz dringende Veranlassung vorliegt. Erzieht eure Besucher dazu, daß sie bei dienstlichen Besprechungen alle Unterlagen mitbringen, die zur Klärung des Falles erforderlich sind, und ihren Vortrag gut vorbereiten, so daß ihr nur die Entscheidung zu fällen habt.

Hier also finden wir die eine wichtige Beziehung zwischen Mensch und Rationalisierung: die Entlastung vom alltäglichen Kleinkram, die es möglich macht, die ganze Kraft wichtigen, produktiven Aufgaben zuzuwenden.

Genau dasselbe haben wir bei der Hausfrau, von der schon auf S. 212 die Rede war. Sie erreicht durch Rationalisierung, daß sie sich von den kleinen Haushaltsorgen mehr und mehr befreit, um der Erziehung der Kinder und ihrer eigenen geistigen Weiterbildung mehr Zeit widmen zu können.

Aber schon hier tritt uns etwas anderes entgegen, die zweite Beziehung zwischen Mensch und Rationalisierung. Wir müssen fragen: Wird nicht für solche Hausfrauen, die die ganze Arbeit oder einen großenTeil davon selbst tun, die Hausarbeit geisttötend, wenn sie in so genau geregelten Bahnen verläuft?

Darauf muß ich antworten, daß gerade geistig hochstehende Frauen mir gesagt haben: je mechanischer die Arbeit ist, desto besser; dann kann ich wenigstens dabei Gedanken folgen, die mich wirklich interessieren. Gleichgültige Arbeit, bei der ich in jedem Augenblick noch nachdenken muß, wie die Sache anzugreifen ist, ist das allerschlimmste.

Dies gibt uns einen wichtigen Gesichtspunkt, wenn wir nun den Menschen einmal als — sagen wir „Objekt“ der Rationalisierung betrachten, wenn wir uns also mit dem Menschen beschäftigen, der nicht wie der geistig schaffende Mann mechanisiert, um seine Berufsarbeit auf einen höheren Grad zu erheben, sondern der in einen mechanisierten Arbeitsprozeß eingespannt ist.

Es ist ein großer Fehler, wenn man hier, wie es von Außenstehenden leicht geschieht, Einzelerfahrungen zu sehr verallgemeinert. Die individuelle Veranlagung ist außerordentlich verschieden. Es gibt Arbeiter, die jahraus, jahrein immer nur einen und denselben Handgriff tun und sich glücklich dabei fühlen, die darauf bestehen, daß man ihnen diese Arbeit läßt, weil sie ihnen lieb und vertraut geworden ist, und weil sie dabei, ohne die Arbeit weniger sorgfältig auszuführen, doch Gedanken nachgehen können, die sie interessieren. Es ist die Frage, ob es richtig ist, solche Menschen mit Gewalt glücklich zu machen, indem man versucht, ihnen Abwechslung zu geben. Andere wieder haben eine echt sportmäßige Freude daran, viel zu schaffen. Auch ihnen ist die gleichbleibende Arbeit nicht unlieb, weil sie dabei zu „Rekordleistungen“ kommen. Anderseits gibt es aber Menschen, die ihre Arbeit, wie der Handwerksmeister, als eine Kunst auffassen, die zu jedem einzelnen Stück, das ihnen gegeben wird, sozusagen ein inneres Verhältnis haben. Diese können bei eintöniger Arbeit geistig zugrunde gehen.

Was müssen wir hieraus insbesondere für die Industrie schließen? Einfach dies, daß man das Menschenmaterial nicht, wie es bisher meist üblich war, weniger sorgfältig, sondern mit viel größerer Sorgfalt als das tote Material sichten und verwenden muß, wenn man es mit hohem Wirkungsgrade ausnutzen und die Fabrik zu einem reibungslos arbeitenden Uhrwerk machen will. Allmählich bricht sich die Erkenntnis Bahn, daß es eine der wichtigsten Aufgaben —

vielleicht die wichtigste von allen — unserer modernen Industrie ist, den Menschen nicht nur nach seinen Fachkenntnissen und seiner Handgeschicklichkeit, sondern auch nach seiner seelischen Veranlagung zu beurteilen, das „Menschliche" in ihm zu achten und zu befriedigen.

Wenn auch diese Erkenntnis nicht absolut neu ist und wenn auch an manchen Stellen schon danach gehandelt wurde, so muß es doch als ein besonderes Verdienst der rheinischen Großindustrie bezeichnet werden, daß sie nach den Vorschlägen von Ingenieur Arnhold, Gelsenkirchen, eine großzügige Organisation geschaffen hat, um diesen Gedanken zu verbreiten und lebendig zu erhalten. Arnhold hat seine Ideen zunächst bei der Gelsenkirchener Bergwerks-A.-G. verwirklicht, wo er Einrichtungen geschaffen hat, um den Arbeiter vom Eintritt ins Werk ab bis zu seinem Ausscheiden in geistige Fürsorge zu nehmen. Die Lehrlingswerkstatt soll für den Arbeiter eine Zuflucht bleiben, wo er auf Rat und Unterstützung rechnen kann, die ihm eine für ihn passende Arbeit verschafft, so daß das Werk ihm nicht eine fremde Macht ist, der er seine Arbeitskraft möglichst teuer verkauft und mit der er im Kampf liegt, sondern ein Körper, von dem er ein lebendiges Glied darstellt. Arnhold hat sogar die Gründung eines Alterswerkes durchgesetzt, in dem die Leute, die nicht mehr in der Werkstatt arbeiten können, aber doch nicht den ganzen Tag zu Hause sitzen mögen, leichte Arbeit erhalten, bei der sie sich wohl fühlen und noch hinreichend verdienen, um sorgenlos zu leben. Das in Düsseldorf gegründete „Deutsche Institut für technische Arbeitsschulung" (Dinta) bildet Männer aus, die in den industriellen Werken diesen Gedanken der geistigen Arbeiterfürsorge wirksam vertreten können.

Ein umfangreiche und wertvolle Arbeit mit dem Ziele, den Menschen bei seiner Arbeit zufrieden und glücklich werden zu lassen, wird auch durch die von amtlicher Seite ausgezeichnet organisierte Berufsberatung geleistet. Auf den Berufsämtern wird den jungen Leuten, die sonst oft ganz ahnungslos in einen Beruf hineingeraten, genaue Auskunft darüber gegeben, was ihrer wartet und wie die Aussichten für späteres Vorwärtskommen sind. Man sucht ihre Neigungen durch eingehende Unterhaltung, ihre Fähigkeiten durch psychotechnische Prüfung[1]) soweit als möglich festzustellen, um sie wenigstens vor ganz groben Mißgriffen schützen zu können.

Durch zielbewußten Ausbau dieser Gedanken und dieser Hilfsmittel ist es ohne Zweifel möglich, vieles von dem zu vermeiden, was uns heute bei der Rationalisierung als schwere Gefahr erscheint. Aber es kann nicht genug betont werden, daß die Aufgabe unter keinen Umständen leicht genommen werden darf.

[1]) Vgl. S. 219.

Übrigens ist noch besonders darauf hinzuweisen, daß durch richtige Rationalisierung die Arbeit für den Menschen gefahrloser und leichter gemacht wird. Ein Beispiel ist Abb. 174, der Gießvorgang bei Ford, der sich hier in einer für den Arbeiter außerordentlich bequemen Weise abspielt. Während sonst in den Gießereien die Leute mit den mit flüssigem Metall gefüllten Tiegeln oft über allerhand Hindernisse nach der Form hin gelangen müssen, werden

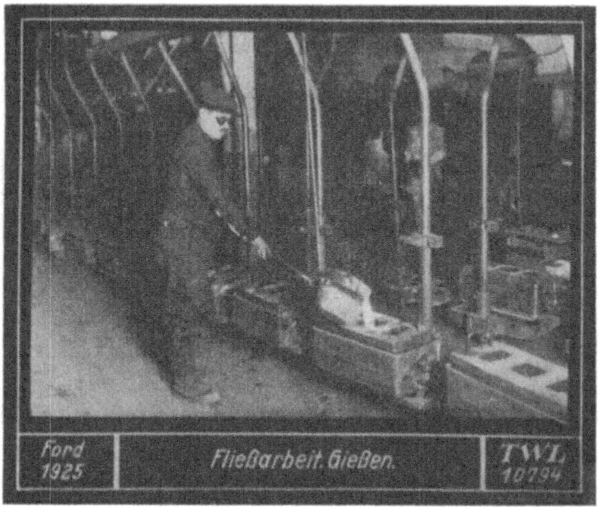

Abb. 174. Gießen in wandernde Formen (Abdruck eines TWL-Diapositives).

hier die Formen in bequemster Weise an dem Arbeiter vorbeigeführt, so daß er nur das Metall einzugießen braucht. Viele andere Beispiele könnten aus dem Transportwesen angeführt werden, das oft eine sehr anstrengende und gefährliche Arbeit ist[1]). Es leuchtet auf den ersten Blick ein, wie viel bequemer und gefahrloser die Arbeit des Abladens von Fässern mit einer maschinellen Vorrichtung nach Abb. 175 ist, als reine Handarbeit. Der Aufzugwagen wird mit dem Faß auf der schiefen Ebene durch eine Handwinde bis auf die Straße niedergelassen, wo das Fördergestell sich umlegt und das Faß ablaufen läßt. Bezüglich Unfallverhütung werden auch sonst die größten Anstrengungen gemacht und namentlich eine sehr lebhafte Propaganda dafür entfaltet, daß die Arbeiter selbst sich vorsehen und die Schutzvorschriften befolgen.

[1]) Vgl. u. a. die Arbeiten des „Ausschusses für wirtschaftliche Fertigung", Berlin NW 7, auf dem Gebiete der Werkstättenförderung. Typische Beispiele enthält auch des Verfassers „Billig Verladen und Fördern", 3. Aufl., Berlin: Julius Springer.

Eine Folge der Rationalisierung ist an dieser Stelle noch zu erwähnen. Wir erleben es heute sehr häufig, daß Fabriken, die die gleichen Erzeugnisse herstellen, sich zu großen Konzernen vereinigen, und daß nun weniger geeignete Betriebe geschlossen und dafür die übrigen in ihrer Fabrikation verstärkt werden. Hierbei pflegen die letzteren Betriebe nur eine geringe Vermehrung ihrer Arbeiterschaft zu benötigen, da man in erster Linie die modern eingerichteten Fabriken bestehen läßt, die mit wenig Handarbeit auskommen; dagegen müssen die stillgelegten Werke ihre Arbeiter entlassen. Das

Abb. 175. Auto-Schrotleiter beim Abladen
(Ausführung von Dahlheim, Frankfurt a. M. TWL 6339).

ist im Augenblick oft sehr hart, aber im Interesse einer Gesundung unserer Wirtschaft wohl nicht zu umgehen. Die Erfahrung hat bisher immer gezeigt, daß die Hebung des Absatzes, die durch Verbilligung der Erzeugnisse infolge von Rationalisierung erzielt wird, dazu führt, daß Menschen in größerer Anzahl und unter besseren Bedingungen als vorher beschäftigt werden können.

Das Ziel der Wirtschaftsorganisation muß dahin gehen, daß jeder Mensch Güter in möglichst großer Menge erzeugt und daß durch gegenseitigen Austausch die Befriedigung der einfachsten Lebensbedürfnisse sowohl wie hoher kultureller Ansprüche in reichlichem Maße möglich wird. Dieses Ziel ist nur durch immer weiter fortschreitende Rationalisierung zu erreichen. Wenn dabei Erscheinungen auftreten, die wir als unerträgliche Härten empfinden, so dürfen wir nicht versuchen, das Rad der Entwicklung rückwärts zu drehen, sondern wir müssen in gemeinsamer Arbeit und gegenseitigem Vertrauen versuchen, das Übel zu mildern oder zu beseitigen.

Sachverzeichnis.

Die Ziffern bedeuten die Seitenzahlen.

GPSR Compliance

The European Union's (EU) General Product Safety Regulation (GPSR) is a set of rules that requires consumer products to be safe and our obligations to ensure this.

If you have any concerns about our products, you can contact us on ProductSafety@springernature.com

In case Publisher is established outside the EU, the EU authorized representative is:

Springer Nature Customer Service Center GmbH
Europaplatz 3
69115 Heidelberg, Germany

Batch number: 10682323

Printed by Printforce, the Netherlands